化学工业出版社"十四五"普通高等教育规划教材·风景园林与园林系列

本书第1版获2011年度云南省高校优秀教材奖

城市公园规划设计

第 2 版

沈丹　刘扬　◉ 主编

李文　徐坚　◉ 副主编

U0392081

化学工业出版社

·北京·

内容简介

《城市公园规划设计》(第2版)共分为六章。第一、二章在对城市公园进行概要论述的基础上，阐述了城市公园设计的有关理论与方法；第三至第五章依据我国最新的城市公园绿地类型，介绍了综合公园、专类公园以及其他类型城市公园的设计理论与方法；第六章理论联系实践，剖析了三个城市公园设计的实践案例。全书在第1版的基础上整理编写，增加、更新了一些新的案例和标准。

全书图文并茂，理论结合实例与案例，注重先进性、新颖性与代表性，力求全面、系统地反映城市公园及其设计的新理念、新内容、新方法，达到让读者了解城市公园的发展、熟悉城市各类型公园的内容、掌握城市各类型公园设计方法和基本技能的目的。

本书适合风景园林、园林、景观设计、环境艺术、建筑学、城市规划等相关人员及高等院校师生阅读和参考。

图书在版编目（CIP）数据

城市公园规划设计/沈丹，刘扬主编. —2版. —北京：
化学工业出版社，2023.3
化学工业出版社"十四五"普通高等教育规划教材.
风景园林与园林系列
ISBN 978-7-122-42848-6

Ⅰ.①城… Ⅱ.①沈… ②刘… Ⅲ.①城市公园-园林
设计-高等学校-教材 Ⅳ.①TU986.2

中国国家版本馆 CIP 数据核字（2023）第 018581 号

责任编辑：尤彩霞　　　　　　　　　　　装帧设计：韩　飞
责任校对：李露洁

出版发行：化学工业出版社（北京市东城区青年湖南街13号　邮政编码100011）
印　　装：三河市双峰印刷装订有限公司
787mm×1092mm　1/16　印张15　字数396千字　2023年9月北京第2版第1次印刷

购书咨询：010-64518888　　　　　　　　售后服务：010-64518899
网　　址：http://www.cip.com.cn
凡购买本书，如有缺损质量问题，本社销售中心负责调换。

定　　价：68.00元

前　言

城市公园是城市公共绿地的一种类型，是城市生态系统、城市景观的重要组成部分，主要服务对象是城市居民，但随着城市旅游的开展及城市旅游目的地的形成，城市公园将不再单一地服务于本地市民，也将服务于外来旅游者。城市公园的主要功能是休闲、游憩、娱乐，而且随着城市自身的发展及本地市民、外来旅游者活动需求的拉动，城市公园将会增加更多的休闲、游憩、娱乐等主题产品。

高等院校风景园林、园林专业在园林规划设计课程中，近年增设了城市公园规划设计的课程内容，城市公园规划设计也逐渐成为该专业学生的必修课程之一。结合这一教学需求，本书编者在第 1 版的基础上进行了修订整理。本次修订依据我国最新版《城市绿地分类标准》（CJJ/T 85—2017）中规定的城市公园绿地的类型，系统、详细地介绍了综合公园、专类公园以及其他类型城市公园的设计理论与方法。理论联系实践，详细剖析了精选的几个城市公园设计的实践案例，力图给予读者系统性的学习和认知。为突出重点，本书不涉及社区公园和街旁绿地。

全书图文并茂，通俗易懂，理论结合实践，案例选择注重先进性、新颖性与代表性，同时兼顾国内与国外、我国南方与北方地区，力求全面、系统地反映城市公园及其规划设计的新理念、新内容、新方法，达到让读者了解城市公园的发展、熟悉城市各类型公园的内容、掌握城市各类型公园规划设计方法和基本技能的目的。书中各章均配有思考题，供读者课后巩固学习之用；书后附《公园设计规范》（GB 51192—2016），方便读者查找和教学需要。

本书可作为高等院校风景园林、园林、景观设计、环境艺术、建筑学、城市规划、旅游等专业师生教材，也适合相关施工、设计、管理人员阅读和参考。

本书修订版主要对原书中老旧知识内容、案例进行更新，并将老旧标准进行更换，与时俱进。全书由沈丹、刘扬主编，李文（东北林业大学）、徐坚（云南大学）副主编，张路红（安徽建筑大学）、翁奕城（华南理工大学）、聂庆娟（河北农业大学）、谷永丽（云南艺术学院）、高成广（西南林业大学）参加编写。

由于编者水平有限，书中难免存有问题与不足，敬请广大读者指正，以便我们进一步修订完善。

编者
2023 年 7 月

目　录

第一章 城市公园概论

第一节 城市公园的起源与发展

一、西方城市公园的起源

从古埃及园林出现至今，世界造园已有5000多年的历史，但城市公园的出现，却只是近一二百年的事情。17世纪中叶，新兴的资产阶级没收了封建领主及部分皇室的财产，把大大小小的宫苑和私园向公众开放，统称为"公园"。这些园林具备城市公园的雏形，为19世纪欧洲各大城市公园的发展打下了基础。

18世纪60年代，英国工业革命开始，工业盲目建设，城市无序蔓延，城市人口急剧增加，城市卫生与健康环境日益恶化。在这种情况下，为了改善居民（特别是工人阶层）的居住生活环境，开始建设城市公园，以改善城市生态环境，满足居民游憩需求。1843年，英国利物浦市动用税收建设面向公众开放的伯肯海德公园（Birkinhead Park），标志着第一个城市公园正式诞生。

伯肯海德公园由约瑟夫·帕克斯顿（Joseph Paxton）负责设计，1847年工程完工。公园内人车分流的理念是帕克斯顿最重要的设计思想之一。公园由一条城市道路（当时为马车道）横穿，方格化的城市道路模式被打破，蜿蜒的马车道构成了公园内部主环路，沿线景观开合有致、丰富多彩。步行系统则时而曲径通幽，时而极目旷野，在草地、山坡、林间或湖边穿梭（图1-1～图1-3）。

图1-1 伯肯海德公园入口大门

图1-2 伯肯海德公园林中小径

这时期另一个著名的公园为英国伦敦的海德公园（Hyde Park）。该公园位于伦敦市区的西部，长达1英里半，宽约1英里（1英里＝1.609km），面积约160hm²，是伦敦市区最

图 1-3　伯肯海德公园平面图

图 1-4　伦敦海德公园演说角

大的公园，也是伦敦早于 17 世纪初第一个开放给大众的公园。1851 年的万国博览会在此地举办。

海德公园与肯辛顿花园以蛇形湖（The Serpentine）相邻，夏天是划船和游泳的热门场地。公园的演说角（Speakers Corner）（图 1-4），作为英国民主的历史象征，市民可在此演说任何有关国计民生的话题，这个传统一直延续至今。公园内有著名的皇家驿道，道路两旁巨木参天，整条大道就像是一条绿色的"隧道"，许多骑马爱好者经常在这里遛马。公园中有森林、河流、草原等各种景观，绿野千顷，静谧悠闲。园内还有一座维多利亚女王为其丈夫阿尔伯特王子所建的纪念碑和黛安娜王妃纪念喷泉。

二、西方城市公园的发展

1. 城市公园运动

19 世纪下半叶，欧洲、北美工业化在带来经济繁荣的同时，也给城市带来了严重的生态问题。为改善城市环境，各国开始大力建设城市公园，其中最有名的当属纽约中央公园（图 1-5）。它是全美第一个城市公园，1858 年由奥姆斯特德（Frederick Law Olmsted）与合伙

图 1-5 "绿色草原"——纽约中央公园总平面

人沃克斯（Calvert Vaux）设计，直到 1876 年全部建成。公园面积达 340hm²，公园中有总长 93km 的步行道、9000 张长椅和 6000 棵树木，园内有动物园、运动场、美术馆、剧院等各种设施，每年吸引多达 2500 万人次进出（图 1-6）。纽约中央公园的建设成就受到了高度的评价，人们普遍认为，该公园不仅实现了在城市人工环境中建设大面积的公园以改善城市的生态环境，同时也达到了促进城市房地产开发、提高城市土地利用经济效益、促进城市经济发展的目的。随后其他城市纷纷效仿，在欧洲和北美掀起了建设城市公园的热潮——"城市公园运动"（The City Park Movement）。当时在旧金山、芝加

图 1-6 纽约中央公园景观

哥、布法罗、底特律、蒙特利尔等大城市建立了 100 多处大型的城市公园。

2. 城市公园系统

虽然在城市公园运动期间各国城市建设了许多城市公园，但当时的城市公园多由密集的建筑群包围，形成生境脆弱的"孤岛"。1880 年奥姆斯特德在波士顿的城市规划中首次提出了公园系统（Park System）的概念。所谓公园系统就是指公园（包括公园以外的开放绿地）和公园路（Parkway）所组成的系统。通过将公园绿地与公园路系统连接，来达到保护城市生态系统、促使城市良性发展、增强城市舒适性的目的。

波士顿公园体系充分利用了河流、泥滩、荒草地所限定的自然开放空间，利用 200～1500 英尺（1 英尺＝0.3048m）宽的线型空间，将数个公园及穆德河连成一体，改变了波士顿中心地区空间环境的总体面貌，形成了后来被称为"翡翠项链"的公园体系（图 1-7）。

图 1-7　美国波士顿公园系统

三、西方城市公园风格的演变

西方城市公园从产生至今已有两百多年的历史。在这期间，随着社会经济的发展、科学技术水平的提高以及各种艺术思潮的影响，人们对城市公园的认识也在不断发展，使得城市公园的形式、风格发生了多次变革。

1. 19 世纪：田园风格时期

从城市公园出现至 19 世纪期间，城市公园主要以田园风格为主。最初的大部分城市公园，如英国的伯肯海德公园（Birkinhead Park，Livepool）、摄政王公园（Regent's Park，London）、海德公园（Hyde Park，London），德国柏林的动物公园（Tiergarten，Berlin），法国巴黎东郊的万尚林苑（Bois de Vincennes，Paris）和西郊的圃龙林苑（Bois de Boulogne，Paris）等，主要是利用原有的皇家园林改造而成，而这些园林本来就是自然式的，呈现一派田园风光。另外，英国作为当时最先出现城市公园的国家，正兴起风景式园林，因此，英国自然风景园林成为这一时期城市公园的主要风格（图 1-8）。

图 1-8　英国摄政王公园景观

2. 19 世纪末至 20 世纪初：几何风格时期

19 世纪末，城市公园的田园风格逐渐被对称的几何布局所代替。这类公园在形式上受到来自法国文艺复兴时期规则式园林风格的影响，通过明确的轴线组织宽大的草坪、规则的花圃、整齐的林荫道和纪念性喷泉等景观元素，形成逻辑清晰的序列空间，并创造出一系列宽敞的露天场所，为市民提供更多的休闲娱乐设施和集体活动场地。设计者们相信，比起被动地欣赏浪漫、略带田园诗般的风景，运动休闲要更好一些。公园既是露天场所又是功能性场所，它们更像是一种供人们使用的城市设施，也体现了广泛人文主义的文化思想。这时期公园的突出代表是美国芝加哥艺术化的格兰特公园（Grant Park）和德国汉堡轴向的汉堡城市公园（HamburgStadtpark）。

格兰特公园沿用了法国文艺复兴时期的设计手法，大型的草坪、规则的苗圃、榆树林荫大道、古典的局部景观、公园中心的纪念喷泉等都成为公园设计的主导元素。作为公共空间的公园延续了城市主要道路轴线而形成公园的轴线，白金汉喷泉成为公园的焦点及公共活动的中心区域。该设计具有与城市内部结构相呼应与协调的设计风格，并兼具城市绿色元素的功能（图1-9、图1-10）。

芝加哥市格兰特公园
1—伦道夫街；
2—癌症幸存者花园；
3—密歇根大街；
4—千年公园；
5—哥伦布公路；
6—两百周年纪念广场；
7—滨湖路；
8—门罗路；
9—伊利诺伊州中央铁路；
10—芝加哥艺术学院；
11—巴特勒草地；
12—皮特里洛音乐厅；
13—杰克逊路；
14—风布润街；
15—总统庭院；
16—议会广场；
17—议会公路；
18—白金汉喷泉；
19—女王登岸点；
20—密歇根湖；
21—巴尔博路；
22—哈钦森体育场；
23—菲尔德博物馆；
24—博物馆园地

100m

图1-9　格兰特公园总平面　　　　　　图1-10　格兰特公园景观

3. 20世纪上半叶：公园改革时期

20世纪上半叶，在公园的发展史中被称为"公园改革时代"，改革的典型特征是更注重公园的综合性和实用性，并且更加注重公园的生态平衡和经营管理。设计通常由一个团队合作完成，其中包括园林专家、植物学家、生物学家、工程师、建筑师、社会学家和城市规划师等。这样的组合使设计既符合美学原理又满足实用标准，荷兰阿姆斯特丹公园就是这种联合设计的产物（图1-11）。

4. 20世纪六七十年代：综合公园时期

到20世纪六七十年代，西方各国面临日益严重的生态危机，人们对城市生态环境日益关注，开始重视城市生态设计理论研究和实践活动。同时，这一时期伴随西方城市工业的逐步衰败，为解决弃置工业厂区的改造和再利用问题，其中的一些工业厂区被改造成工业遗址

图 1-11　荷兰阿姆斯特丹公园景观

公园，通过对已经破坏的生态环境进行恢复，并增加游憩设施，使其成为市民休息活动的场所，德国杜伊斯堡北工业改造公园的诞生就是为解决 20 世纪 70 年代鲁尔工业区环境极度污染和经济严重衰退的双重危机而诞生的。设计师彼得·拉茨（Peter Latz）将绝大部分原有的设施保留下来，将废弃的工厂厂房改造为主题性展览馆，将起重架、高墙和煤渣堆改为攀岩训练场，将旧的冷却池作为潜水训练基地，甚至利用削掉一半的铁皮厂房作为可掀式的露天音乐舞台。这样，一个工业重镇的历史就被记录在这些废墟之中，而它们又被赋予了新的功能，重新有了生命力，也自然成为弥补城市伤疤的一剂良药（图 1-12）。

图 1-12　德国杜伊斯堡北工业改造公园景观

5. 20 世纪八九十年代：风格创新时期

20 世纪 60 年代到 80 年代的这段时间，后现代主义（Post-Modemism）在建筑艺术方面的兴起和壮大逐渐扩展和影响到其他设计领域。后现代主义设计描述了后工业社会中文化与生活新的特征，展现出不断运动、变化和多样的设计风格，而这种多样化设计风格现象的出现正是对现代主义的最大挑战，它推翻了现代主义设计的纯洁性、至上性以及着重追求的功能主义，将设计带入到"多元"状态，其中包括"波普艺术""解构主义""极简主义""大地艺术"等设计风格。

到 20 世纪八九十年代，后现代主义对公园设计的影响开始逐渐显现出来，并且与其他的艺术思潮一起推动现代园林的发展。其中最有名的城市公园当属法国拉·维莱特公园（图1-13、图 1-14）。

图 1-13　法国拉·维莱特公园总平面

图 1-14　园林小品 Folie

拉·维莱特公园建于 1987 年，坐落在法国巴黎市中心东北部，占地 55hm^2，由废旧的工业区、屠宰场改建而成，是城市改造的成功典范，也是 20 世纪反理性主义最彻底的公园设计作品之一。该公园环境美丽而宁静，是集花园、喷泉、博物馆、演出、运动、科学研究、教育为一体的大型现代综合公园。拉·维莱特公园融入田园风光的生态景观设计理念，以独特的甚至被视为离经叛道的设计手法为市民提供了一个宜赏、宜游、宜动、宜乐的城市自然空间。

拉·维莱特公园设计师屈米用解构的思路，将传统形式的园林分解成各个元素，再用新的功能把这些元素重新组合起来。他从法国传统园林中提取了点、线、面三个体系，并试图通过这三个体系的叠加和组织，形成新的园林结构。其中"点"系统是基址内按 120m×120m 架构的方格网交汇点处设置的红色小构筑物，屈米称之为"疯狂物"（Folie）。"点"系统是公园的战略性工具，它既形成空间，又活跃空间，而且它摒弃一切层次和"构图"，同时排斥过去总平面中意识形态的"先入为主"方式。"线"系统是指公园中的两条长廊、几条笔直的林荫路和一条贯穿全园主要部分的流线型游览路，这条游览路打破了方格网所建立的秩序，也连接公园中 10 个主题小园。而公园中的"面"系统正是指这 10 个主题小园和其他场地、草坪及树丛。公园中分离与解构出来的"点""线""面"系统各自以不同的几何秩序来布局，相互间没有明显的联系，但又以一定的方式叠加在一起，形成强烈的交叉和冲突，构成矛盾的统一体。

自 20 世纪 90 年代以来，城市公园呈现出多元化的发展。一是充分借鉴各种艺术形式，体现艺术性的设计，包括大地艺术、极简艺术、波普艺术等。二是功能综合化。城市公园从最初单纯的田园风景到逐渐增加一些基本设施，再到运动休闲观念的贯彻和露天场所体系的形成，直至今天集休闲、娱乐、运动、文化、生态和科技于一身的大型综合公园，城市公园的功能内涵越来越丰富，形式也越来越多样。这种综合性正是应现代城市不断复杂化的社会要求而产生的。三是公园的生态设计。通过采用节水、节能、生态绿化等技术使公园的生态系统良性平衡，降低维护成本。四是完全免费开放。西方公园完全向市民免费开放，这也是区别一个城市公园和一个商业设施的重要依据。

四、国内城市公园概况

1. 我国城市公园的产生

1868 年，在上海外滩建成中国第一个城市公园——上海"公花园"（现在的黄浦公园）（图 1-15）。随后，又建成了虹口公园、法国公园（现复兴公园）、极斯菲尔公园（现中山公园），公园内主要布置网球、棒球、高尔夫球等运动场地及散步、休息、游乐场所。公园的风格主要为英国风景式园林或法国规则式园林风格，有大片草坪、树林和花坛，建筑点缀其中。这些公园虽然在功能、布局和风格上基本沿用当时的欧洲公园形式，但对以后我国城市公园的发展具有一定的影响。

图 1-15　上海黄浦公园

我国最早自己兴建的城市公园是无锡市的"锡金公园"（图 1-16）。该园位于无锡市中心，曾名无锡公园，俗称公花园，现名城中公园。1906 年建成，后园址渐拓，建筑亦增。

图 1-16　无锡"锡金公园"

1910 年建多寿楼；1920 年建池上草堂并新镌刻怀素《四十二章经》；翌年建西社，聘请日本人松田规划调整园景；1921 年建兰簃，其北设天韵社，又建长廊，是年无锡名流为公园题二十四景；1927 年建松崖白塔；1930 年建同庚厅；1933 年建九老阁等。1949 年后，市政府多次对该园修葺，成为市民品茗、锻炼、休闲和追忆历史的好地方。

2. 新中国成立前城市公园的发展

20 世纪 20～30 年代，受辛亥革命民主思想（平等、博爱、天下为公）和西方"田园城市"思想的影响，我国城市公园有了一定的发展，先后兴建了广州越秀公园（图 1-17）、汉口市府公园（现中山公园）、北京中央公园（现中山公园）、南京玄武湖公园、杭州中山公园、汕头中山公园等。这些公园大多数都是纪念孙中山先生伟大功勋和发扬其"天下为公"精神的载体。如武汉的中山公园位于汉口解放大道中段，始建于 1914 年，前身为一私家花园，名曰"西园"。1927 年收归国有，1928 年为纪念孙中山先生而命名为"汉口中山公园"。这些公园有的利用原有风景名胜、古典园林进行整理改建，有的参照欧洲公园风格扩建新辟。直到 1949 年新中国成立前，我国的城市公园总体来说数量少、园容差、设施不完善，主要包括动植物展览、儿童公园、展览厅、茶馆、棋室、照相馆、小卖部、音乐台、运动场等设施。

图 1-17　广州越秀公园平面图

3. 新中国成立后我国城市公园的发展

1949 年新中国成立后不久，随着第一个五年计划经济建设和城市建设的开展，我国城市园林绿化建设也逐步获得相应的发展。20 世纪 50 年代后期，我国开始学习苏联城市绿化建设的理论和经验，强调园林绿化在改善城市小气候、净化空气、防尘、防烟、防风和防灾等方面的功能作用，按城市规模确定公共绿地面积，设置公园、林荫道、滨河路，在一些大城市还建造了植物园、动物园、儿童公园等。如北京的陶然亭公园、什刹海公园，上海的杨浦公园、西郊公园，广州的流花湖公园，武汉的解放公园等。这些新建公园的规划设计主要受苏联文化休息公园理论的影响，即公园是把政治教育活动与劳动人民在绿地中的文化休息活动相结合的园林形式。

4.改革开放后城市公园的发展

自1978年改革开放以来，随着社会经济的快速发展，我国的城市园林绿化建设也取得了巨大成就。据统计，1981年我国城市人均绿化面积为$1.5m^2$，到2006年底已增长到$7.94m^2$。近年来，一些获得"园林城市"称号的地区又对绿化提出了更高的要求，开展了建设"生态园林城市"的活动，深圳成为获此称号的首个城市。一些城市的绿化成绩也得到了国际组织的认可，扬州、南宁等城市获得了联合国最佳人居奖。

以上海为例，截至2021年底，各类公园已达532座，是2011年（153座）的3.5倍；"公园＋"深入拓展，注重复合红色资源、音乐、体育等功能，首批19座公园与8座院校签署合作项目；"公园＋"有序推进，10余处机关、事业单位、国有企业的附属绿地改造后向市民开放。全市森林面积达到184.7万亩，森林覆盖率达到19.42%；建成重点生态廊道17条（片），面积达到10.4万亩；建设了一批特色鲜明的开放休闲林地。为深入践行"人民城市人民建，人民城市为人民"的重要理念，推动建设体现中国特色、时代特征、上海特点的公园城市，助力建设令人向往的创新之城、人文之城和生态之城，进一步提升城市能级和核心竞争力，谱写"城市，让生活更美好"的新篇章，于2021年6月21日审议通过了《关于推进上海市公园城市建设的指导意见》［沪绿容（2021）208号］（以下简称《意见》）。《意见》确定了上海至2025年，公园与城市更加开放融合，公园城市治理取得突破，生态价值转换效益明显；至2035年，公园城市基本建成，城市有机更新，公园最宜休憩，优美环境人人享有，生态价值高效转换，生态效益充分彰显。

五、国内城市公园的发展

近年来，随着我国社会经济的发展，出现了一些新的公园类型，比如主题公园、湿地公园、工业遗址公园等。

1.主题公园

改革开放后，随着旅游业的发展，我国出现了新的公园形式——主题公园。主题公园是以游乐为目标的模拟景观的呈现，其最大特点是赋予游乐形式以某种主题，围绕既定主题来营造游乐内容与形式。园内所有建筑、色彩、造型、植被、游乐项目等都围绕主题服务，共同构成游客容易辨认的特质和游园线索，因此，主题公园具有主题独特、生命周期短、开发风险高等主要特征。

我国第一个真正意义的大型主题公园是1989年开业的深圳锦绣中华微缩景区。得益于荷兰"马都洛丹"小人国的启示，锦绣中华将中国的名山大川和人文古迹以微缩模型的方式展现出来，取得了轰动性的成功（图1-18）。主题公园良好的经济效益和社会效益起到了较好的示范作用，引发了20世纪90年代初主题公园的又一次投资热潮。20世纪80年代至今，全国已累计开发主题公园式旅游点2500多个，投入资金达3000多亿元。其中比较著名的有北京的欢乐谷、广州的长隆欢乐世界、珠海的神秘岛、大连的发现王国、宁波的凤凰山主题乐园、沈阳的皇家极地海洋世界、青岛的极地海洋世界等，大型主题公园还有北京的环球影城主题公园、上海的迪士尼乐园等。

2.湿地公园

近年来，我国愈加重视城市湿地的保护，各大城市纷纷建设生态公园，包括北京市海淀区翠湖国家城市湿地公园、唐山市南湖国家城市湿地公园、杭州西溪国家湿地公园、无锡长

图 1-18　深圳锦绣中华主题公园

广溪国家湿地公园、常熟市尚湖国家城市湿地公园、绍兴市镜湖国家城市湿地公园、东营市明月湖国家城市湿地公园、东平县稻屯洼国家城市湿地公园、重庆青山湖国家湿地公园、淮北市南湖国家城市湿地公园、常德西洞庭湖国家湿地公园等。

（1）香港湿地公园（HongKong Wetland Park）

香港湿地公园位于新界天水围北部，建有占地 1 万平方米的室内展览馆——"湿地互动世界"以及超过 60hm^2 的湿地保护区，是亚洲首个拥有同类型设施的公园。

香港湿地公园的原址只是一片普通的湿地。1998 年，当时的香港渔农署（即现时的香港渔农自然护理署）及香港旅游协会（即现时的香港旅游发展局）进行研究，最后决定把这片土地建成国际级的生态旅游项目，即香港湿地公园。同时，香港湿地公园作为米埔湿地保护区的缓冲区，还具有保育湿地、科普教育、吸引游客的作用。

坐落于人造湿地的湿地探索中心让游人亲身体验湿地生趣。溪畔漫游径、演替之路、红树林净桥和三间分别位于河畔、鱼塘和泥滩的观鸟屋引领游客走进不同的生境，寻访各式各样的有趣生物。湿地公园的生境包括淡水沼泽、季节性池塘、芦苇床、林地、泥滩和红树林等（图 1-19、图 1-20）。

图 1-19　香港湿地公园鸟瞰　　　　　图 1-20　香港湿地公园内的观鸟屋

（2）杭州西溪国家湿地公园

西溪国家湿地公园位于杭州市区西部，距西湖不到 5km，东起紫金港路绿带西侧，西至绕城公路绿带东侧，南起沿山河，北至文新路延伸段，总面积 10.64km^2，是罕见的城中次生湿地，在杭州市绿地系统结构中具有独特的地位及作用。这里生态资源丰富、自然景观质朴、文化积淀深厚，曾与西湖、西泠并称杭州"三西"，是目前国内第一个也是唯一的集城市湿地、农耕湿地、文化湿地于一体的国家湿地公园。

3. 工业遗址公园

近年来，伴随城市的发展及经济结构的调整，许多位于城市中心的工业厂区面临拆迁改造的问题。为了更好地保护和利用这些宝贵的工业遗址资源，让它们重新焕发青春和活力，我国开始出现了一类新型的公园类型——工业遗址公园。

工业遗址公园是文化主题公园的一种表现形式，也是保护和传承城市工业历史及工业文明的一种方式，能够让城市长久保存一份关于工业发展的记忆与历史。具体设计方法多是在保护工业遗址的基础上赋予公园新的功能，如游憩、娱乐、艺术创作、文化展示等。近年来，国内城市中的工业遗址公园如雨后春笋般不断涌现，如中山岐江公园（图1-21）、上海苏州河北岸创意仓库、苏州运河工业遗产廊道、无锡北仓门艺术生活中心、北京798大山子艺术中心等，有些已成为当地的象征性景观和知名文化旅游品牌。

图1-21　中山岐江公园鸟瞰

第二节　城市公园的功能

城市公园作为城市开敞空间的最主要组成部分，具有改善城市生态、美化城市环境、满足市民日常游憩需求、防灾减灾等多种功能。

一、生态功能

1. 净化空气

城市公园绿地的园林植物对净化空气有独特的作用，能吸滞烟尘和粉尘、吸收有害气体、吸收二氧化碳并释放氧气。

① 吸滞烟尘和粉尘　空气中的灰尘和工厂里飞出的粉尘是污染环境的有害物质。这些微尘颗粒，重量虽小，但它在大气中的总量却是惊人的。许多工业城市每年每平方公里平均降尘量为500t左右，某些工业十分集中的城市甚至高达1000t以上。树木吸滞和过滤灰尘的作用主要表现在两方面：一方面依靠树林枝冠茂密、能明显减低风速的作用，降低气流中携带的大粒灰尘；另一方面则是利用树木叶子表面粗糙不平、多绒毛、分泌黏性油脂或汁液的作用吸附空气中的大量灰尘及飘尘。

树木的叶面积总数很大。据统计，森林叶面积的总和为森林占地面积的数十倍，其吸滞烟尘的能力是很大的。据我国对一般工业区的初步测定，空气中的飘尘浓度，绿化地区较非绿化地区少 10%～50%。可见，树木是空气的天然过滤器。

草坪植物也有较好的滞尘作用，因为草坪植物的叶面积相当于草坪占地面积的 22～28 倍。据测试，铺草坪的足球场比不铺草坪的足球场上空的含尘量减少 2/3～5/6。

② 吸收有害气体　工业生产过程中产生出的有毒气体，如 SO_2 是冶炼企业产生的主要有害气体，它数量多、分布广、危害大。当空气中 SO_2 达到 0.001% 时，人就会呼吸困难，不能持久工作；达到 0.04% 时，人会迅速死亡。HF 则是窑厂、磷肥厂、玻璃厂产生的另一种剧毒气体，这种气体对人体危害比 SO_2 大 20 倍。很多树木可以吸收有害气体，如 $1hm^2$ 的柳杉每月可以吸收 SO_2 60kg。上海地区 1975 年对一些常见绿化植物进行吸硫测定，发现臭椿和夹竹桃不仅抗 SO_2 能力强，并且吸收 SO_2 的能力也很强。臭椿在 SO_2 污染情况下，叶中含硫量可达正常含硫量的 29.8 倍，夹竹桃可达 8 倍。其他如珊瑚树、紫薇、石榴、厚皮香、广玉兰、棕榈、胡颓子、银杏、桧柏、粗榧等也有较强的对 SO_2 的抵抗能力，刺槐、女贞、泡桐、梧桐、大叶黄杨等树木抗氟的能力比较强。另外，木槿、合欢、杨树、紫荆、紫藤、紫穗槐等对氯气、氯化氢气体有很强的抗性；紫薇可吸收汞；大多数植物都能吸收臭氧，其中银杏、柳杉、樟树、海桐、青冈栎、女贞、夹竹桃、刺槐、悬铃木、连翘等净化臭氧的作用较大。树木还能吸收氨等有害气体等，有"有害气体净化场"的美称。

③ 吸收 CO_2，放出 O_2　由于城市人口比较集中，在城市中不仅人的呼吸排出 CO_2，吸收 O_2，而且各种燃料燃烧时也排出大量 CO_2 并消耗大量 O_2，致使城市空气中的 CO_2 有时可达 0.05%～0.07%。CO_2 虽是无毒气体，但当空气中达 0.05% 时，人的呼吸已感不适，当含量达到 0.3%～0.6% 时，人会感到头痛，出现呕吐、脉搏缓慢、血压增高等现象。

树木是 CO_2 的消耗者，也是 O_2 的天然制造厂。树木进行光合作用时吸收 CO_2，放出人们生存必需的 O_2。通常 $1hm^2$ 的阔叶树林，在生长季节每天可以吸收 1t CO_2，放出 570kg O_2。如果以成年人每日呼吸需要 0.75kg O_2，排出 0.9kg CO_2 计算，则每人需要 $10m^2$ 的树林面积，以消耗掉每人因呼吸排出的 CO_2，供给所需要的 O_2。由此可见，城市中的公园、行道树、庭园、草坪等对调节空气有着重要的作用，这也就是人们在树木茂密的地方感到空气特别新鲜的原因。

2. 调节气候

① 提高空气湿度　树木在生长过程中能蒸腾水分，提高空气相对湿度。树木形成 1kg 的干物质需要蒸腾 300～400kg 的水，因为树木根部吸收的水分的 99.8% 都要蒸发掉，只留下 0.2% 用作光合作用，所以森林中空气的湿度比城市高 38%，公园里的湿度也比城市中其他地方高 27%。$1hm^2$ 阔叶树林在夏季能蒸腾 2500t 的水，相当于同等面积的水库蒸发量，比同等面积的土地蒸发量高 20 倍。据调查，每公顷油松每月蒸腾量为 43.6～50.2t，每公顷加拿大白杨林的蒸腾量每日为 51.2t。树木强大的蒸腾作用能增多水汽，湿润空气，使绿化区内湿度比非绿化区大 10%～20%，可为人们创造凉爽、舒适的气候环境。

② 调节气温　绿化地区的气温常较建筑地区低，这是由于树木可以减少阳光对地面的直射，消耗热量用以蒸腾从根部吸收来的水分并制造养分。尤其是夏季绿地内的气温较非绿地低 3～5℃，较建筑物地区可低 10℃ 左右，森林公园或浓密成荫的行道树下效果更为显著。即使在没有树木遮阳的草地上，其温度也要比无草皮的空地低些。据测定，7～8 月间沥青路面的温度比草地高 10℃ 左右。炎夏，城市无树的裸露地表温度极高，远远超过它的气温，绿地中的地温要比空旷广场低得多，一般可低 10～17.8℃。

③ 降低风速、改善城市通风条件　树木防风的效果是显著的，冬季绿地不但能降低 20% 的风速，而且静风时间较未绿化地区长。树木适当密植可以增加防风的效果。春季多风，绿地减低风速的效应随风速的增大而增加，这是因为风速大，枝叶的摆动和摩擦也大，

同时气流穿过绿地时受到树木的阻截、摩擦和过筛作用，消耗了气流的能量。秋季绿地能减低风速70%～80%，静风时间长于非绿化区。通过在城市夏季主导风向上设置大规模楔形绿地，把城市外部的风引入城市内部，能改善城市通风条件，减弱城市热岛效应。

3. 减弱噪声

茂密的树木能吸收和隔挡噪声。据测定，40m宽的林带可以降低噪声10～15分贝；公园中成片的树林可以降低噪声26～43分贝；绿化的街道比不绿化的街道可降低噪声8～10分贝。据实验，爆炸3kg的三硝基甲苯炸药，声音在空气中传播4km，在森林中则只能传到400多米的地方。在森林中声音传播距离小，是由于树木对声波有散射的作用，声波通过时，枝叶摆动，使声波减弱而逐渐消失。同时，树叶表面的气孔和粗糙的毛就像电影院里的多孔纤维吸音板一样，能把噪声吸收掉。

4. 净化水体

城市水体污染源主要有工业废水、生活污水、降水径流等。工业废水和生活污水在城市中多通过管道排出，较易集中处理和净化。而大气降水，形成地表径流，冲刷和带走了大量地表污物，其成分和水的流向难以控制，许多则渗入土壤继续污染地下水。许多水生植物和沼生植物对净化城市污水有明显作用。比如在种有芦苇的水池中，其水的悬浮物减少30%，氯化物减少90%，有机氮减少60%，磷酸盐减少20%，氨减少66%。另外，草地可以大量滞留许多有害的金属，吸收地表污物。树木的根系可以吸收水中的溶解质，减少水中细菌含量。目前许多城市纷纷建设人工湿地，通过人工湿地的水生植物对水体进行净化，从而改善水质，美化环境。

5. 杀死细菌

空气中散布着各种细菌，其中以城市公共场所含菌量为最高。植物可以减少空气中的细菌数量，原因之一是绿化地区空气中的灰尘减少，从而减少了细菌；之二是植物本身具有杀菌作用。地榆根的水浸液能在1min内杀死伤寒、副伤寒A和B的病原，痢疾杆菌的各菌系。$1hm^2$的刺柏林每天能分泌出30kg杀菌素，可以杀死白喉、肺结核、伤寒、痢疾等病菌。还有某些植物的挥发性油，如丁香酚、天竺葵油、肉桂油、柠檬油等也具有杀菌作用。尤其是松树林、柏树林及樟树林灭菌能力较强，它们的叶子都能散发某些挥发性物质。有树林的地方相比没有树林的市区街道，每立方米空气中的含菌量少85%以上。有人做过测定，林区与城市百货大楼空气中含菌率竟相差10万倍，公园与百货大楼相差4000倍，所以绿化植树对杀菌、提供新鲜空气、保护人民身体健康具有良好的作用。

6. 监测环境

植物是有生命的东西，和周围环境有密切联系，环境条件起变化，在植物体上就会产生反应。在环境污染的情况下，污染物质对植物的毒害也同样会在植物体上以各种形式表现出来。植物的这种反应就是环境污染的"信号"，人们可以根据植物所发出的"信号"来分析鉴别环境污染的状况，这类对污染敏感而发生"信号"的植物称为"环境污染指示植物"或"监测植物"。

树木中各种敏感性的植物对监测环境污染有很大作用。如雪松对有害气体就十分敏感，特别是春季长新梢时，遇到SO_2或HF的危害，便会出现针叶发黄、变枯的现象。因此当春季凡是雪松针叶出现发黄、枯焦的地方，在其周围往往可能找到排放HF或SO_2的污染源。另外，月季花、苹果树、油松、落叶松、马尾松、枫杨、加拿大白杨、杜仲对SO_2反应敏感；唐菖蒲、郁金香、萱草、樱花、葡萄、杏、李等对HF较敏感；悬铃木、向日葵、番茄、秋海棠对CO_2敏感。利用敏感植物监测环境污染，既经济便利又简单易行，便于广泛发动群众来作监测工作。

二、游憩功能

1933 年《雅典宪章》提出居住、工作、交通、游憩是城市的四大基本活动，而城市公园作为城市公共开放空间的重要组成部分，将承担城市重要的游憩功能，为广大市民提供游憩的场所。

首先，人们在紧张的工作之余需要进行游憩，使身心获得放松，这是生理的需要。这些游憩活动包括安静休息、文化娱乐、体育锻炼、郊野度假等，它可以使人们消除疲劳、恢复体力、调剂生活、振奋精神，促进人们的身心健康、提高工作效率（图 1-22）。因此，游憩逐步由个人自身的需要发展成为社会的需求，越来越受到人们的重视。

图 1-22　美国高线公园休憩空间

其次，随着我国社会经济的快速发展，人们对闲暇时间游憩活动的需求不断增加。我国现在实行一周五天工作时间，每天工作八小时的劳动制度，每年还有法定节假日以及企业带薪假期等。这就需要加快城市公园绿地建设，完善城市游憩空间体系，为广大市民提供环境优美、设施齐全的游憩活动空间。

另外，城市公园绿地能促进居民间的公共交往，将城市隔离现象降到最低，促进社会各阶层的融合和"共生"。

三、美化功能

城市公园绿地内各种植物柔和的线条、多样的色彩、变化的形态和不断发育的生机与城市中人工建（构）筑物能形成对比效果，给人以美的感受。公园绿地还能丰富城市建筑群轮廓线、美化市容、衬托建筑，提升城市形象（图 1-23）。

图 1-23　博尔德社区公园

利用公园绿化丰富城市景观，可以形成具有特色的城市景观面貌。如安徽合肥市围绕环城河设置各类公园，犹如一串绿色翡翠，富有特色。又如广州的白云山，景色秀丽，自古以来就是广州有名的风景胜地。随着城市规模的日益扩大，白云山已渐渐被市区包围，完全融入城市中，成为城市中的绿洲，对城市的生态和景观环境具有重要的作用，也是人们闲时休憩的好去处。目前珠水（珠江）云山（白云山）成为广州市重要的城市名片之一。

四、防灾功能

随着地震、台风、火灾、水灾等自然灾害的频繁发生，城市公园的防灾避险功能逐渐得到重视。城市公园的防灾功能主要体现在以下三方面。

一是提供避难场所：临时避难场所、最终避难场所和避难道路。临时避难场所包括紧急避难场所、临时集合场所或避难中转地；最终避难场所，也称固定避难场所，是居民较长时间避难的场所，能够给避难者提供基本的生活条件和安全保障；避难道路为居民避难提供安全通道。

二是作为抗震防灾的据点：震后开展救援活动和指挥恢复重建活动的据点，进行防灾演习与抗震减灾知识教育的场所。

三是防止灾害，减轻灾害：减轻或防止火灾的发生与蔓延，减轻或防止易燃易爆物品发生爆炸造成的灾害，减轻或防止山崩等引发的灾害。此外，防灾公园还有助于消防、救灾、情报收集与传递、运输等活动的开展。

区域1

区域2

图1-24 上海大连路防灾绿地

例如上海大连路防灾绿地（图1-24）就是一个比较典型的应急避难场所。图中区域1是作为应急工作区域和机动区域；区域2是灾时灾民安置区域。

应急工作区域：是应急供水供电车的停放区、应急指挥中心、灾时工作和机动区、应急的取水点，还是应急物资的临时堆放和发放处、宣传点，灾时作为储备物资发放区、医疗救护中心，还有指挥中心、广播系统。

五、经济功能

城市公园绿地除了产生巨大的生态环境效益和社会效益外，还具有经济效益，包括直接经济效益、间接经济效益两种。直接经济效益就是公园绿地在使用过程中直接获得的货币效益；间接经济效益就是公园绿地在城市环境改善以及提高环境的资源潜力上所反映出来的经济价值。

1. 直接经济效益

一方面，公园通过销售门票直接获得经济收入，或者依托公园所属餐饮、文化娱乐设施的经营以及出售公园培养的盆景、盆花等的销售获得经济收入。另一方面，公园的开发建设也会带动周边的房地产、商业开发，提高周边土地价格、房价等。公园绿地往往成为影响房地产价格的重要因素。以上海为例，卢湾区近淮海路的太平桥地区原是一片亟待改造的旧居住区，由于居民密度较大，动迁费用昂贵，令区政府伤透脑筋。2001年，香港瑞安集团参与了该地块的综合开发，并在整体性开发前建设了面积4.2hm²的太平桥绿地。绿地建设的动迁和建设费共8亿元，其中香港瑞安集团出了3亿元，区政府出了3亿元，市政府补贴了2亿元。区长算过一笔账：太平桥绿地建成后，随着周边地区的联动开发，区政府可以得到近10亿元的税收。

许多城市在新区建设中也经常先建设公园绿地，改善新区的环境品质，带动周边地区土地价格。如上海浦东开发之初，陆家嘴中心绿地的建设改善了环境，使周边的土地得到大幅度的增值。

2. 间接经济效益

城市公园绿地产生的经济价值除了部分可以用货币价值衡量外，大部分特别是一些生态产品是无法直接用货币价值衡量的。例如园林绿化产生的O_2很难精确计算其经济价值。又如园林绿化创造的优良环境无法用货币价值来表示。下面以天津经济技术开发区绿化建设为例，计算该区园林绿化所带来的间接经济效益。

天津经济技术开发区10年来在盐滩上创建了190hm²绿地，种植林木10万余株，草坪60万平方米，各种植物300余种，每人拥有绿地19m²，绿化成果巨大，生态、社会效益显著。故天津开发区园林绿化为人们提供了良好的生态环境条件，并取得了优越的生态效益。根据日本林业厅的计算方法，按 1t O_2 价格为 0.2 万元计算，那么该区园林提供的 O_2 价值约 456 万元。

根据上海科研所测定，树木的减尘率是 30.8%～50.2%；草坪的减尘率是 16.8%～39.3%。根据天津市环保局提供的资料，每公顷绿地滞尘量平均为 10.9t，降尘费为 80.69 元，天津开发区 190hm² 绿地的滞尘量折合货币相当于 16.7 万元。

园林绿化的杀菌功能是人所共知的。例如 1hm² 圆柏林，一昼夜能分泌出 30～60kg 植物杀菌素，在 2km² 内可杀灭空气中的白喉、结核、伤寒、痢疾等细菌和病毒，并能灭蝇驱蚊，一般每平方米绿地空气中的细菌含量可因此减少 85% 以上。

园林绿化创建的生态效益还有许多，诸如防治噪声污染、减灾防灾、生物多样性保护等，如能转换为货币来衡量将大大超过直接经济价值。

第三节　城市公园的定义和分类

一、城市公园的定义和特征

《中国大百科全书（建筑、园林、城市规划）》中公园（Public Park）的定义为：城市公共绿地的一种类型，由政府或公共团体建设经营，供公众游憩、观赏、娱乐等的园林。

《园林基本术语标准》（CJJ/T 91—2002/J Z17—2002）定义：公园是供公众游览、观赏、休憩、开展户外科普、文体及健身等活动，向全社会开放，有较完善的设施及良好生态环境的城市绿地。

《公园设计规范》（GB 51192—2016）的解释：公园是供公众游览、观赏、休憩、开展科学文化及锻炼身体等活动，有较完善的设施和良好绿化环境的公共绿地。

从以上定义中可以得出城市公园的基本特征：

① 城市公园是城市绿地系统的最重要组成部分，是城市绿地最主要的一种形式；

② 城市公园的开放性体现在向全体公众开放，一般是免费使用；

③ 城市公园具有多功能作用，包括生态、游憩、社会、防灾、美化、经济等多种功能。

二、国外城市公园的分类体系

目前世界各国对城市公园还没有形成统一的分类系统，许多国家根据本国国情确定了自己的分类系统，下面是一些国家的分类系统。

1. 美国城市公园分类体系

①儿童公园；②邻里娱乐公园；③运动公园（包括田径场、运动场、高尔夫球场、海滨游泳场、营地等）；④教育公园；⑤广场公园；⑥市区小公园；⑦风景遥望公园；⑧滨水公园；⑨综合公园；⑩林荫大道与公园道路；⑪保留地。

2. 德国城市公园分类体系

①郊外森林公园；②国民公园；③运动场及游戏场；④各种广场；⑤花园路；⑥郊外绿地；⑦蔬菜园；⑧运动公园。

3. 日本城市公园分类体系

自 20 世纪六七十年代以来，日本政府十分重视城市公园绿地在改善城市生态、游憩、防治污染、防灾、城市美化等方面的功能和作用，以法律规定城市公园完整的分类系统和相应的技术标准。其中《都市计画法》规定了城市化区域公园规划建设的标准，以城市规划范围内的绿地为对象，不仅确定了都市公园的配置结构、规模、设施、建筑密度等技术标准，还以法律形式确定了管理和运行机制、资金来源渠道等；《都市绿地保全法》则是以特定地区绿地保护为目的的专项法。根据1991年日本建设省都市局颁布的《都市公园制度》，日本城市公园分类体系详见表1-1。

表1-1　日本城市公园分类体系一览表

公 园 类 型			设 置 要 求
基干公园	居住区基干公园	儿童公园	面积 0.25hm^2，服务半径 250m
		邻里紧邻公园	面积 2hm^2，服务半径 500m
		地区公园	面积 4hm^2，服务半径 1000m
	城市基干公园	综合公园	面积 10hm^2 以上，要均衡分布
		运动公园	面积 15hm^2 以上，要均衡分布
广域公园			具有休息、观赏、散步、游戏、运动等综合功能，面积 50hm^2 以上，服务半径跨越一个市镇、村区域，要均衡设置
特殊公园	风景公园		以欣赏风景为主要目的的城市公园
	植物园		配置温室、标本园、修养和风景设施
	动物园		动物馆及饲养场等，占地面积在 20hm^2 以下
	历史名园		有效利用、保护文化遗产，形成与历史时代相称的环境

日本公园分类体系相对比较合理，基本涵盖了城市公园的各种类型，各类公园的设置要求也比较明确。

4.苏联城市公园分类体系

苏联城市公园分为以下几类：①文化休息公园（及苏联各加盟共和国及其他大城市里的中心公园）；②风景疗养城市的公园；③小城市的公园城镇和区中心公园；④体育公园；⑤水上公园；⑥娱乐公园；⑦城市休息公园；⑧展览公园；⑨植物园（动物公园）；⑩森林公园、国家和自然历史公园；⑪民族民俗公园；⑫自然地质公园；⑬人文公园；⑭纪念公园；⑮儿童公园；⑯群众休息区；⑰自然保护区等。

三、我国城市绿地分类标准

根据《城市绿地分类标准》（CJJ/T 85—2017），我国城市绿地按其主要功能分成大、中、小类三个层次，其中大类分别为公园绿地（G1）、防护绿地（G2）、广场用地（G3）、附属绿地（XG）以及区域绿地（EG）共五类（表1-2）。

四、我国城市公园分类体系

根据《城市绿地分类标准》（CJJ/T 85—2017），我国公园绿地分为综合公园、社区公园、专类公园、游园四大类。其中综合公园和社区公园是城市的主干公园，满足城市生态环境及居民的基本游憩要求。专类公园则为特色公园，类型多样，包括儿童公园、动物园、植物园、游乐公园、风景名胜公园、历史名园、纪念公园、体育公园、雕塑公园等。游园绿地用地独立，规模较小且形状多样，便于居民就近进入，提供游憩功能。

表 1-2　我国城市绿地分类系统表

类别代码			类别名称	内容	备注
大类	中类	小类			
G1			公园绿地	向公共开放，以游憩为主要功能，兼具生态、景观、文教和应急避险等功能，有一定游憩和服务设施的绿地	
	G11		综合公园	内容丰富，适合开展各类户外活动，具有完善的游憩和配套管理服务设施的绿地	规模宜大于10hm²
	G12		社区公园	用地独立，具有基本的游憩和服务设施，主要为一定社区范围内居民就近开展日常休闲活动服务的绿地	规模宜大于1hm²
	G13		专类公园	具有特定内容或形式，有相应的游憩和服务设施的绿地	
		G131	动物园	在人工饲养条件下，移地保护野生动物，进行动物饲养、繁殖等科学研究，并提供科普、观赏、游憩等活动，具有良好设施和解说标识系统的绿地	
		G132	植物园	进行植物科学研究、引种驯化、植物保护，并供观赏游憩及科普等活动，具有良好设施和解说标识系统的绿地	
		G133	历史名园	体现一定历史时期代表性的造园艺术，需要特别保护的园林	
		G134	遗址公园	以重要遗址及其背景环境为主形成的，在遗址保护和展示等方面具有示范意义，并具有文化、游憩等功能的绿地	
		G135	游乐公园	单独设置具有大型游乐设施、生态环境较好的绿地	绿地占地比例应大于或等于65%
		G139	其他专类公园	除以上各种专类公园外，具有特定主题内容的绿地。主要包括儿童公园、体育健身公园、滨水公园、纪念性公园、雕塑公园以及位于城市建设用地内的风景名胜公园、城市湿地公园和森林公园等	绿地占地比例宜大于或等于65%。
	G14		游园	除以上各种公园绿地外，用地独立、规模较小或形状多样，便于居民就近进入，具有一定游憩功能的绿地	带状游园的宽度宜大于12m；绿地占地比例应大于或等于65%
G2			防护绿地	用地独立，具有卫生、隔离、安全、生态防护功能，游人不宜进入的绿地。主要包括卫生隔离防护绿地、道路及铁路防护绿地、高压走廊防护绿地、公用设施防护绿地等	

类别代码			类别名称	内容	备注
大类	中类	小类			
G3			广场用地	以游憩、纪念、集会和避险等功能为主的城市公共活动场地	绿地占地比例宜大于或等于35%; 绿地占地比例大于或等于65%的广场用地计入公园绿地
XG			附属绿地	附属于各类城市建设用地(除"绿地与广场用地")的绿化用地,包括居住用地、公共管理与公共服务设施用地、商业服务业设施用地、工业用地、物流仓储用地、道路与交通设施用地、公用设施用地等用地中的绿地	不再重复参与城市建设用地平衡
	RG		居住用地附属绿地	居住用地内的配建绿地	
	AG		公共管理与公共服务设施用地附属绿地	公共管理与公共服务设施用地内的绿地	
	BG		商业服务业设施用地附属绿地	商业、服务业设施用地内的绿地	
	MG		工业用地附属绿地	工业用地内的绿地	
	WG		物流仓储用地附属绿地	物流仓储用地内的绿地	
		SG	道路与交通设施用地附属绿地	道路与交通设施用地内的绿地	
		UG	公共设施用地附属绿地	公用设施用地内的绿地	
EG			区域绿地	位于城市建设用地之外,具有城乡生态环境及自然资源和文化资源保护、游憩健身、安全防护隔离、物种保护、园林苗木生产等功能的绿地	不参与建设用地汇总,不包括耕地

类别代码			类别名称	内容	备注
大类	中类	小类			
EG	EG1		风景游憩绿地	自然环境良好,向公众开放,以休闲游憩、旅游观光、娱乐健身、科学考察等为主要功能,具备游憩和服务设施的绿地	
		EG11	风景名胜区	经相关主管部门批准设立,具有观赏、文化或者科学价值,自然景观、人文景观比较集中,环境优美,可供人们游览或者进行科学、文化活动的区域	
		EG12	森林公园	具有一定规模,且自然风景优美的森林地域,可供人们进行游憩或科学、文化、教育活动的绿地	
		EG13	湿地公园	以良好的湿地生态环境和多样化的湿地景观资源为基础,具有生态保护、科普教育、湿地研究、生态休闲等多种功能,具备游憩和服务设施的绿地	
		EG14	郊野公园	位于城市边缘,有一定规模,以郊野自然景观为主,具有清静自然、游憩、休闲、科普教育等功能,具备必要服务设施的绿地	
		EG19	其他风景游憩绿地	除上述外的风景游憩绿地,主要包括野生动植物园、遗址公园、地质公园等	
	EG2		生态保育绿地	为保障城乡生态安全,改善景观质量而进行保护、恢复和资源培育的绿色空间。主要包括自然保护区、水源保护区、湿地保护区、公益林、水体防护林、生态修复地、生物物种栖息等各类以生态保育功能为主的绿地	
	EG3		区域设施防护绿地	区域交通设施、区域公共设施等周边具有安全、防护、卫生、隔离作用的绿地。主要包括各级公路、铁路、输变电设施、环卫设施等周边的防护隔离绿地用地	区域设施指城市建设用地外的设施
	EG4		生产绿地	为城乡绿化美化生产、培育、引种试验各类苗木、花草、种子的苗圃、花圃、草圃等圃地	

公园绿地与城市用地分类的公共绿地相对应,属于城市建设用地。但在实际的公园建设中,城市公园也包括不属于城市建设用地的其他公园,如风景名胜区、湿地公园、郊野公园、森林公园等。

今后我国城市公园体系应该对各类公园提出更为明确的合理规模和服务半径,公园的形式和活动内容必须新颖,设计力求创新,以解决传统公园形式单一、设施陈旧、缺乏活力的问题,使公园真正成为男女老少都喜欢的地方。

思 考 题

1. 国外城市公园出现的背景是什么?发展的趋势是什么?
2. 国内城市公园是如何出现的?其发展过程中几个主要阶段的公园建设情况如何?
3. 近年来,我国城市公园出现哪些新的公园类型?其主要代表公园有哪些?
4. 简述城市公园的功能。
5. 国外城市公园的分类体系如何?我国城市公园的分类体系具有怎样的特点?

第二章 城市公园规划设计总论

城市公园规划设计包括公园总体规划和公园设计两大阶段。总体规划阶段，主要是针对不同类型的公园综合确定、安排园林建设项目的性质、规模、发展方向、主要内容、基础设施、空间布局、建设分期和投资估算的活动。设计阶段是在公园规划的基础上科学合理地组织园林景观，确定园林各构成要素的位置和相互之间的关系，使园林的空间造型满足游人对其功能和审美要求的相关活动。

第一节 城市公园设计的内容

一、城市公园的规模与选址

（一）城市公园的规模

城市公园在总体规划时应该考虑其规模大小，即公园用地面积和游人环境容量。

公园面积大小一般在城市总体规划和城市绿地系统规划中根据城市性质、城市用地布局及条件、自然环境条件、城市居民需求等多方面因素综合考虑，一般与该公园的性质、位置关系密切。

1. 城市公园指标

在城市绿地系统规划中，通过城市绿地指标实现对城市园林绿地需求与建设的总体控制，对城市各类绿地在类型、规模、空间分布等方面进行统筹安排，形成具有合理结构的绿色空间系统，实现绿地所具有的生态保护、休闲游憩和社会文化等功能目标。

城市绿地指标是反映城市绿化建设质量和数量的量化方式。目前，在城市绿地系统规划编制和国家园林城市评定考核中主要控制的三大指标为：人均公园绿地面积（m^2/人）、城市绿地率（％）和绿化覆盖率（％）。根据《城市绿化规划建设指标的规定》（建城〔1993〕784号）和《城市绿地分类标准》（CJJ/T 85—2017），人均公园绿地面积的统计计算方式为：

人均公园绿地面积（m^2/人）＝城市各类公园绿地总面积÷城市人口数量（按常住人口计算）

式中：公园绿地包括了综合公园 G11（含市级公园和区域性公园），社区公园 G12（含居住区公园和小区游园），专类公园 G13（如儿童公园、动物园、植物园、历史名园、风景名胜公园、游乐公园、体育公园等），带状公园 G14 以及街旁绿地 G15 等。

2. 国家关于城市绿地规划的指标要求

① 城市建设用地标准　中国各类城市，特别是大城市，人均城市建设用地十分有限。在《城市用地分类与规划建设用地标准》（GB 50137—2011）中提出：在对城市总体规划编

制和修订时，人均单项用地绿地指标不小于 $10m^2/$人，其中人均公园绿地面积不小于 $8m^2/$人。

② 《城市绿化规划标准》　为推动生态文明建设，创造良好的城乡人居环境，提升城市绿地规划建设水平，提高城市绿地规划的科学性，国家制定了《城市绿地规划标准》GB/T 51346—2019。该标准中提出公园绿地分级规划控制指标（表 2-1）。

表 2-1　公园绿地分级规划控制指标　　　　　　　　　单位：$m^2/$人

规划人均城市建设用地		<90.0	≥90.0
规划人均综合公园		≥3.0	≥4.0
规划居住区公园	社区公园	≥3.0	≥3.0
	游园	≥1.0	≥1.0

③ 《国家园林城市系列标准》（建城〔2016〕235 号）。国家生态园林城市标准中对城市建成区绿地建设指标提出了明确要求，见表 2-2。

表 2-2　国家生态园林城市建成区绿地建设指标要求

建成区绿化覆盖率/%		≥40%
建成区绿地率/%		≥35%
人均公园绿地面积/（$m^2/$人）	人均建设用地小于 $105m^2$ 的城市	≥10.0$m^2/$人
	人均建设用地大于等于 $105m^2$ 的城市	≥12.0$m^2/$人
公园绿地服务半径覆盖率/%		≥90%； 5000m^2（含）以上公园绿地按照 500m 服务半径考核，2000（含）5000m^2 的公园绿地按照 300m 服务半径考核；历史文化街区采用 1000m^2（含）以上的公园绿地按照 300m 服务半径考核
建成区绿化覆盖面积中乔、灌木所占比率/%		≥70%
城市各城区绿地率最低值/%		≥28%
城市各城区人均公园绿地面积最低值/（$m^2/$人）		≥5.50$m^2/$人
园林式居住区（单位）、达标率(%)或年提升率(%)		达标率≥60%或年提升率≥10%
城市道路绿地达标率/%		≥85%
城市防护绿地实施率/%		≥90%

④ 其他有关规定　2004 年，《国家生态园林城市标准（暂行）》中提出我国城市绿化建设指标："建成区绿化覆盖率 45% 以上，人均公共绿地 $12m^2$ 以上，绿地率 38% 以上。"

3. 公园的分级配置

（1）城市公园分级配置的原则

主要针对公园用地及游憩设施的现状，确立城市公园系统的分布形式与分布原则，并对有限的游憩资源进行合理的分布、布局、利用、开发与管理。

在城市范围内进行公园分级配置和总体分布规划时，应依据下列几项原则：

① 公园的分布规划要作为城市总体规划的重要环节，而且要与城市总体规划的目标相一致；

② 各种不同类型的公园应遵循"均衡分布"的原则；

③ 应考虑各公园相互间的交通或景观联系及公园服务区的最大可及性；

④ 公园的分布应对城市的防火、避难及地震等灾害类型具有明显的防、避效果；

⑤ 应考虑不同季节的综合利用，同时可以达到各种不同的游憩目的；

⑥ 在公园分布时应考虑开发的问题，尽量利用低洼地、废弃地、滨水地、坡度大的山地等不适于建筑房屋和耕种的土地；

⑦ 选择易于获得和易于施工、管理的土地。

（2）城市公园的级配模式

城市公园从小到大，有不同的种类和层次，彼此在城市中发挥着不同的功能。如何使这些不同层次和类型的公园取得彼此间的相互联系，使其具有系统化的网络层次，需要在公园的配置上完善，以形成完整的系统。

不同层次和类型的公园由于其大小、功能、服务职能等方面的不同，决定了公园系统的理想配置模式应是分级配置，只有做到分级配置，城市不同类型公园的职能才能得以最佳的发挥，更为有效地服务城市居民（图2-1）。

图 2-1　公园级配模式

（3）城市公园的服务半径

根据城市生态平衡原则、城市防灾避难需求原则、城市生态与卫生要求、人的步行能力和心理承受距离等多方面要求，按照理想社会发展需要，结合当前我国城市的发展水平、城市居民对城市公园的实际需求、各城市的总体社会经济发展目标等，可拟定出不同城市各类型城市公园的利用年龄段、分布规律、用地规模、服务半径、人均面积等。

日本的城市公园分类系统，以立法的形式规定了各类公园的服务半径和用地规模，它对我国城市公园职

图 2-2　日本公园分布模式

能、服务半径及用地规模的确定具有一定的借鉴意义（图2-2）。

（二）城市公园的选址

城市公园的选址需遵循以下原则和要求。

1. 城市公园用地选址的原则

① 应选用各种现有公园、苗圃等绿地或现有林地、树丛等加以扩建、充实、提高或改造，增加必要的服务设施，不断提高园林艺术水平，以适应人民生活质量日益提高的需要。

② 要充分选择河、湖所在地，利用河流两岸、湖泊的外围创造带状、环状的公园绿地。充分利用地下水位高、地形起伏大等不适宜建筑但适宜绿化的地段，创造丰富多彩的园林景色。

③ 选择名胜古迹、革命遗址等地，配植绿化树木，使其既能显现城市绿化特色，又能起到教育广大群众的作用。

④ 结合旧城改造，在旧城建筑密度过高地段，有计划地拆除部分劣质建筑，规划、建设绿地、花园，以改善环境。

⑤ 充分利用街头小块用地，"见缝插绿"地开辟多种小型公园，方便居民就近休息赏景。

2. 综合公园和社区公园的选址

综合公园指内容丰富，有相应设施，适合于公众开展各类户外活动、规模较大的绿地。它是城市绿地系统的重要组成部分，不仅为城市提供大面积的绿地，且具有丰富的户外游憩内容，是群众性的文化教育、娱乐、休息场所，对城市面貌、环境保护、社会生活起到重要的作用。综合公园要求自然条件良好、风景优美、植物种类丰富、内容设施较完备、规模较大、质量较好，能满足人们游览休息、文化娱乐等多种功能需求，适合各种年龄和职业的居民进行一日或半日以上的游赏活动。

社区公园是为一定居住用地范围内的居民服务，具有一定活动内容和设施，为居住区配套建设的集中绿地。社区公园与居民生活关系密切，使之必须和住宅开发配套建设，合理分布。但是与城市公园相比，社区公园有着鲜明的特性，其游人比较单一，主要为本居住区居民服务。

在一座城市中，综合公园与社区公园二者所形成的整体系统应相对均匀分布、合理布局，以满足城市居民生活、户外活动的需要。两类公园的服务半径参考数据详见表2-3。

表2-3　城市综合公园和社区公园的合理服务半径

公园类型	面积规模/hm²	规划服务半径/m	居民步行来园所耗时间/min
市级综合公园	≥20	2000～3000	25～35
区级综合公园	≥10	1000～2000	15～20
居住区公园	≥4	500～800	8～12
小区游园	≥0.5	300～500	5～8

综合公园内常设有茶室、餐馆、游艺室、溜冰场、露天剧场、儿童乐园等。全园应有较明确的功能分区，如文化娱乐区、体育活动区、儿童游戏区、安静休息区、动植物展览区、管理区等。用地选择要求服务半径、土壤条件、环境条件及工程条件（水文水利、地质地貌）适宜。

在公园用地选择上应注意如下几方面：

① 综合公园的服务半径应使居住用地内的居民能方便使用，并与城市内主要交通干道、公共交通设施有方便的联系。

② 符合城市绿地系统规划中确定的性质和规模，尽量充分利用城市的有利地形、河湖水系，并选择不宜于工程建设及农业生产的地段。

③ 充分发挥城市水系的作用，选择具有水面的地段建设公园，这样既可保护水体，又可增加公园景色，并满足开展水上运动、公园地面排水、植物浇灌、水景用水的需要。

④ 选择现有植被丰富和有古树名木的地段。在原有林场、苗圃、丛林等基础上加以规划改造，这样有利于尽早见效，并可以节约投资。

⑤ 选择可以利用的名胜古迹、革命遗址、人文历史、园林建筑的地区规划建设公园，以达到丰富公园内容、保护民族文化遗产的目的。

⑥ 公园用地应考虑将来发展的可能性，留出适当面积的备用地。对于备用地暂时可考虑作为苗圃、花圃等用地，待需要建设时再进行改建。

3. 专类公园的选址

专类公园是指具有特定内容和形式，有相应的游憩和服务设施的公园，包括动物园、植物园、历史名园、遗址公园、游乐公园及其他专类公园等，其他专类公园包括儿童公园、体育健身公园、滨水公园、纪念性公园等。

① 动物园　动物园指在人工饲养条件下，移地保护野生动物，供观赏、普及科学知识，进行科学研究和动物繁育，并具有良好设施的绿地。其用地规模与展出动物的种类相关，面积小至 $15hm^2$ 以下，大至 $60hm^2$ 以上。为保证动物休息，一般夜间不开放。其用地选择应远离有噪声、有污染的地区和居住用地、公共设施用地，以免病疫互相传染；同时便于为不同生态环境（森林、草原、沙漠、淡水、海水等）、不同地带（热带、寒带、温带等）的动物创造适宜的生存条件。还应与屠宰场、动物皮毛加工厂、垃圾处理场、污水处理厂等保持必要的安全距离。如果附设在综合公园内，应布置在下风、下游地带。

② 植物园　植物园是进行植物科学研究、引种驯化、植物保护，并供观赏、游憩及开展科普活动的绿地。植物园的选址依其不同的类型和任务而定。侧重科普、游览的植物园，以设于交通方便的近郊为宜；侧重科研的植物园则可设于远郊。其用地选择一般远离居住区，但要尽可能设在交通方便、地形多变、土壤水文条件适宜、无城市污染的下风、下游地区，以利各种生态习性的植物生长。

③ 游乐公园　游乐公园指具有大型游乐设施，单独设置，生态环境较好的绿地。游乐公园中的主题公园位置选择、主题创意、项目设置等方面要充分考虑其商业价值、大众品位及环境效益。

④ 儿童公园　儿童公园指单独设置，为少年儿童提供游戏及开展科普、文体等活动，有安全、完善的设施的绿地。面积一般 $5hm^2$ 左右，园内各种活动设施、建筑物、构筑物以及植物布置等都应符合儿童的生理、心理及行为特征，并具有安全性、趣味性和知识性。其选址应接近居住区，同时应避免使用者穿越交通频繁的干道到达。

⑤ 体育健身公园　体育健身公园是具有特殊性质的城市公园，要求既有符合一定技术标准的体育运动设施，又有较充分的绿化布置，主要供各类体育运动比赛和练习用，同时可供运动员及群众休息游憩。体育健身公园设有停车场地及各类附属建筑，有良好的绿色环境，是城市居民锻炼身体和进行各种体育比赛的运动场所，属社会体育设施与城市公园两者的融合体。其选址应重视大容量的道路与交通条件，如成都的城北体育公园等。

⑥ 纪念性公园　是以纪念历史事件、缅怀名人和革命烈士为主题的，为当地的历史人物、革命活动发生地、革命伟人及有重大历史意义的事件而设置的公园。有些纪念公园则是以纪念馆、陵墓等形式建造的，如南京中山陵、鲁迅纪念馆等。其目的是提供后人瞻仰、怀念、学习等的场所，并提供游览、休息和观赏的空间。

二、城市公园的总体布局

公园规划设计，首先要考虑的是公园的功能，要和使用者的期望与要求符合。规划设计者必须对该地区人民现在和未来的生活环境变化作全面探讨，还须明确公园在改善人们生活环境方面的价值。其次，公园规划设计还要对该地特性作充分了解，以便挖掘相应的环境特点，做出恰当的规划。

公园总体布局是在园林艺术理论指导下对所处空间进行巧妙、合理、协调、系统安排的艺术，目的在于构成既完整又开放的美好境界。公园总体布局的形式多种多样，但总的来说可以归纳为三种，即规则式、自然式和混合式。

① 规则式公园又可称为整体式、几何式、建筑式、图案式等。它以建筑或建筑式空间布局作为主要风景题材，具有明显的对称轴线，各种园林要素大多对称布置。具有庄严、雄伟、自豪、肃静、整齐、人工美的特点。如18世纪以前的埃及、希腊、罗马等西方古典园林和我国上海哈同花园、建安公园（图2-3）等都是规则式。

图 2-3 规则式布局的建安公园

② 自然式公园又可称为风景式、山水式、不规则式。这种形式的公园无明显的对称轴线，各种要素自然布置。创造手法是效法自然、服从自然，但是高于自然，具有灵活、幽雅的自然美。其缺点是不易与严整、对称的建筑、广场相配合。我国的苏州园林、颐和园、承德避暑山庄、杭州西湖、太子湾公园（图2-4）等都是这类公园的典型代表。

③ 混合式公园则是把规则式和自然式各自的特点融为一体，根据具体情况进行合理规划布局的形式。

总之，由于地形、水体、土壤、气候条件的变化，环境的不一，公园规划设计中很难做到绝对规则式和绝对自然式。往往对建筑群附近及要求较高的园林种植类型采用规则式进行布置，而在远离建筑群的地区，自然式布置则更为经济和美观。如北京中山公园、广东新会城镇文化公园、西安大唐芙蓉园（图2-5）、北京朝阳公园（图2-6）等。在规划中，如果原有地形较为平坦，自然树木较少，规划用地面积小，周围环境规则，则以规则式为主；如果原有地形起伏不平或丘陵、水面和自然树木较多，规划用地面积较大，周围环境多呈自然风貌，则以自然式为主。

图 2-4　自然式布局的杭州太子湾公园

1—主入口；　　9—凝碧庄；
2—悠然亭；　　10—颐乐园；
3—放怀亭；　　11—天缘台；
4—小木屋；　　12—听涛居；
5—竹楼；　　　13—厕所
6—次入口；
7—观瀑亭；
8—九曜楼餐厅；

图 2-5　西安大唐芙蓉园总平面图

三、城市公园的功能分区

公园在进行总体规划和布局后，需要进行公园的分区规划，即将公园分为几个功能完全不同的功能区，分别进行更为详尽的规划设计。

公园内容受公园性质和陆地面积大小所限，其功能分区应该根据公园的规模进行划分，尤其是对面积较小的公园，明确分区比较困难时，常将各种不同性质的活动内容作整体的合理安排，有些项目可以作适当压缩或将一种活动的规模、设施减少合并到功能相近的区域内。面积较大的公园，功能分区比较重要，主要是使各类活动使用方便，互不干扰，尽可能按照自然环境和现状特点布置，因地制宜地划分各功能区。

图例: 1—西入口廊架; 4—艺术地形区; 7—雪花廊架及雪山构筑物; 10—旱地冰壶场地; 13—儿童游戏沙坑;
2—下沉式五人足球场; 5—园区通行主路; 8—健身器械场地; 11—雪花种植地; 14—东侧雪绒花大门;
3—下沉式街头盛球场; 6—下沉水广场; 9—冰山攀爬墙; 12—园区跑道;

图 2-6 北京八角新乐园平面图

功能分区规划要依照各区功能上的特殊要求、公园面积大小、周围环境、自然条件（地形、土壤、水体、植被）、公园的性质、设施的安排等进行。对于综合公园，一般主要有文化娱乐区、观赏游览区、安静休息区、儿童活动区、老人活动区、体育活动区、园务管理区、服务设施等（图2-7）。

图 2-7　成都大邑桃园公园功能分析图

1. 文化娱乐区

文化娱乐区是开展科学文化教育，进行表演、游戏、游艺等活动的区域，具有活动场所多、活动形式多、人流量大等特点。这里气氛热闹，人声喧哗，是公园中的闹区。

该区的功能是向广大人民群众开展科学文化教育，使广大游人在游乐中受到文化科学、生产技能等方面的熏陶，可以说是全园的中心。主要设施有展览馆、画廊、文艺馆、阅览室、剧场、舞场、青少年活动室、动物角等。该区应尽量设在靠近主要出入口、地形较为平坦处，并应有一定的分隔，平均每人有 $30m^2$ 左右的活动面积。该区的建筑物要适当集中，工程设备、生活服务设施应齐全，布局要有利于游人活动和内部管理。

在地形平坦、面积较大的地方，可采用规则式进行布局，要求方向明确，有利于游人集散。在地形起伏、平地面积较小的地方，可采用自然式进行布局，用园路进行联系，要尽量利用绿化环境开展各种文艺活动。

2. 观赏游览区

观赏游览区占地面积大，主要功能是供人们游览、休息、赏景、陈列，或开展轻微体育活动，应适当设置阅览室、茶室、画廊、凳椅等，但要求具有一定的艺术性，是游人喜欢的区域。为了达到观赏游览的效果，该区游人分布密度较小，平均 $100m^2$/人。一般选择现状环境、植被条件比较优越的地段，特别是在距出入口较远之处，选择地形起伏、临水观景、视野开阔处，或树多、绿化、美化较好之处。应与体育活动区、儿童活动区、闹市区分隔。观赏游览区的参观路线是非常重要的，道路的铺装材料、宽度变化都应适应景观的展示和动态观赏的要求。特别是在林间，可设立简易运动场所，以便于老人轻微活动；也可设置植物专类园，以创造山清水秀、鸟语花香的环境，为游人服务。

3. 安静休息区

安静休息区是专供游人安静休息、学习、交往的区域，开展较为安静的活动，如太极拳、散步等。一般安静休息区与喧闹的区域应有自然的隔离，以避免受干扰，因此布置时要远离出入口。

该区景观要求比较高，可根据地形分散设置，选择有大片的风景林地、较为复杂的地形和丰富的自然景观（山、谷、河、湖、泉等）。采用园林造景要素巧妙地组织安排，形成景色优美、环境舒坦、生态效益良好的区域。区内园林建筑和小品的布局宜分散，密度要合理，体量不宜过大，应亲切宜人，色彩宜淡雅不宜华丽。

4. 体育活动区

体育活动区的主要功能是供广大青少年开展各项体育活动，具有游人多、集散时间短、对其他各项干扰大等特点。在该区可增设各种球类、溜冰、游泳、划船等场地。布局上要尽量靠近城市主要干道，或专门设置出入口。因地制宜地设立各种活动场地，在凹地水面可设立游泳池，高处可设立看台、更衣室等辅助设施；开阔水面上可开展划船活动，但码头要设在集散方便处，并便于停船。游泳的水面要和划船的水面严格分开，以免互相干扰。另外，结合林间空地可设置简易活动场地，进行武术、太极拳、羽毛球等活动（图2-8、图2-9）。

图 2-8　扬州南部体育公园跑道　　　　　图 2-9　公园里的体育活动场地

5. 儿童活动区

儿童活动区是为促进儿童身心健康而设立的专门活动区。具有占地面积小（5%），各种设施复杂的特点。区内设施要符合儿童心理，造型设计应简洁、明快、尺度小。儿童游戏场内常设有秋千、滑梯、滚筒、浪船、跷跷板和电动游戏设施。儿童活动类型包括涉水、攀梯、玩吊绳、爬圆筒、障碍跑、爬山等。科学园地有农田、蔬菜园、果园、花卉等。少年之家有阅览室、游戏室、展览厅等。

该区多布置在公园出入口附近或景色开朗处。在出入口常设有塑像，布置规则，道路分区以易于识别，并按不同年龄划分活动区，可用绿篱、栏杆、假山、水溪隔离，防止互相乱穿，干扰活动。此外，该区的设计还应考虑家长的需要，设置座椅、花架、小卖部等休息场所和服务设施。

6. 园务管理区

园务管理区是为公园管理的需要而设置的，具有内务活动多的特点。园务管理区要与街道有方便的联系，并设有专用出入口，不要与游人混杂。该区域要隐蔽，周围用绿色树木与各区分隔，不要暴露在风景游览的主要视线上。

该区的主要设施有办公室、工作室等，要方便内外各项活动；工具房、杂务院，要有利于园林工程建设；职工宿舍、食堂，要方便内务活动；温室、花园、苗圃要求面积大，设在水源方便的边缘地；服务中心要方便对游人的服务；建筑小品、路牌、园椅、废物箱、厕所、小吃部、休息亭廊、问询处、摄影服务部、寄存处、借游具处、购物店等设施要齐全。

7. 服务设施

服务设施的项目内容在公园内的布置受公园用地面积、规模大小、游人数量与游人分布情况的影响较大。在较大的公园可设置1～2个服务中心，或按服务半径设置服务点。

服务中心为全园服务，应按导游线的安排，结合活动项目的分布，设在游人集中较多，停留时间较长，地点适中的地方。服务点是为园内局部地区的游人服务的，应按服务半径的要求，在游人较多的地方设置。一般服务设施可提供饮食、休息、问询、摄影、租借、小卖铺等。

四、城市公园景区设计

公园按照规划设计意图，根据游览需要，组成一定范围的各种景观地段，形成各种风景环境和艺术境界，以此划分成不同的景区，称为景色分区。由若干相互关联的景物所构成、具有相对独立性和完整性，并具有审美特征的基本境域单元称为景点。景点是构成园林景观的基本单元。景区则是根据风景资源类型、景观特征或游人观赏需求而划分成的一定用地范围，每个景区都可以成为一个独立的景观空间。一般公园中均由若干个具有内在关联性的景点组成景区，再由多个景区组成公园完整的景观系统。

公园的景观分区要使公园的风景与功能使用要求相配合，达到增强使用功能的效果。景区不一定与功能分区的范围完全一致，有时需要交错布置，常常是一个功能区内包括一个或多个景区，形成一个功能区内有不同的景色（图2-10）。

A区：儿童游乐
B区：外交文化
C区：茶文化
D区：科举文化
E区：女性文化
F区：道教文化
G区：餐饮文化
H区：歌舞文化
I区：帝王文化
J区：诗歌文化
K区：迎客交流
L区：佛教文化
M区：民间文化
N区：水秀表演区

图2-10　西安大唐芙蓉园景观分区

公园的景区划分与组织可以按照以下几种类型进行。

1. 按季相特征划分的景区

利用植物的花、果、枝、叶的季相变化特点，组织景区的风景特色。如上海植物园的假山园，以樱花、桃花、紫荆等构建春岛春色；以石榴、牡丹、紫薇等组织夏岛风光；以枫树、槭树供秋岛观叶；以松柏为冬岛添景。

2. 按景区环境的感受效果划分的景区

开朗的景区——开阔的视野、宽广的水面、大片的草坪往往能形成开朗的景观，如上海中山公园的大草坪、长风公园的银锄湖，北京紫竹院公园的大湖。

雄伟的景区——利用挺拔的植物、陡峭的山形、耸立的建筑等形成雄伟庄严的气氛，如南京中山陵大石阶和广州起义烈士陵园主干道两旁的常绿树，使人们的视线向上延伸，达到巍峨壮丽、令人肃然起敬的目的。

安静的景区——一般在有一定规模的公园里设置，常利用四周封闭而中间空旷、宁静的环境，如林间隙地、山林空谷等，使游人能安静地休息观赏。

幽深的景区——利用地形的变化、植物的隐蔽、道路的曲折、山石建筑的障隔和联系造成曲折多变的空间，达到优雅深邃的境界，如北京颐和园的后湖。

3. 按复合的空间组织的景区

这种景区既是公园的一个局部，又具有相对的独立性，如园中之园、水中之水、岛中之岛、借外景的联系而构景的山外山和楼外楼，都属于此。这也是中国古典园林中常用的手法，如以南京玄武湖公园自身的自然地理环境为基础来划分，主要被分成环洲、樱洲、菱洲、梁洲、翠洲等五个区，每个洲都有各自的特色，如樱洲的樱花、翠洲的苍松翠柏等，洲与洲之间以堤桥相连。此外还有锡惠公园的寄畅园、颐和园的谐趣园、杭州西湖的三潭印月等。

4. 按不同的造园材料和地形主体构成的景区

假山园：以人工叠石构成山林，如上海豫园的黄石大假山、苏州狮子林的湖石假山。

岩石园：利用自然林立的山石或岩洞整理成游览的风景，如云南石林。

水景园：利用自然的或模仿自然的河、湖、溪、瀑，人工构筑的规则形式的水池、运河、喷泉、瀑布等水体构成的风景。

山水园：山石水体互相配合，组织而成的风景。

沼泽园：以沼泽地形特征显示的自然风光。

花草园：以多种草或花构成的百草园、百花园，突出某一种花卉的专类园，如古林公园的牡丹芍药园，北京国家植物园的芍药园、月季园等。

树木园：以浓荫大树组成的密林，具有森林的野趣，可作为障景、背景使用；以枝叶稀疏的树木构成的疏林，能透过树木看到后面的风景，增加风景的层次，丰富景色；以古树为主构成的风景；在某一地段环境中突出某一种树木构成，如梅园、柳堤、碧桃湾、紫竹院、玉兰堂等。

5. 其他景区

以虫、鱼、鸟、兽等动物为主要观赏对象的景区，如金鱼池、百鸟馆、花港观鱼等。

以文物古迹、历史事迹为主要内容的景区，如碑林、大雁塔、大观园、龙门石窟等。

五、城市公园地形设计

地形设计是指对原有地形、地貌进行工程结构和艺术造型的改造设计。公园中地形处理，应以公园绿地需要为主题，充分利用原地形、景观条件，创造出自然和谐的景观骨架。结合公园外围城市道路规划标高及部分公园分区内容和景点建设要求进行，以最少的土方量丰富园林地形。

城市公园要结合地形造景，当原有地形与设计意图、使用功能不符时，需加以整理、改造。如园林用地在山林地区，园内设施就要结合树林和山地的地形分布，道路要随地形起伏选线，要按地形高低来造景，与平地上的公园有较大不同。公园用地的地形对公园的规划设计影响很大，因地形处理手法的不同，公园会产生不同的景色和特点，如上海长风公园与徐家汇公园，二者地形的结合方式截然不同，长风公园以银锄湖水面及铁臂山为主，四周配以草坪绿地，形成景观构图上的较大差异，而徐家汇公园则以大草坪为主，配以局部小型水面和缓坡地。

公园内地形的状况与容纳游人量有密切的关系，平地容纳的人较多，山地及水面则受到限制。故不同地形、不同性质和功能的公园，其水面和陆地面积的比例不同。一般较理想的比例是，水面占 1/3～1/4，陆地占 2/3～3/4，陆地中平地为 1/2～2/3，山地丘陵为 1/3～1/2。

1. 公园地形设计的影响因素

① 公园与城市的关系　园林的面貌、立体景观是城市面貌的组成部分。当园林的出入口按城市居民入园的主要方向设置时，出入口处需要有广场和停车场，一般应有较平坦的用地，以便与城市道路保持合理的衔接。

② 地形的现状条件　以充分地形利用为主、改造为辅。要因地制宜，尽量减少土方量，建园时最好达到园内填挖的土方平衡，节省劳动力和建设投资。但对于有碍园林功能发挥的、不合理的地形则应大胆加以改造。

③ 公园的主要功能　例如，文体活动场地需要平地；拟利用地形作观众看台时，就要有一定大小的平地和外围适当的坡地；安静游览的地段和利用地形分隔空间时，常需要有山岭坡地；进行水上活动时，就需要有较大的水面等。

④ 观景空间的塑造　例如，要构成开敞的空间，需要有大片的平地或水面；幽深的地段常有山重水复、峰回谷转、层次多的山林。园林中的山水，常常是模仿自然界的山水景色，再加以精炼、浓缩，使其在有限的园林用地内获得无限的风光。

⑤ 园林工程技术上的要求　例如，不使陆地有内涝，避免水面有泛滥或枯竭的现象；岸坡不应有塌方滑坡的情况；对需要保存的原有建筑，不得影响其基础工程等。

⑥ 植物种植的要求　例如，对保存的古树大树，要保持其原有的地形标高，以免造成露根或被掩埋而影响植物的生长和寿命。植物有阳生、阴生、水生、沼生、耐湿、耐旱以及生长在平原、山间、水边等不同，处理地形应与植物的生态习性互相配合，使植物的种植环境符合生态地形的要求。

2. 公园地形的类型、功能及设计

公园中的地形有陆地和水体两大类，其中陆地部分又可分为平地、坡地、山地等。

(1) 平地

平地是公园中游人聚会、休息的理想场所，也是建筑的适宜之地。平地便于进行群众性的文体活动、人流集散，也有利于形成开朗的景观，故在现代公园中都设有一定比例的平地。如北京的陶然亭公园与颐和园作比较，前者平地较多，能方便地进行群众性活动及节日游园联欢活动；后者由于山地、水面较多，平地较少，故节日开展群众性游园活动时就显得拥挤。

在平坦的地形中，须有大于 0.5% 的排水坡度，以免积水，并要尽量利用道路、明沟排除地面水。坡度超过 40% 时，自然土坡常不易稳定，所以土坡的坡度不要超过 20%，草坪的坡度最好不要超过 25%，一般平地的坡度约为 1%～7%。大片的平地，可配合高低起伏的缓坡，形成自然式的、起伏柔和的地形，避免坡度过陡、过长造成水土冲刷。裸露的地面应铺种花草或其他地被植物。

（2）坡地

坡地就是倾斜的地面，因地面倾斜的角度不同，可分为以下两种。

缓坡：坡度在8%～12%之间，一般仍可作部分活动场地之用。

陡坡：坡度在12%以上，作一般活动场地较困难，在地形合适并有平地配合时，可利用地形的坡度做观众的看台或植物的种植用地。

变化的地形可以从缓坡逐渐过渡到陡坡与山体连接，在临水的一面以缓坡逐渐深入水中。在这些地形环境中，除作为活动的场地外，也是欣赏景色、游览休息的好地方。可以选择较平缓的坡地，修筑挡土墙，削高填低，或将缓坡地改造成有起伏变化的地形。挡土墙亦可处理成自然式（图2-11）。

图2-11 美国南岬公园地形处理

图2-12 南非自由公园建筑

（3）山地

公园中山地往往是利用原有地形适当改造而成。因山地常能构成风景、组织空间、丰富园林景观，故在没有山的平原城市，也希望在园林中设置山景，并常用填挖的土方堆成。

山地主要供游人爬山登高、眺望远景之用，可作为公园主景，并起到组织空间的作用。山丘的组合形成凸地、凹地、山脊、谷地等形态。凸地具有开敞性，可作为景观的焦点物，是建造景观建筑和标志物的理想场所（图2-12）；凹地具有内向性，可形成不易被外界干扰的空间；脊地呈线形，具有导向性和动势感，同时还可分割空间；谷地是线形的洼地，也具方向性，适合布置流动性要素，如溪流、道路等。

① 按山的主要材料，可以分为土山、石山和土石混合的山。

土山可以利用园内挖出的土方堆置，投资比石山少。土山的堆放角度要在土壤的自然安息角以内，否则要进行工程处理。

石山由于堆置的手法不同，可以形成峥嵘、妩媚、玲珑、顽拙等多变的景观，并且不受坡度的限制，所以山体在占地不大的情况下，亦能达到较大的高度。石山上不能多植树木，但可以穴植或预留种植坑。石料宜就地取材，否则会造成较大的投资。

土石混合的山，一般是以土为主体形成基本结构，表面再加以点石。因基本上还是以土堆置的，所以占地也比较大，只在部分山坡使用石块挡土。依点置和堆置的山石数量占山体的比例不同，山体呈现为以石为主或以土为主，山上之石与山下之石宜通过置石联系起来。因用石量比石山少，且便于种植构景，故现在造园中常常应用。

② 以山的游览使用方式，可分为观赏的山与登临的山。

观赏的山是以山体构成丰富的地形景观，可供人观赏，不可攀登。现代公园面积大，活动内容多，可利用山地分隔空间，形成相对独立的场地。分散的场地，以山体蜿蜒相连，还可起到景观的联系作用。在园路和交叉口旁边的山体，可以防止游人任意穿行绿地，具有组织观赏视线和导游的作用；在地下水位过高的地段堆置土山，可以为植物生长创造条件。山体的形状应按观赏和功能的要求来考虑，有的是一个山呈带状的或几个山峰组合的山，有"横看成岭侧成峰"的变化。几个山峰组合的山，其大小高低应有主从的区别，这样从各个方向观赏可以有不同的山体形状和层次的变化。观赏的山其高度可以比登临的山低些，但要在1.5m以上，否则一眼望穿不能起到组景的作用。

登临的山因体形较大，在公园中常成为主景。可观可游山体的朝向应以景色最好的一面对着游人的主要方向，如北京颐和园的万寿山。

山与水最好能取得联系，使山中有水，水畔有山。我国的画论中说，"水得地而流，地得水而柔""山无水泉则不活"，还有喻山为骨骼、水为血脉、建筑为眼睛、道路为经络、树木花草为毛发的说法。体量大的山体与大片的水面，一般宜山居北面、水在南面，以山体挡住寒风，使南坡有较好的小气候。山坡南缓北陡，便于游人活动和植物生长。山南向阳面的景物有明快的色彩，如山南有宽阔的水面，则回光倒影，易取得优美的景观。

（4）水体

水体能使公园产生生动活泼的景观，形成开朗的空间和透景线，是造景的重要因素之一。较大的水面往往是城市河湖水系的一部分，可以用来开展水上活动；有利于蓄洪排涝；形成湿润的空气，调节气温；吸收灰尘，有助于环境卫生；提供灌溉和消防用水；还可以养鱼及种植水生植物。

图2-13　颐和园昆明湖和万寿山

水体的挖掘工程量较大，故公园中的大水面要结合原有地形来考虑，利用原有河、湖、低洼沼泽地等挖成水面（图2-13），并要考虑地质条件，水体下面要有不透水层，如黏土、砂质黏土或岩石层等。如遇透水性大的土质，水体将会渗漏而干涸。水源是构成水体的重要条件，因为水体的蒸发和流失经常需要补充，保持水体的清洁也要有水源调换。

① 公园水体的水源　主要包括引用原河湖的地表水、利用天然涌出的泉水、利用地下水以及人工水源4种情况。直接用城市自来水或设深井水泵汲水，因日常费用较大，不宜多用。

② 水体的类型

a.按水体的形式，可以分为自然式和规则式。

自然式的水体是天然的或模仿天然形状的河、湖、溪、涧、泉、瀑等，多随地形而变化。

规则式的水体是由人工开凿成几何形状的水面，如运河、水渠、方潭、圆池、水井及几何形体的喷泉、瀑布等，常与雕塑、山石、花坛等共同组景。

b.按水体的使用功能，可以分为观赏的和开展水上活动的。

观赏的水体可以较小，主要为构景之用。水面有波光倒影时能成为风景的透视线，能丰富景色的内容，提高观赏的兴趣。水中的岛、桥及岸线也能自成景色。

开展水上活动的水体，一般需要有较大的水面、适当的水深、清洁的水质等条件，水底及岸边最好有一层砂土，岸坡要和缓。同时，除了要符合活动的要求外，也要注意观赏的要求，使得活动与观赏能配合起来。

c.按水流的状态，可以分为静态的和动态的水体。

静态的水体能反映出倒影、粼粼的微波、激滟的水光等，给人以明洁、清宁、开朗或幽深的感受，如"海"、湖泊、池沼及潭，井也属于静态的水体。

动态的水体有湍急的水流、喷涌的水柱、水花或瀑布等，给人以明快清新、变幻多彩的感受，如溪涧、跌水、喷泉、瀑布等。

公园中的大片水面，一般有广阔曲折的岸线与充沛的水量。湖、"海"在公园中常成为主要的景区。如四周有较高的山、塔等景物的倒影，将增加虚实与明暗对比的变化。一般池为较小的水面，潭为较深的水面。园林中观赏的水面空间，面积不大时，宜以聚为主；大面积的则可以分隔。分隔水面时，要使山体、水系、建筑、道路、植物等形成许多空间，景色风格上相互有联系，构成的景色要在变化中求统一，统一中有变化，如南京玄武湖水面由"五洲"分隔，各洲自成景区，洲际以堤、桥等相连，游人沿路游览仍不觉其为分隔的洲岛，而宛若一个整体。水面的分隔与联系主要由岛、堤、桥、建筑及植物等形成（图2-14）。

图 2-14　水面的分隔方式

③ **水体处理**　首先要因地制宜地选好位置。其次，要有明确的来源和去脉。最后，水面处理应有特色。水体有静态的湖池和动态的溪流、瀑布、喷泉等形式。

（5）公园地形的整体设计

规则式公园的地形设计，主要是应用直线和折线构建不同高程的平面。其中水体主要是以长方形、正方形、圆形或椭圆形为主要造型的水渠、水池，一般渠底、池底也为平面，在满足排水的要求下标高基本相等。

自然式公园的地形设计，首先要根据用地的地形特点，一般包括原有水面或低洼沼泽地、地形多变且起伏不平的山林等几种形式。无论哪种地形，基本的手法都是《园冶》中所讲："高方欲就亭台，低凹可开池沼"的"挖池堆山"。此外，还应结合分区的要求进行地形设计，如安静休息区、老人活动区等都要求有一定的山林地和水面，或利用山水组合空间造成局部幽静的环境（图2-15）。

图 2-15　自然式地形设计示意图

六、城市公园道路广场设计

园林道路是公园的组成部分，起着组织空间、引导游览、交通联系并提供散步休息场所的作用。园路布局要从公园的使用功能出发，根据地形、地貌和景点的分布以及园务管理的需要综合考虑，统一规划，做到主次分明，功能明确。公园中的道路网规划设计，包括出入口和广场位置、个数、道路分级、路网密度、交通设施的安排、游览组织方式、园路的线形、高程、结构和铺装形式等内容（图2-16）。

图2-16　建安公园交通分析图

在进行园路系统设计时，应根据公园的规模、各分区的活动内容、游人容量和管理需要，确定园路的路线、分类分级和园桥、铺装场地的位置和特色要求。

（一）园路的功能与类型

1. 主干道

全园主道，通往公园各大区、主要建筑设施、风景点。路宽4～6m，纵坡8%以下，横坡1%～4%。

主要园路应具有引导游览的作用，易于识别方向。游人大量集中地区的园路要做到明显、通畅、便于集散。通行养护管理机械的园路宽度应与机具、车辆相适应。通向建筑集中地区的园路应有环行路或回车场地。生产管理专用路不宜与主要游览路交叉。

2. 次干道

公园各区内的主道，引导游人到各景点、专类园，自成体系，自组织景观，对主路起辅助作用。宽2～4m，纵坡18%以下，横坡1%～4%。

3. 游览步道

为游人散步使用，宽1～2m，纵坡18%以下，横坡1%～4%。

4. 专用道

多为园务管理使用，在园内与游览路分开，并应减少交叉，以免干扰游览。

(二) 园路的布局形式

规则式布局的公园，园路笔直宽大，轴线对称，成几何形，如纪念性公园（图2-17）、寺庙园林。而自然式布局的公园，园路讲究曲折、含蓄，步移景异（图2-18）。

图 2-17 梅州黄遵宪纪念公园道路系统规划图

园路的布局应做到主次分明，因地制宜，和地形密切配合。路网密度宜在 200～380m/hm² 之间。布局时应考虑以下几个方面：

1. 园路的回环性

公园中的路多为四通八达的环形路，游人从任何一点出发都能游遍全园，不走回头路。

2. 疏密适度

园路的疏密度与公园的规模、性质有关，公园内道路大体上占总面积的 10%～12%，动物园、植物园或小游园内道路密度可稍大，但不宜超过 25%。

3. 因景筑路

将园路和景点布置结合起来，从而达到因景筑路、因路得景的效果。

4. 曲折性

园路随地形和景物而曲折起伏，若隐若现，"路因景曲，景因曲深"，丰富景观，延长游览路线，增加景深层次，活跃空间气氛。

5. 多样性和装饰性

园路的形式不仅应该多种多样，而且应该有较强的装饰性。在人流聚集的地方或庭院，路可以转化为场地；在林间或草坪中，路可以转化为步石或休息岛；遇到建筑时，可转化为廊；遇到水时，可以转化为桥、汀步等。

(三) 园路线形设计

园路线形设计应符合下列规定：

① 与地形、水体、植物、建筑物、铺装场地及其他设施结合，形成完整的风景构图；

图例
一级道路 (W=6.0)
二级-1道路 (W=3.0)
二级-2道路 (W=2.0)
走廊

图 2-18　大唐芙蓉园道路系统

② 创造连续展示园林景观的空间或欣赏前方景物的透视线；

③ 路的转折、衔接通顺，符合游人的行为规律。

图 2-19 为成都生态公园中的园路系统。

图例
车行道
主要步行道
次要步行道 / 消防通道
城市森林道
城市林荫道

地下停车场 (1840 个车位)
地上停车场 (770 个车位)
高速公路

图 2-19　成都生态公园中的园路系统

（四）公园中的铺装场地

公园中铺装场地的主要功能是为游人提供集散、演出、休息等活动的场所，其形式有自然式、规则式两种。由于功能的不同可分为集散广场、休息广场、生产广场等。集散广场以集中、分散人流为主；休息广场以供游人休息为主；生产广场为园务的晒场、堆场等。

公园中铺装场地应根据公园总体设计的布局要求，确定各种铺装场地的面积，并应根据集散、活动、演出、赏景、休憩等使用功能要求做出不同的设计。内容丰富的公园，游人出入口内外、集散场地的面积下限指标以公园游人容量为依据，按 $500m^2/万人$ 计算；安静休息场地应利用地形、植物与喧闹区隔离；演出场地应有方便观赏的适宜坡度和观众席位。

七、城市公园建筑小品设计

公园中建筑的作用主要是创造景观、开展文化娱乐活动和防风避雨。建筑形式要与公园的性质、功能相协调。全园的建筑风格应保持统一。公园中的主体建筑通常会成为公园的中心、重心；管理和附属服务建筑设施，如变电室、泵房等，其位置、朝向、高度、体量、色彩及其使用功能应符合公园总体设计的要求，设计既要隐蔽又要有明显的标志以方便游人使用；游览、休憩、服务性建筑应与地形、地貌、山石、水体、植物等其他造园要素统一协调，起到造景作用，厕所等建筑物的位置应隐蔽，并方便游人使用；其他工程设施也要满足游览、赏景、管理的需要。

（一）园林建筑的作用

在公园中，既有实用功能又能与环境组成景色，供人游览、观赏、休憩的建（构）筑物，统称为园林建筑。

① 满足功能要求　公园中园林建筑种类多，形式与风格各异，但总体分析起来都是直接或间接服务于人的需求的。因此，满足游人在公园中休息、游览、文化娱乐、运动健身、宣传等活动的要求，就是各类园林建筑最主要的功能。例如，综合公园根据功能区的不同设置不同类型的园林建筑：儿童游戏区需要设置适合儿童活动特点、满足不同年龄阶段儿童活动要求的建筑；安静游览区需要设置点景，供游人观景、休息等的园林建筑；文化娱乐区需要设置文教、宣传、文娱、体育方面的建筑和设施。

各专类公园需要有配合公园特点的相应园林建筑。例如，动物园需要设置适合动植物生长习性、便于游人参观的展览建筑；体育公园需要设置满足各项体育活动特点的建筑和设施；纪念性公园则需设置供人纪念特定历史事件，凭吊、缅怀及展示名人和革命烈士生平事迹等的建筑。

② 组织风景画面　园林建筑一般都具有独特的造型，在公园中与山水地形地貌、植物等构成一幅幅或动或静的风景画面。小型的园林建筑在其中起到点缀装饰的作用，而体量较大的建筑在成为公园主景时给人"控制""统帅"全园风景的感受。

③ 组成游览路线　园林建筑在组成公园游览路线方面的作用有两类：

一是在以自然风景为主的外部空间中，园林建筑以其自身的功能关系、主次关系和渐进关系，配合园内的风景布局，形成游览线路的起承转合。

二是在以园林建筑为主的内部空间活动路线中，根据功能和艺术的需要，用建筑、廊、墙垣、隔断、栏杆等进行各种空间组合。沿着这条内部活动线路展示以建筑空间为主，或模拟山池树石的风景画面，又或透过空廊、景窗观赏外部的景物。

（二）园林建筑的类型

1. 按传统形式分类

中国传统园林建筑具有因地制宜的总体布局、富于变化的群体组合、丰富多彩的立体造型、灵活多变的空间分隔和协调大方的色彩运用等特点，在世界园林史上独树一帜，是现代公园设计必须认真学习和继承的，其形式可分为亭、廊、榭、舫、厅、堂、楼、阁、殿、斋、馆、轩等十余种。

2. 按使用功能分类

不同的园林建筑都具有各自不同的使用功能（表2-4）。

表 2-4　园林建筑按使用功能分类表

序号	类型	园林建筑举例
1	点景游憩类	亭、廊、榭、舫、阁、塔、花架、景墙、雕塑、喷泉瀑布、花坛、碑刻、园桥、园椅园凳、灯具
2	文娱体育类	儿童活动设施：滑梯、秋千、旋转马车、飞机、碰碰车、小火车等
		文体游艺设施：棋牌室、游艺室、溜冰场、各类球场、游船码头等
3	文教宣传类	展览场馆(各种动物馆、水族馆、展览温室、植物展廊)、陈列室、纪念馆、阅览室、科普宣传栏(廊)、露天剧场、文物保护建筑
4	服务类	茶室、餐厅、小卖部、摄影服务部、公厕
5	管理类	管理办公室、仓库、车库、维修厂、生产性温室、配电房、水闸

（三）园林建筑的布局

1. 满足功能要求

园林建筑的布局首先要满足功能要求，包括使用、交通、用地及景观要求等，必须因地制宜、综合考虑。

人流较集中的主要园林建筑，如露天剧场、展览馆等，应靠近园内主要道路，出入方便，并应适当布置广场。露天剧场布置时应结合地形，并应考虑夏天晚上使用率高的特点，一般寒冷多雨地区不宜采用。

体育建筑吸引大量观众，若布置在大型公园内应自成一区并单独设置出入口，通向城市干道，以免与其他区域混杂。体育场的纵向应为东西向，根据不同规模可单面、双面或四面设置看台，并应尽量结合地形以减少土方。

阅览室、陈列室，适宜布置在风景优美、环境幽静的地方，另居一隅，以路相通。

亭、廊、舫、榭等点景游憩建筑，需选择环境优美，有景可赏，并能控制和装点风景的地方。

餐厅、茶室、照相室等服务建筑一般需要布置在交通方便，易于发现之处，但又不占据园中的主要景观位置。餐厅应有杂物间，并应考虑单独出入口，以方便运输。照相室宜布置在有景可借处或附设于主要风景建筑中。茶室可为室内，亦可兼设露天或半露天茶座。小卖部一般附于茶室或餐厅中，规模较大时亦可单独设置。厕所应均匀分布，既要隐蔽又要方便使用。

园林管理建筑不为游人直接使用，一般布置在园内僻静处，设有单独出入口，不与游览路线相混杂，同时考虑管理方便，但应与展览温室、动物展览建筑等要有方便的联系。

温室常与苗圃结合布置，应选择地势高燥、通风良好、水源充足的地段。

2. 满足造景需要

在造景与使用功能之间，不同类型的园林建筑有着不同的处理原则。对于有明显游览观赏要求的，如亭、廊、舫、榭等建筑，它们的功能应从属于游览观赏。对于有明显使用功能要求的，如园务管理、厕所等建筑，游览观赏应从属于功能。而对于既有使用功能要求又有游览观赏要求的，如餐厅、茶室、展览馆等，则要在满足功能要求的前提下，尽可能创造优美的游览观赏环境。如餐厅、展览馆的设计，可采取庭院式布置手法，在满足用餐、展览功能的基础上，加长、丰富建筑内部的活动路线，加强庭园和建筑外部的游览观赏性，以满足造景的需要。

3. 使室内外互相渗透、与自然环境有机结合

园林建筑室内外的相互渗透、与自然环境的有机结合，不但可使空间富于变化，活泼自然，而且可就地取材，减少土石方，节约投资。例如，采用四面厅、敞厅、敞轩、水厅、空廊、半廊、亭以及底层作支柱层等通透开敞的园林建筑形式，并适当运用漏花窗、什锦窗、大玻璃窗、通花隔断、花罩、博古架、回纹撑角、挂落等园林装修形式，可使建筑与自然空间取得有机联系。

为将室外水面引入室内，可在室内设自然式水池，模拟山泉、山池，还可在水中立柱，将楼廊支越于水面。而将园林植物自室外延伸到室内，应保留有价值的树木，并在建筑内部组成景致。将自然材料（包括人工材料）用于室内，可起到联想和点缀作用，如虎皮石墙、石柱、山石散置、花树栽植、山石和树桩盆景等。

在以上做法中还应注意对地形地貌的利用，如利用原有基址上的岩石，把山岩穿插在建筑底层，使建筑内外石景相连，浑然一体。

（四）园林小品

园林小品是指园林中供休息、装饰、景观照明、展示和为园林管理及方便游人之用的小型设施，具有体型小、数量多、分布广的特点。不仅具有多方面的使用功能，而且具有较强的装饰性，对丰富公园的景色、增加趣味性影响很大。公园中常见的小型设施有园椅、园凳、园灯、栏杆、宣传栏、园门、园墙、园窗等。

八、城市公园植物景观设计

在城市公园中，绿化园地占公园总面积的 65% 以上，因此，植物是极其重要的设计元素。同时植物具有随季节和生长变化而不断改变色彩、质地、叶丛的疏密等的特征。

植物的生长需要一系列特定的环境条件，以供其生存与健康成长。植物的生长受到土壤肥力、土壤排水、光照、温度以及风力等因素的影响。这一特征使我们在运用植物进行设计时，最理想的方法就是选择自然生态群落中的野生植物或天然生长的乡土树种。

（一）公园植物配置的原则

① 全面规划，重点突出，远期和近期相结合；
② 突出公园的植物特色，注重植物品种搭配；
③ 公园植物规划应注意植物基调及各景区主配调的规划；
④ 植物规划充分满足使用功能要求；
⑤ 四季景观和专类园的设计是植物造景的突出点；
⑥ 注意植物的生态条件，创造适宜的植物生长环境。

（二）公园植物景观布局

根据当地自然地理条件、城市特点、市民爱好，乔木、灌木、草本植物结合，合理布局，创造生态效果良好、形态优美的植物景观。

① 选择基调树种，形成公园植物景观的基调。

一般用 2～3 种树，形成统一基调。北方常绿树占 30%～50%，落叶树占 50%～70%；南方常绿树占 70%～90%。树木搭配方面，混交林可占 70%，单纯林可占 30%。

② 结合各功能区及景区特点，选择不同植物，突出各区特色。

③ 利用植物的形态和季相变化，组合造景，创造不同气氛的空间。

（三）公园设施环境及分区植物景观设计

1. 出入口

大门为公园主要出入口，大都面向城镇主干道。绿化时应注意丰富街景，并与大门建筑相协调，同时还要突出公园特色。

2. 园路

主要干道绿化可选用高大、荫浓的乔木和耐阴的花卉植物在两旁布置成花境，要有利于交通，还要根据地形、建筑、风景的需要而起伏、蜿蜒。小路深入到公园的各个角落，其绿化更要丰富多彩，达到步移景异的目的。山水园的园路多依山面水，绿化应点缀风景而不碍视线。平地处的园路可用乔灌木树丛、绿篱、绿带来分隔空间，使园路高低起伏，时隐时现。山地则要根据其地形的起伏、环路，做到绿化有疏有密。在有风景可观的山路外侧，宜植矮小的花灌木及草花，以不影响景观。

3. 广场绿化

广场绿化既不要影响交通，又要形成景观（图2-20），如休息广场，四周可植乔木、灌木，中间布置草坪、花坛，形成宁静的气氛。停车铺装广场，应留有树穴，种植落叶大乔木，以利于夏季遮阴，但树冠下分枝高应不低于4m，以便满足行车要求。如果与地形相结合种植花草、灌木、草坪，还可设计成山地、林间、临水之类的活动草坪广场。停车场的种植场树木间距应满足车位、通道、转弯、回车半径的要求。庇荫乔木枝下净高的标准为：大、中型汽车停车场大于4.0m；小汽车停车场大于2.5m；自行车停车场大于2.2m。场内种植池宽度应大于1.5m，并应设置保护设施。

图2-20 成都Hi-Park公园小广场

4. 园林建筑小品

公园建筑小品附近可设置花坛、花台、花境。展览室、游览室内可设置耐阴花木，门前可种植浓荫大冠的落叶大乔木或布置花台等。沿墙可利用各种花卉境域，成丛布置花灌木。所有树木花草的布置都要和小品建筑协调统一，与周围环境相呼应，四季色彩变化要丰富，给游人以愉快之感。

5. 文化娱乐区

地表要求平坦开阔，绿化要求以花坛、花境、草坪为主，便于游人集散。该区内，可适当点缀几株常绿大乔木，不宜多种灌木，以免妨碍游人视线，影响交通。室外铺装场地上应留出树穴，供栽种大乔木。各种参观游览的室内空间可布置耐阴植物或盆栽花木（图2-21）。

6. 体育活动区

应选择生长较快、高大挺拔、冠大而整齐的树种，以利夏季遮阳；但不宜选用那些易落花落果、种毛散落的树种。球场类场地四周的绿化要离场地5～6m，树种的色调要求单纯，以便形成绿色的背景。不要选用树叶反光发亮的树种，以免刺激运动员的眼睛。在游泳池附近可设置花廊、花架，不可种带刺或夏季落花落果的花木。日光浴场周围应铺设草坪。

7. 儿童活动区

可选用生长健壮、冠大荫浓的乔木来绿化，忌用有刺、有毒或有刺激性反应的植物。该区四周应栽植浓密的乔木、灌木，与其他区域相隔离。

栾树
榉树
黄葛树
广玉兰
红叶石楠
凤尾丝兰
鹅掌楸
鸡爪槭
十大功劳
紫藤
紫叶小檗
女贞
六月雪
桂花
皂荚树
臭椿
大叶女贞

国槐
箬竹
紫叶李
碧桃
连翘
柳树
菖蒲
西府海棠
荷花
银杏
迎春花
紫薇
樱花
羊蹄甲
海桐

图 2-21　成都大邑桃园公园种植设计图

8. 游览休息区

以生长健壮的几个树种为骨干，突出周围环境季相变化的特色。植物配植上需根据地形高低和天际线变化，采用自然式配植树木。在林间空地中可设置草坪、亭、廊、花架等，在路边或转弯处可设专类园。应注意在游人活动范围内选用大规格苗木；严禁选用危及游人生命安全的有毒植物；集散场地种植设计的布置方式，应考虑交通安全视距和人流通行，场地的树木净空应大于 2.2m。成人活动场地的种植宜选用高大乔木，树下净空不低于 2.2m，夏季乔木庇荫面积宜大于活动范围的 50%。

9. 园务管理区

园务管理区要根据各项活动的功能不同，因地制宜进行绿化，但要与全园的景观协调。

第二节　城市公园规模容量的确定

城市公园空间规模和设施容量确定是城市公园政策规划的重要内容之一，规模与容量是否合理直接影响着公园的吸引力、服务质量以及运营与管理。空间规模和设施容量的控制与确定主要有以下四个原则：

① 必须反映所服务区域内城市居民的休憩需求；

② 必须结合实际而具有可行性；

③ 必须为规划实施者及政策决策者所接收、认可并具有适用性；

④ 必须建立在适当的信息资料分析、研判基础上。

一、城市公园空间规模的确定

城市公园的空间规模是一种度量关系，是指为满足社区内城市居民游憩活动需求及各种游憩设施所需的土地或休憩空间的大小，它是基于生态-社会-行为-经济信息的综合分析而计算得来的。

1. 影响城市公园空间规模的因素

① 游憩需求　公园设计的目的是为当地居民提供足够而且综合的游憩场所，其空间规模的确定需要了解城市居民的游憩需求，并针对性地以空间规模去反映这种需求。

② 吸引力　公园的吸引力在于其满足个人活动兴趣的程度以及满足社会群体游憩活动需求的程度。公园是否具有吸引力主要由其规模大小、区位、基本功能、景色、设施及服务质量等来决定，另外还有一些不定因素，如有助于娱乐体验的人为气氛、游憩兴趣的转变、外在交通的方便性等也对其具有很大的影响。为了达到一定的吸引力，要求城市公园具有一定的规模。

③ 责任模式　影响城市公园空间规模的一个因素是城市公园的责任模式，由于开发、运营、管理维护的机构部门不同，其责任模式也不尽相同，这就使得公园的空间规模要求也就不尽相同。

2. 城市公园空间规模的确定方法

城市人均公园绿地和绿地率这两个指标都是整体概念，是一系列城市发展目标中的重要指标，也是一个平均性指标，不能被绝对地运用，只能作为一个灵活的原则来对城市公园空间规模的确定做出指导。公园的使用、所服务的人口、所在区位以及所提供的游憩形式和设施有很大关系，没有游憩设施的绿地，这两个指标虽然占有很大的比例，但使用率却几乎为零。

另外，由于这两个指标的平均性，具体实施上也并非如统计计算那样简单，因为依其决定的城市公园的空间规模会具有不确定性，在特殊区域往往会失去平衡性和公平性，因此，以人均公共绿地和绿地率这两个指标确定城市公园的空间规模并不能真正反映满足城市居民的游憩活动需求。

（1）游憩空间需求法

城市公园要求有一个合理的游人密度才能真正发挥其游憩的作用。游人密度要考虑两个因素，一是每个游人在公园中所需的活动面积（m^2/人），二是单位时间内最高游人量。

苏联认为每个游人在公园中最少需要 $60m^2$ 面积，才能保证游憩活动的舒适性。我国的行业标准《公园设计规范》（GB 51192—2016）中明确规定："公园设计应确定游人容量，作为计算各种设施的规模、数量以及进行公园管理的依据。"公园游人容量应按下式计算：

$$C = \frac{A_1}{A_{m1}} + C_1$$

式中，C 为公园游人容量，人；A_1 为公园陆地面积，m^2；A_{m1} 为人均占有公园陆地面积，m^2/人；C_1 为公园开展水上活动的水域游人容量，人。

市、区级公园游人人均占有公园面积以 $60m^2$ 为宜，居住区公园、居住小区游园以人均 $30m^2$ 为宜；风景名胜公园游人人均占有公园面积宜大于 $100m^2$。近期公共绿地人均指标低的城市，游人人均占有公园面积可酌情降低，但最低游人人均占有公园的陆地面积也不得低于 $15m^2$。

（2）我国台湾、美国及日本有关公园空间规模的研究

对于城市公园空间规模的确定，有人推荐使用台湾成功大学建筑研究所郑明仁在其论文《都市公园规划之研究》中引用我国台湾、美国及日本有关研究成果而得出的计算公式，较为科学和精确。

① 公园利用率 V　指利用公园的游人量占公园服务范围内城市居民的比例，计算公式为：

$$V = (6/7)A + (2.5/7)B + (1/7)C$$

式中，A 为每天去公园之游客率，即每天都去公园的游客量占公园总游客量的比例；B 为每周去公园 2～3 次的游客率，即每周去公园 2～3 次的游客量占公园总游客量的比例；C 为周末才去公园的游客率，即周末去公园的游客量占公园总游客量的比例。

② 公园最大同时利用率 β　指在一天内游客对公园最高的同时使用率。

$$\beta = P_h \times (h/P_a) \times 全日利用时间$$

式中，P_h 为一天内到公园游憩的最高活动人数；h 为一般市民游玩公园的平均逗留时间，h；P_a 为公园内各时段内的平均人数（以每小时计算）；全日利用时间为市民每天可能利用公园的时间，取 12h（从公园早上 6：00 开园到 18：00 关园的时间）。

③ 必要的公园面积（S）计算公式为：

$$S = \frac{PV\beta s}{\gamma}$$

式中，P 为公园的服务人口；V 为公园利用率；β 为公园最大同时利用率；s 为公园利用者每人的活动面积，随不同类型的公园而有所不同；γ 为公园有效面积率。

3. 在确定空间规模时应注意的问题

活动参与率需要考虑城市居民对各种活动的参与性，应注意城市整体与所服务区域居民活动休憩的相互结合、户外与户内活动的互补；应注意决定平均使用天数的地方因素，诸如气候、地形、活动意愿、可达性、城市化程度、景观资源的利用情况等；界定一切基于游憩吸引力的建成环境中的自然资源及因素，包括其大小、花费、易达性、变化性、多样性、运

营时间、季节、区域优势等；人口结构分析，包括双收入家庭、单身家庭的比例，下岗人数的比例（注意与无劳动力的人员区别），年龄分组，生活方式的研判等。

二、城市公园游人与设施容量的确定

对于公园内游憩设施的容量，应以一个时间段内所能服务的最大游人量来计算。计算公式为：

$$N = P\beta\gamma\alpha / p$$

式中，N 为某种设施的容量；P 为参与活动的人数；β 为活动参与率；γ 为某项活动的参与率；α 为设施同时利用率；p 为设施所能服务的人数。

另外，《公园设计规范》（GB 51192—2016）中规定了公园中一些设施的容量：面积大于 10hm^2 的公园，应按游人容量的 2% 设置厕所蹲位（包括小便斗位数），小于 10hm^2 者按游人容量的 1.5% 设置；男女厕位比例宜为 1:1.5；厕所的服务半径不宜超过 250m；各厕所内的厕位数应与公园内的游人分布密度相适应；在儿童游戏场附近，应设置方便儿童使用的厕所；公园应设方便残疾人使用的厕所。公用的条凳、座椅、美人靠（包括一切游览建筑和构筑物中的在内）等，其数量应按游人容量的 20%～30% 设置。

通过对空间规模和设施容量的计算，可以对公园有一个准确的定量指标。此外，在确定城市公园的规模、容量时，还应考虑一些不定性的因素，如服务范围的人口、社会、文化、道德、经济等因素，公园与居民的时空距离、社区的传统与习俗、参与特征、当地的地理特征以及气候条件等，从而可以对城市公园的空间规模与设施容量根据具体情况做出一定的调整。

第三节　城市公园的设施配置及用地平衡

一、城市公园的设施配置

城市公园是由政府或公共团体经营的市政设施，无论何种公园，其目的都是为广大市民谋福利，使市民在公园中能够获得休息、娱乐。因此，为了发挥公园的使用功能，公园内应安排各种设施，以满足游人的需求。同时，公园内的各种设施也应该是公园景色的组成部分，要与园内景色相协调，起到添景、组景的作用，不要破坏公园整体景观，同时要使公众使用方便。

1. 城市公园游憩设施的内容

城市公园视其规模、性质及活动需求，其基本游憩设施与项目应包括下列几项：

① 点景设施；　　　　② 休憩设施；
③ 游戏设施；　　　　④ 公用服务设施；
⑤ 运动康乐设施；　　⑥ 社交设施；
⑦ 管理设施；　　　　⑧ 其他经营主管部门核准者。

2.《公园设计规范》中规定的公园常规设施内容（见附录中表 3.5.1）

二、城市公园的用地平衡

城市公园内部的用地主要包括园路及铺装场地、管理建筑、游览服务及公共建筑、绿化用地等几类，其中绿化用地是城市公园中最主要的用地，是公园形成稳定绿色景观、维持生态平衡的主体。住房与城乡建设部颁发的《公园设计规范》（GB 51192—2016）中明确规定了不同类型、不同规模公园各类用地的具体比例（见附录中表 3.3.1）。

第四节 城市公园设计的程序

一个成功的公园设计必须经过深思熟虑，极其细致地对全部设计要素进行有机组合。在进行总体布局时，要考虑到所选用的全部设计要素达到加强和突出设计的目的，以便解决存在的问题，创造出所要求的环境质量。而在深化局部设计时，必须研究每一个要素与其他要素的和谐、统一。因此，进行城市公园的规划设计必须遵循一定的程序要求。

一、设计程序的作用

要处理好一系列设计要素之间的关系和众多设计要素与用地的关系，并满足用户提出的要求，多数设计师都必须经历一系列分析和创造性的思考过程——这就是设计程序。设计程序是指进行一个完整的设计所需要采取的一系列步骤，或者可以理解为解决问题的程序，是为了获得设计方案而构建的，合乎逻辑、有组织的设计骨架。设计程序有助于确定设计方案能否与设计的先决条件相配合；有助于帮助业主选择土地使用的最佳方案；有助于设计者收集和利用全部与设计有关的因素，从而完成公园的设计，并使设计尽可能达到预期的效果及美学与功能上的和谐；并可作为向业主解释设计和论证的基础资料。

二、设计程序

公园设计的一般程序如图 2-22 所示。

图 2-22 公园设计程序框图

（一）设计前期的准备

1.承担设计任务

我国目前承担设计任务一般有直接委托与设计竞标（议标）两种方式。

① 直接委托 以直接委托的方式接受设计任务后，需要拟定合理的工作计划，包括工作周期、人员配备、工作深度、技术路线等方面的内容。

②竞标（议标）　如果是以竞标或议标的方式获得设计任务，要求必须认真分析招标文件的具体要求，制作竞标文件（或称为标书），其主要内容包括设计报价、承诺、人员配备、对设计任务的理解和准备研究的内容、技术路线、工作深度、设计成果清单等。

2. 收集基础资料

在进行公园设计之前，必须了解一系列与设计项目有关的先决条件，以便帮助设计者尽快找到切入设计的关键点。其中直接有关的基础资料以文字和技术性图纸为主，包括项目的背景材料、设计要求、工程造价、国家和行业相关规范、规划建设管理部门的要求等。

3. 调查设计条件

有关公园的设计条件调查内容较多，一般分为外部条件调查和内部条件调查两大部分。其中，外部环境调查涉及面十分广泛，包括与公园规划设计相关的多个方面：

自然环境方面——气象、地形、地质、土壤、水系、生物、景观；

人文环境方面——地区特征、历史文物、文化背景、与周边区域的关系；

社会经济环境方面——城市总体规划、社会经济发展计划、经济现状、交通方法等。

内部条件调查主要是针对设计场地的现状进行调查。通过对现场进行细致的踏勘，收集有关的第一手资料，获得直接的感性认知，如场所的围合性、视觉走廊、视觉效果、借景的可能性等。具体工作是：

① 取得设计条件图（原始地形图、上位规划的设计图纸、建筑平立面图、红线图等）；

② 实地勘查（a. 用地内部现状条件：地形、植被、水体、建筑；b. 用地周边环境条件：外部道路、公共设施、相邻建筑或构筑物、植物、水体、可借景因素等的位置、方向、风格、空间特征等）；

③ 绘制现状图（用简洁、清晰的图例将实地勘察时观察到的内容标注清楚）。

边收集边整理，经过分析和研究得出总体设计的原则和目标如下：

① 城市规划及绿地系统规划与公园的关系，明确公园性质。

② 公园周边城市用地性质，分析公园应有的内容、分区和未来发展情况。

③ 公园用地及其周围名胜古迹、人文资源等，分析公园应具有的人文特色。

④ 公园周围城市形态、肌理、建筑形式、体量、色彩等，分析其对公园形态、风格产生的影响。

⑤ 公园周边的城市车行、步行交通状况，分析人流集散方向和车行组织特点。

⑥ 了解公园用地内外的视线特点，分析公园景观视线的组织和序列。

⑦ 了解公园地段的电源、水源、排污、排水、污染源等情况，分析公园基础设施、城市相应设施和环境的衔接。

⑧ 用地的地形、气象、水文、地质等方面的资料，分析地形改造利用的条件和限制因素。

⑨ 掌握地区内原有植物种类、生态、群落组成状况，分析地域性植被特色。

⑩ 定性与定量的调查，包括公众参与民意调查的内容。

（二）总体设计阶段

1. 问题研究、分析，确立规划设计的标准和原则

① 对基础资料和公园用地的调查、研究、分析。

调查与分析的主要内容有：a. 设计用地的基本特征；b. 设计用地存在的主要问题、设计的限制因素是什么；c. 设计用地的发展潜力如何；d. 应该保留和强化的方面、应该被改造或修正的方面；e. 如何发挥用地的功能；f. 对设计用地的总体感觉和第一反应如何。

对设计用地进行分析的主要内容有：a. 用地位置及周围环境的关系；b. 地形：坡度、地

形形态、变坡点；c.水文与排水；d.土壤：土壤类型、肥力；e.植物：种类和位置、分布、特征、生长状况；f.小气候：年温度变化、风向风力、降水和湿度、冰冻线深度；g.原有建筑物与构筑物：位置、质量、体量、形式、风格，是否需要保留或可以改造利用；h.公用设施：各类管线及埋深、走向；i.视线：视角和风景的品质；j.空间与感觉。

② 对公园进行定性、定量的研究分析；

③ 对公园相关法规、法令以及国内外公园案例的研究分析；

④ 对公园所在区位内城市居民的行为活动、生活习惯、文化特征等方面的分析，制定出公园设计的目标、指导思想和原则，编制公园设计的要求和说明，主要内容如下：

a.公园设计的目标、指导思想和原则。

b.公园和城市规划、绿地系统规划的关系，确定公园性质和主要内容。

c.公园总体设计的艺术特色和风格要求。

d.公园地形地貌的利用和改造，确定公园的山水骨架。

e.确定公园的游人容量。

2.设计方案的拟定

（1）规划设计方案　对公园总体进行设计布局（图2-23），主要包括以下五方面内容：

注：图中尺寸以米为单位，标高为绝对标高，网格为城市绝对坐标。

图 2-23　安亭汽车公园规划设计总平面图

① 定位——公园在城市中所扮演的基本角色；

② 立意——公园设计的总体意图与主要思想；

③ 构思——立意的具体化，直接导致对特定项目或问题的设计原则的产生；

④ 布局——对公园各个组成部分进行合理的安排与综合平衡；

⑤ 总体设计方案中的细节构思，更侧重于各分区的使用功能与视觉形象。

（2）公园的开发方式；

（3）公园的投资预算；

（4）公园对环境的影响（包括对社会文化、居民生活等的影响）等。

3.方案的评审、选定和修正

主要对所设计的方案进行专家评审、市民评价，提出修改意见，选出适宜建设的方案。

具体过程为：专家评审——▶评议（公示）——▶方案选定——▶提出修改意见。

4. 深化设计阶段

对通过评审和公示的设计方案做进一步的深化设计，过程为：方案修改调整——扩初设计（图 2-24）——施工图设计。

图 2-24　泗水湖滨公园主入口广场初步设计

（三）设计的实施阶段

本阶段是具体的实施和建设阶段，同时，在实施过程中，可对设计进行改进、修正及现场设计。

1. 施工过程

施工过程为：建设过程——发现问题——设计的修正与改进（现场设计）。

2. 实施后的评价和改进

规划设计在实施的过程中必然会遇到一些实际的问题，需要重新对方案进行修正和改进。过程表述为：使用过程——发现问题——设计的改正与完善。

① 工程评价（自我评价）阶段　这一阶段可以解决的问题：如何做才能随着时间的推移而更趋完善？设计建成后的使用情况如何？是否达到预期效果？此项设计的成功处有哪些？还存在哪些缺点和不足？对所做的内容，下次将怎样调整与此次不同？

② 养护管理阶段　如果没有对设计存在的缺陷有所认识，或没有完全理解设计意图，最终设计将无法达到最佳效果。

③ 必须记住的是：公园的养护管理者是最长远的、最终的设计者。因为设计及施工过程中错误线型的校正、植物的形体和尺度、有缺陷因素的安排与修补、一般的修剪和全部的收尾工作，都取决于养护管理人员。

3. 专业服务阶段

设计的施工配合工作往往被人们所忽略。其实，这一环节对设计师、对工程项目本身恰恰是相当重要的。俗话说，"三分设计，七分施工"。如何使"三分"的设计充分体现、融入"七分"的施工中去，产生出"十分"的景观效果？这就是设计师、施工配合所要达到的工作目的。

对工程项目质量的精益求精，对施工过程中突发情况的处理，都要求设计师在工程项目施工过程中，经常踏勘建设中的工地，结合现场客观地形、地质、地表情况，做出最合理、最迅捷的设计调整，解决施工现场暴露出来的设计问题、设计与施工相配合的问题。

另外，公园设计的程序还有如下另一种表述方式，也是大家通常惯用的，本书中亦以与第一种表述方式平级的标题层次陈述另一种公园设计程序内容。

三、基本程序

各种项目的设计都要经过由浅入深、从粗到细、不断完善的过程。公园设计也不例外，作为设计项目中的一个类别，它必须遵循一定的设计程序。设计者应先进行基地调查，熟悉物质环境、社会文化环境和视觉环境，然后对所有与设计有关的内容进行概括和分析，最后拿出合理的方案，完成各阶段的设计。

（一）任务书阶段

设计任务书一般是由委托单位或业主依据使用规划和意图而提出，经过审定和批准作为设计主要依据的文件。从一个完整的设计任务书清单中主要可以获知四类信息：①项目类型与名称、规划规模、范围与标准等；②用地概况描述及城市规划要求等；③投资规模建设标准及设计进度等；④委托单位（业主）的主观意图描述。

在任务书阶段，设计人员应充分了解设计项目的基本概况，包括建设规模、投资规模、项目总体框架方向和基本实施内容等，以及设计委托方关于设计深度和时间期限等的内容。这些内容是整个设计的根本依据，从中进一步确定值得深入细致调查和分析的内容，以及一般了解的内容。在任务书阶段很少用到图面，以文字说明为主。

（二）拟定工作计划

根据公园规模和设计深度要求的不同，制定各工作阶段的具体工作内容、时间安排、设计人员组织与调配。

（三）基地调查和分析阶段

掌握任务书阶段的内容后，应按照工作计划着手进行基地调查，收集与基地有关的资料，补充并完善不完整的内容，对整个基地及环境状况进行综合分析。

1.基地现状调查

基地现状调查包括收集与基地有关的技术资料和进行实地踏查、测量两部分工作。其主要内容包括气象资料、基地地形及现状图、管线资料、城市规划资料等的收集，并需进行实地调查、勘察等工作，以获取基地及其环境的视觉质量、基地小气候条件等基础资料。若现有资料精度不够或不完整或与现状有出入则应重新勘察或补测。这一阶段的主要调查内容如下。

① 基地自然条件：地形、山体、土壤、植被、动物等。

② 气象资料：日照条件、温度、风、降雨、小气候等。

③ 历史人文资料：地区性质、历史文物、传统文化、生活习俗等。

④ 人工设施：建筑及构筑物、道路和广场、各种管线等。

⑤ 图纸资料：现状图、相关规划图等。

⑥ 社会调查与公众意见：社会、经济和产业现状及规划，居民信息，环境质量，公众意见等。

⑦ 视觉质量：基地现状景观、环境景观、视域等。

⑧ 基地范围及环境因子：物质环境、知觉环境、小气候、相关城市规划法规等。

现状调查及资料收集应根据项目类型、基地规模、内外环境和使用目的，分清主次，选择调查内容。主要的内容应深入详尽地调查，次要的内容可简要了解。

2.基地分析

基地分析是在客观调查和主观评价的基础上，对基地及其环境的各种因素做出综合性的分析，使基地的潜力得到充分发挥，扬长避短。包括多方面内容，譬如在地形资料的基础上进行坡级分析、排水类型分析，在土壤资料的基础上进行土壤承载分析，在气象资料的基础上进行日照分析、小气候分析，在基地现状景观基础上的景观特色分析，在基地周边交通状况基础上的流线分析等。

（四）方案设计阶段

当基地规模较大及所安排的内容较多时，需要在方案设计前先作出整个公园的用地规划或布置，保证功能合理，尽量利用基地条件，使诸项内容各得其所。然后再分区分块进行各局部景区或景点的方案设计。若范围较小，功能不复杂，则可以直接进行方案设计。该阶段本身又根据方案发展的情况分为方案构思、方案选择与确定以及方案完成三部分。设计应综合考虑任务书所要求的内容和基地及环境条件，提出方案构思和设想，权衡利弊确定一个较好的方案或几个方案构思拼合成的综合方案，最后加以完善完成初步设计。该阶段的工作主要包括功能分区，结合基地条件、空间及视觉构图确定各使用区的平面位置（包括交通的布置和分级、广场和停车场地的安排、建筑及出入口的确定等内容）。常用的图有功能关系图、功能分析图、方案构思图和各类规划及总平面图等。

（五）方案评审阶段

一些大型项目或有特别要求的项目，有关部门将组织方案评审，并形成评审意见；设计方应结合评审意见，对方案进行修改和调整，并形成最终方案。

（六）详细设计阶段

方案确定后，需要对整个方案进行各方面的详细设计，包括确定准确的形状、尺寸、色彩和材料。完成各局部详细的平立剖面图、详图、园景的透视图、表现整体设计的鸟瞰图等。

（七）施工图阶段

施工图阶段是将设计与施工连接起来的环节。根据所设计的方案，结合各工种的要求分别绘制出能具体、准确指导施工的各种图面，这些图面应能清楚、准确地表示出各种设计的尺寸、位置、形状、材料、种类、数量、色彩、构造和结构等，完成施工平面图、地形设计图、种植平面图、园林建筑施工图等。

（八）编制预算及撰写文字说明

规划设计的步骤根据项目的大小，工程复杂的程度，可按具体情况增减。如项目不大，则方案阶段与详细设计阶段可结合进行（图 2-25）。

四、主要阶段设计文件的深度要求

（一）方案设计阶段

方案设计阶段设计文件由图纸和文字说明两部分组成。

图 2-25 公园规划设计步骤流程

1. 图纸部分

① 建设场地的规划和现状位置图　图中要标明绿线轮廓、现状及规划中建筑物位置和周围环境。图的比例尺一般为 1：2000～1：10000。

② 近期和远期用地范围图　标明具体位置，有明确尺寸及坐标，图的比例尺一般为 1：500～1：2000。

③ 总体规划平面图　要在用地范围内标明道路、广场、河湖、建筑、园林植物类型、出入口位置及地形竖向控制标高等。图纸的比例见表 2-5。必要时可用适当比例尺图示分析功能分区、人流集散、游览流向等内容（图 2-26～图 2-28）。

表 2-5　总体规划平面图的比例

规划用地面积/hm^2	比　例	规划用地面积/hm^2	比　例
＜10	1：200～1：500	＞50～＜100	1：1000～1：2000
＞10～＜50	1：500～1：1000	＞100	1：2000～1：5000

④ 整体鸟瞰图。

⑤ 重点景区、园林建筑或构筑物、山石、树丛等主要景点或景物的平面图或效果图，比例尺一般为 1：20～1：100。

⑥ 公用设备、管理用设施、管线的位置和走向图。

⑦ 重点改造地段的现状照片。

2. 说明书

方案设计阶段设计文件文字说明部分应包括如下内容。

（1）主要依据

① 批准的任务书或摘录；② 所在地的气象、地理、地质概况；③ 风景资源及人文资料；④ 能源、公共设施、交通利用情况等。

（2）规模和范围

① 规模、面积、游人容量；② 分期建设情况；③ 设计项目组成；④ 对生态环境、游憩、服务设施的技术分析。

（3）艺术构思

① 主题立意；② 景区、景点布局的艺术效果分析；③ 游览、休息线路布置。

（4）种植规划概况

① 立地条件分析；② 天然植被与人工植被的类型分析；③ 种苗来源情况；④ 园林植物选择的原则。

（5）功能与效益

① 执行国家政策、法令及有关规定的情况；② 对城市绿地系统和城市生活影响的预测；③ 各种效益的估价。

（6）技术、经济指标

① 用地平衡表；② 土石方概数、主要材料和能源消耗概数；③ 投资概算。

（7）需要在审批时决定的问题

① 与城市规划的协调、拆迁、交通情况；② 施工条件、季节；③ 投资。

3. 设计文件编排顺序

规划设计文件的内容可以根据项目性质、大小和工程复杂程度等具体情况进行增减，但一般按以下顺序进行编排：① 总体规划图设计文件封面；② 总体规划图设计文件目录；③ 说明书；④ 总图与分图；⑤ 概算。

门厅

烟雨池
上达牌坊
望岳台

雨花亭

雁峰寺
琴廊

现有住宅

办公用房
观天池
游客接待中心

雁廊

牡丹亭
望夫亭
听歌台
王勃玉石雕

雁雕

回雁亭
乘云石

此君轩

文化展览馆
望江亭
花梨
听风台

诗词广场
文化石壁
雁峰雕塑
水石组景

望岳亭
文化栈道
幽水流道

留雁亭

指月亭

亲水台

健步道

时代广场

花坛

厕所
儿童天地

花坛漫步

总平面

图 2-26　雁峰公园总平面图

（二）详细设计阶段

详细设计阶段应在规划设计文件得到批准及待定问题得以解决后进行。文件包括设计图

图 2-27　雁峰公园功能分区图　　　　　　图 2-28　雁峰公园道路系统图

纸、说明书、工程量总表和概算等。设计图表示的高程和距离均以米为单位，数字写到小数点后两位。

1. 图纸部分

（1）总平面图

① 用具体尺寸、标高表明道路、广场、河湖、建筑、假山、设备、管线等各专业设计或单独子项目工程的相互关系、与周围环境的配合关系，必要时可用断面图加以明确。

② 总平面图必须有准确的放线依据。

③ 平面图的比例尺一般为 1∶200～1∶500，简单的工程设计可用 1∶1000。

（2）除总平面图外，必要时可另增加竖向设计图、道路广场设计图、种植设计图、建筑设计图等。

（3）竖向设计图

① 分别表示现状和设计高程。

② 在不同比例尺图纸上，用等高线表示地形时，其等距要求不同（表 2-6）。

表 2-6　不同比例尺图纸所用等高距

图纸比例	等高距要求/m	图纸比例	等高距要求/m
1∶200	0.2	1∶1000	1.0
1∶500	0.5		

③ 图纸比例尺同总平面图。

（4）道路广场设计图

① 广场外轮廓、道路宽度用具体尺寸标明。

② 用方格网（或轴线、中心线）控制位置或线型。

③ 广场标高应标明中心部位和四周标高，道路转弯处应标出标高。

④ 标明排水方向，用地下管道排水时，要标明雨水口位置。

⑤ 比例尺同总平面图。

（5）种植设计图

① 标明树林、树丛、孤立树和成片花卉位置。

② 定出主要树种。

③ 重点树木或树丛要标出与建筑、道路、水体等的相对位置。

④ 比例尺同总平面图。

（6）建筑小品设计图（图 2-29、图 2-30）

图 2-29　某公园茶室建筑设计图（单位：mm）

① 注明建筑小品轮廓及其周围地形标高。

② 与周围构筑物的距离尺寸。

③ 与周围绿化种植的关系。

（7）综合管网图　标明各种管线平面位置和管线中心尺寸。

2.详细设计阶段说明书

① 对照总体规划图文件中文字说明部分提出全面技术分析和技术处理措施。

② 各专业设计配合关系中关键部位的控制要求。

图 2-30　某公园建筑小品——艺术景墙设计图（单位：mm）

③ 材料、设备、造型、色彩的选择原则。

3. 工程量总表

工程量总表应包括的内容：①各园林植物种类、数量；②平整地面、堆山、挖填方数量；③山石数量；④广场、道路、铺装面积；⑤驳岸、水池面积；⑥各类园林小品的数量；⑦园灯、园椅等设备的数量；⑧园林建筑、服务、管理建筑、桥梁的数量、面积；⑨各种管线长度，并尽可能标注出管径。

4. 设计概算

① 根据概算定额，按照工程量计算工程基本费。

② 按照有关部门规定，计算增加的各种附加费。

③ 公园、绿地范围以外市政配套所用的附加费。

5. 设计文件编排顺序

这一阶段设计文件的编排顺序为：①设计文件封面；②设计文件扉页；③设计文件目录；④设计文件总说明书；⑤图纸目录；⑥总图与分图；⑦工程量表；⑧概算。

（三）施工图阶段

施工图设计文件包括施工图、文字说明和预算。施工图尺寸和高程均以米为单位，要求精确到小数点后两位。施工图设计分为种植、道路、广场、山石、水池、驳岸、建筑、土方、各种地下或架空线的施工设计。有两个以上专业工种在同一地段施工时，需要有施工总平面图，并经过审核会签，在平面尺寸关系和高程上取得一致。在一个子项目内时，各专业工种要按照各自专业规范进行审核会签。

1. 施工总平面图

施工总平面图的图纸比例尺一般为 1：100～1：500。图纸上应标明以下内容：

① 应以详细尺寸或坐标标明各类园林植物的种植位置、构筑物、地下管线位置、外轮廓等。

② 施工总平面图中要注明基点、基线，基点要同时注明标高。

③ 为了减少误差，规则式平面要注明轴线与现状的关系；自然式道路、山丘种植要以

方格网为控制依据。

④注明道路、广场、台承、建筑物、河湖水面、地下管沟上皮、山丘、绿地和古树根部的标高，它们的衔接部分亦要作相应的标注。

2.种植施工图

（1）平面图　应标明如下内容：①在图上应按实际距离尺寸标注出各种园林植物品种、数量；②与周围固定构筑物和地上、地下管线距离的尺寸；③施工放线依据；④自然式种植可以用方格网控制距离和位置，方格网用2m×2m～10m×10m，方格网尽量与测量图的方格线在方向上保持一致；⑤现状保留树种，属于古树名木的，需要单独注明。图的比例尺一般为1：100～1：500。

（2）立面、剖面图　应标明如下内容：①在竖向上标明各园林植物间的关系、园林植物与周围环境及地上、地下管线设施间的关系；②标明施工时准备选用的园林植物的高度、体型；③标明与山石的关系。图的比例尺一般为1：20～1：50。

（3）局部放大图　应标明如下内容：①重点树丛、各树种关系、古树名木周围处理和复层混交林种植详细尺寸；②花坛的花纹细部；③与山石的关系。

（4）做法说明　内容包括：放线依据，与各市政设施、管线管理单位的配合情况，选用苗木的要求（品种、养护措施），栽植地区客土层的处理，客土或栽植土的土质要求、施肥要求，苗木供应规格发生变动的处理，重点地区采用大规格苗木的号苗措施，苗木的编号与现场定位方法，非植树季节的施工要求等。

（5）苗木表　内容一般包括：①苗木种类或品种；②规格、胸径以厘米为单位，写到小数点后一位，冠径、高度以米为单位，写到小数点后一位；③观花类植物需标明花色；④苗木数量。

（6）预算　根据有关主管部门批准的定额按实际工程量计算。

3.竖向施工图

（1）平面图　应标明如下内容：①现状与原地形标高；②设计等高线，等高距为0.25～0.5m；③土山山顶标高；④水体驳岸、岸顶、岸底标高；⑤池底高程用等高线表示，水面要标出最低、最高及常水位；⑥建筑室内、外标高，建筑出入口与室外标高；⑦道路、折点处标高、纵坡坡度；⑧绿地高程用等高线表示，画出排水方向、雨水口位置。图的比例尺一般为1：100～1：500。必要时增加土方调配图，方格为2m×2m～10m×10m，注明各方格点原地面标高、设计标高、填挖高度，列出土方平衡表。

（2）剖面图　应标明如下内容：①在重点地区、坡度变化复杂地段增加剖面图；②各关键部位标高。图的比例尺一般为1：20～1：50。

（3）做法说明　应包括如下内容：①夯实程度；②土质分析；③微地形处理；④客土处理。

（4）预算　根据有关主管部门批准的定额按实际工程量计算。

4.园路、广场施工图

（1）平面图　应标明如下内容：①路面总宽度及细部尺寸；②放线用基点、基线、坐标；③与周围构筑物、地上（下）管线距离、尺寸及对应标高；④路面及广场高程、路面纵向坡度、路中标高、广场中心及四周标高、排水方向；⑤雨水口位置，雨水口详图或注明标准图索引号；⑥路面横向坡度；⑦对现存物的处理；⑧曲线园路线形标出转弯半径或绘制方格网2m×2m～10m×10m；⑨路面面层花纹。图的比例尺一般为1：20～1：100。

（2）剖面图　应标明如下内容：①路面、广场纵横剖面上的标高；②路面结构，表层、基础做法。图的比例尺一般为：1：20～1：500。

（3）局部放大图　主要是：①重点接合部；②路面花纹。

（4）做法说明　应说明如下内容：①放线依据；②路面强度；③路面粗糙度；④铺装缝线允许尺寸，以毫米为单位；⑤路牙与路面接合部做法、路牙与绿地接合部高程做法；⑥异型铺装块与道牙衔接处理；⑦正方形铺装块折点、转弯处做法。

（5）预算　根据有关主管部门批准的定额按实际工程量计算。

5.假山施工图

（1）平面图　应标明如下内容：①山石平面位置、尺寸；②山峰、制高点、山谷、山洞的平面位置、尺寸及各处高程；③山石附近地形及构筑物、地下管线及与山石的距离尺寸；④植物及其他设施的位置、尺寸。图的比例尺一般为1∶20～1∶50。

（2）剖面图　应标明如下内容：①山石各山峰的控制高程；②山石基础结构；③管线位置、管径；④植物种植池的做法、尺寸、位置。

（3）立面或透视图　应标明如下内容：①山石层次、配置形式；②山石大小与形状；③与植物及其他设备的关系。

（4）做法说明　应说明如下内容：①堆石手法；②接缝处理；③山石纹理处理；④山石形状、大小、纹理、色泽的选择原则；⑤山石用量控制。

（5）预算　根据有关主管部门批准的定额按实际工程量计算。

6.水池施工图

（1）平面图　要标明如下内容：①放线依据；②与周围环境、构筑物、地上地下管线的距离尺寸；③自然式水池轮廓可用方格网控制，方格网2m×2m～10m×10m；④周围地形标高与池岸标高；⑤池岸岸顶标高、岸底标高；⑥池底转折点、池底中心、池底标高、排水方向；⑦进水口、排水口、溢水口的位置、标高；⑧泵房、泵坑的位置、尺寸、标高。

（2）剖面图　要标明如下内容：①池岸、池底进出水口高程；②池岸、池底结构、表层（防护层）、防水层、基础做法；③池岸与山石、绿地、树木接合部做法；④池底种植水生植物做法。

（3）各单项土建工程详图　包括：①泵房；②泵坑；③给排水、电气管线；④配电装置；⑤控制室。

思 考 题

1.城市公园设计的内容主要有哪些？

2.如何确定城市公园的规模与容量？在对城市公园进行选址时应依据哪些内容？

3.讨论如何进行城市公园的总体布局？

4.城市公园按照功能主要分为哪些区域？各自包含哪些内容？

5.怎样开展城市公园各要素（包括地形、道路广场、建筑小品、植物等）的设计？

6.城市公园用地平衡的意义及其主要内容是什么？

7.城市公园设计一般遵循哪些程序？

第三章 综合公园

第一节 概 述

综合公园是城市园林绿地系统的主要组成部分，在为城市提供大片绿地的同时，也为公众休闲、娱乐及文化教育提供活动的场所，对城市景观环境塑造、环境保护、精神生活起着至关重要的作用。

一、综合公园的类型

综合公园一般面积较大，内容丰富，服务项目多。按照其服务范围及其在城市中地位的不同，可将综合公园划分为全市性公园和区域性公园。

1. 全市性公园

为全市居民服务，一般是城市公园绿地中面积较大、内容和设施最完善的绿地（图 3-1）。用地面积随全市居民总人数的规模而不同，一般为 $10\sim100hm^2$ 或更大。其中在中小城市设 $1\sim2$ 处，服务半径为 $2\sim3km$，步行 $30\sim50min$ 或乘坐公共交通工具约 $10\sim20min$ 到达；在大城市和特大城市可设 5 处左右，服务半径为 $3\sim5km$，步行 $50\sim60min$ 或乘车 $30min$ 可到达。

2. 区域性公园

在较大城市中，为满足一个行政区内的居民休闲、娱乐、活动及集会的要求而建的公园绿地，其用地属全市性公园绿地的一部分。区级公园的面积按该区居民人数而定，功能区划不宜过多，应强化特色，园内应有较丰富的内容和设施。一般在城市各区分别设置 $1\sim2$ 处，服务半径为 $1\sim1.5km$，乘坐公共交通工具约 $10min$ 可到达。

二、综合公园的规划设计

1. 规划设计的意义

综合公园涉及内容繁多，范围广泛，问题复杂。其规划与设计的意义在于通过全面考虑、总体协调，使公园的各组成部分之间得到合理的安排；使各个环节构成有机联系的整体，妥善处理好公园与全市绿地系统之间、局部与整体之间的关系；满足环境保护、文化娱乐、游览休息、艺术欣赏等各方面的功能要求。

2. 规划设计的任务

① 功能性任务 包括出入口位置的确定，分区规划，地形利用与改造，建筑、广场及园路布局，植物种植规划。

② 服务性任务 包括休闲娱乐、政治文化、科普教育。

上述公园的总体规划任务要求考虑相互间的协调关系，全面布局。整个规划与设计的过程就是公园功能分区、地形设计、植物种植规划、道路系统诸方面矛盾因素协调统一的过程。

图 3-1　潍坊市自怡园总平面图

3. 综合公园面积确定与位置选择

（1）综合公园面积的确定　根据综合公园的性质和任务要求，综合公园应该包括较多的活动内容和设施，故用地面积较大，一般不少于 10hm^2，节假日游人的容纳量为服务范围居民人数的 $15\%\sim20\%$，每个游人在公园的活动面积为 $10\sim50\text{m}^2$。50 万人口以上的城市综合公园至少能容纳全市居民中 10% 的人同时游园。

（2）综合公园的位置选择　综合公园在城市中的位置应结合城市总体规划和城市绿地系统规划来确定。

① 交通便利，方便在此服务半径内的居民使用。

② 利用原有地形地貌，因地制宜，节约资源，丰富园景。

③ 应考虑近、远期相结合，用发展的眼光进行公园的规划设计，逐渐完善，与时俱进。

4. 综合公园的内容设置

（1）综合公园主要设置内容

① 观赏游览　游人在城市公园中可以观赏山水风景、奇花异草，浏览名胜古迹，欣赏建筑雕刻、鱼虫鸟兽及盆景假山等。

② 文化娱乐　露天剧场、展览厅、游艺室、音乐厅、画廊、棋艺室、阅览室、演说角、

讲说厅等。

③ 儿童活动 公园的统计数字表明,我国公园的游人中,儿童占有很大的比例,约1/3。所以,需考虑开辟学龄前和学龄儿童的游戏娱乐、少年宫、迷宫、障碍游戏、小型趣味动物角、少年体育运动场、少年阅览室、科普园地等内容。

④ 老年人活动 随着社会发展,中国已进入老龄化社会。为满足老年人活动的要求,需在公园中规划设计老年人活动区。

⑤ 安静休息 垂钓、品茗、博弈、书法、绘画、划船、散步等内容,深受老年人、中年人及知识分子阶层人士的喜爱。宜选择在环境优美、僻静处开展活动。

⑥ 体育活动 在不同季节开展游泳、溜冰、旱冰等活动,条件好的体育活动区设有体育馆、游泳馆、足球场、篮排球场、乒乓球室以及羽毛球、网球、武术、太极拳场地等。

⑦ 服务设施 包括餐厅、茶室、休息处、小卖部、摄影部、租借处、公用电话亭、问询处、物品寄存处、导游图、指路牌、园椅、园灯、厕所、垃圾箱等。

⑧ 公园管理 包括办公室、花圃、苗圃、温室、阴棚、仓库、车库、变电站、水泵以及食堂、浴室、宿舍等。

以上公园的设置内容间互有交叉、穿插,需结合公园的出入口确定、地形设计、建筑和道路布局、植物种植等内容,合理进行分区。综合公园规划时应注意特色的创造,减少内容与项目的重复,使城市中的每个综合公园都具有鲜明特色。

(2)综合公园项目内容设置的制约因素

① 当地人的习惯爱好 公园内可以考虑按本地人所喜爱的活动、风俗、生活习惯等地方特点来设置项目内容,以使得公园具有地方性和独特风格。

② 公园在城市中的地位 位置处于城市中心地区的公园,一般游人较多,人流量大,而且游人停留时间短。因此,规划此类公园要求内容丰富,景物富于变化,设施完善。位于市郊地区的公园有条件考虑静观的内容时,规划设计应以自然景观或自然资源为主体构成公园主要内容。

③ 公园附近城市文化娱乐设施情况 公园周边已有大型娱乐设施时,公园内则不应重复设置,减少投资,降低工程造价和维护费用。

④ 公园面积大小 大面积的公园设置项目多,规模大,游人在园内的停留时间一般较长,对服务和游乐设施有更多的要求。

第二节 综合公园的分区规划

一、综合公园的功能分区

根据公园的任务和内容,游人在公园内有多种多样的娱乐活动,所以活动内容、项目与设施的设置就应满足各种不同功能和不同年龄游人的爱好和需求。这些活动内容对用地的自然条件有不同的要求,按其功能使用情况,将活动内容分类分区布置(图3-2)。同时,除功能明确的区域外,公园的功能区还应规划出一些过渡区域,这些区域的规划起到承上启下的作用,同时又使公园的空间活跃,产生节奏感和韵律感。综合公园功能分区规划一般可分为文化娱乐区、安静休息区、观赏游览区、儿童活动区、老人活动区、公园管理区、服务设施等。

公园内各功能分区亦不能生硬地划分,尤其是小公园,园内娱乐项目较少,要求设置干扰不大的项目,应尽可能按照自然环境和现状特点布置分区,必要时亦可穿插安排,因地制宜。

1. 文化娱乐区

文化娱乐区在全园中是属于相对喧闹的区域，它为游人提供活动的场地和各种娱乐项目的场所，是游人相对集中的空间。主要设施包括游乐场、俱乐部、露天剧场、溜冰场、水上娱乐项目、展览室、画廊、动植物园地、科普活动区等。为避免该区内各项目间的相互干扰，各建筑物、活动设施间要保持一定的距离，也可通过树木、建筑、土山等加以隔离。大容量的群众娱乐项目导致人流量较大、集散时间集中，因此需要妥善组织交通。在规划允许的前提下，分区需接近公园的出入口或为其单独设置出入口。用地定额为 $30m^2$/人左右。

规划这类用地要考虑设置足够的道路广场和生活服务设施，要有适当比例的平地和缓坡，以保证建筑和场地的布置。园林建筑的设置需要考虑全园艺术构图、建筑与风景的关系，不能破坏景观。

图 3-2 潍坊市自怡园功能园区图

2. 安静休息区

安静休息区大多选择山水景观优美的区域，结合历史文物、名胜古迹、亭、廊、轩、榭、雕塑、盆景、花卉、棚架、草坪、山石、岩洞等景观，营造情趣浓郁、典雅清幽的环境。由于该区游人较多，但游人密度较小，故需要大片的风景绿地。区内每个游人所占的用地定额较大，为 $100m^2$/人左右，同时也占有公园面积的较大比例。安静休息区与文化娱乐区应在空间上保持一定距离。由于该区人流不集中，故可选择远离主要出入口处。若面积较大，可分成数块，但需保持各块间的联系。安静休息区可灵活布局，允许其他区有所穿插，并可与老人活动区靠近，必要时老人活动区可以建在安静休息区内。其中供老人活动的内容包括老人活动中心、书画班、盆景班、花鸟鱼虫班、老人门球队、舞蹈队等。

3. 儿童活动区

儿童活动区规模按照公园用地面积大小、公园位置、周围居住区分布情况、少年儿童游人量、公园用地地形条件与设施、服务等现状条件来确定。表 3-1 为我国若干公园中儿童活动区所占面积的比例，数据表明儿童活动区在公园中所占的面积都比较小。

表 3-1 儿童活动区在公园面积中所占比例

公园名称	儿童活动区面积/hm²	占全园面积/%
广州小港公园	0.62	3.7
南京玄武湖公园	16	7
天津水上公园	24	6

表 3-2 则是北京部分公园儿童在游客数量中所占的比例。据测算，一般公园中儿童占游

人量的 15%～30%，居民区附近的公园，少年儿童所占比重大，而远离居民区的公园则比重偏小。

表 3-2　公园中儿童占游客数量的比例举例

公园名称	面积/hm²	儿童/%
北京北海公园	23.4	41 26
北京中山公园	17.2	30 29
北京颐和园	57.9	7 9

在儿童活动区规划的过程中，不同年龄的少年儿童要分开考虑，可设置学龄前儿童及学龄儿童的游戏场、戏水池、障碍游戏区、体育活动区、少年宫或是少年阅览室、科技活动园地等。在保证用地定额 50m²/人的前提下，结合场地空间大小设置相应内容。该区的规划要点主要有：

① 一般靠近公园主入口，以便于儿童进园后尽快到达园地，开展自己喜爱的活动。同时要避免经过其他区域，影响其他人活动。

② 建筑小品形式要符合少年儿童的兴趣喜好，有丰富的教育意义，有童话、寓言的色彩，使少年儿童从心理上产生新奇、亲切的感觉；植物种植应选择无毒、无刺、无异味的树木、花草；设计中不应带有铁丝网等具伤害性的物品。

③ 为了布置各项不同要求的内容，规划用地内平地、山地、水面比例要合适，一般平地占 40%～60%，山地占 15%～20%，水面占 30%～40%。

④ 要为家长、成年人提供休息、等候的休息性建筑，同时还应设置小卖部、急救站等服务设施。

4. 公园管理区

公园管理区属公园内部专用分区，规划需要适当隐蔽，避免出现在风景游览的主要视线上。应设置在相对独立的区域，既要便于开展公园的管理工作，又要便于与城市联系，四周与游人应有隔离，应设置专用出入口，且与车道相通，以便于消防和运输。

该区的主要设施包括办公室、值班室、广播室、管线工程建（构）筑物、修理广场、工具间、仓库、车库、食堂、浴室、宿舍等。面积较大的公园可设置温室、棚架、苗圃、花圃，为园内四季花坛提供补充苗木。在园务管理区还可分设一些分散的工具房、工作室等，以便提高管理工作效率。

5. 服务设施

在公园内布置服务设施类项目内容，受到公园用地面积、规模大小、游人数量及分布情况的影响较大。在大型的公园里，按照服务半径的要求，可能设有若干个服务中心点。服务中心点是为游人服务的，应按照导游路线，结合公园活动项目分布，设在游人集中、停留时间较长、地点适中的地方。服务中心点的设施可提供饮食、休息、电话、问询、摄影、寄存、租借和购买等项目设施。服务点是为局部地区的游人服务的，应按照服务半径的要求，在游人较多的地方设立服务点，并根据各区活动项目的需要设置服务设施，如垂钓活动的地方需设置租借渔具、购买鱼饵的服务设施。

根据方便服务的原则，规划时可采取中心服务区与服务小区相结合的方式。既可在公园主要景区设置服务设施齐全的服务区，也可专门规划中心服务区，同时在每个独立的功能区中以服务小区或服务点的方式为游人提供相对完善的服务。

二、综合公园的景色分区

公园景观可分为自然景观和人造景观。在规划时可将景观进行适当分类，划分成相应的景区，以便游人有目的地选择游览内容，也便于形成不同的景色，使观赏园景有变化、有节奏、生动多趣，带给游人不同情趣的艺术感受。常见的景色分区内容参见本书第二章第一节中"城市公园景区设计"的相关内容。

第三节　综合公园的出入口设计

公园出入口是联系园内与园外的交通枢纽和关节点，是由外部空间过渡到公园内部空间的转折和强调，是园内景观和空间序列的起始，在整个公园中起着十分重要的作用。

一、出入口类型及位置

1. 主要出入口

公园可以有一个主要出入口，位于人流主要来向和主要公共交通道路附近，既要在城市主要道路上，又要避免在对外过境交通干道上。主要出入口要尽可能接近主要功能区或主景区。规划内容包括公园内外集散广场、园门、停车场、存车处、售票处、围墙等。大型公园出入口还应设有小卖部、邮电所、治安保安部门、存放处、婴儿车出租处。国外公园大门附近还有残疾人游园车出租。

2. 次要出入口

次要出入口可以设置于居住区附近和城市次要道路附近，为附近局部地区居民服务；还可以设在公园内有大量人流集散的设施，如园内的表演厅、展览馆、露天剧场等附近。其数量可以有一个或若干个，起到辅助性作用。

3. 专用出入口

专用出入口是根据公园管理工作的需要而设置的，主要由公园园务管理区、花圃、苗圃、餐厅等直接通向园外，作为专门使用的出入口，不供游人使用。

4. 无障碍出入口

无障碍出入口是专为残疾人通行而设计的出入口，一般结合公园其他出入口设置，多采用缓坡的形式。

在确定出入口位置时，还应考虑公园内用地情况，配合公园的规划设计要求，使出入口有足够的人流集散用地，并保证与园内道路联系方便。

二、出入口设计的原则

出入口设计在首先满足功能要求的基础上，还应具有艺术性。不同出入口的设计，往往能体现出不同类型公园的特色，形成游人对公园的第一印象，引发游人对公园的兴趣，诱使游人进入公园游览休憩。在进行出入口设计时要遵循一定的原则：

① 艺术性首先要服从功能要求　例如大门的宽度、出入口广场的大小、停车场的位置等都应在得到功能上的满足之后，才可以进行艺术上的创作，否则设计出的作品就只是华而不实的摆设。

② 出入口的设计虽然具有一定的独立性，但要服从全园整体风格要求　在设计的艺术效果上要从整体上把握，与全园风格、主题保持内在的一致性。不可一味追求新、奇、特，导致与公园整体环境格格不入。

③ 设计中要明确设计目的　公园设计的艺术性落实于现实即游赏性。对于出入口的设计，既要注重"游"，同时也不能忽视"赏"，这就要求设计者将这二字牢记心中，做到了这

一点，前面两点也就水到渠成了。

第四节　综合公园的园路及广场设计

一、公园道路

公园道路简称园路，是公园的脉络，在公园中起到组织交通、引导游览、组织空间、为园林中水电工程打下基础的重要作用，是联系各景点的纽带，也是构成公园景色的组成部分。

1. 园路的分类

在综合公园的规划设计中，由于公园面积较大，因此，园路应有主次之分。按其性质与功能可以分为以下几类：

① 主要道路　即公园的主干道，由公园入口通往公园内部各景区，连接各主要区域，是公园内部大量游人必经的路线。此外，主要道路还供公园管理车辆在非游览旺季通行，因此，路宽要达到行驶机动车的要求，一般为5～7m，且多为环路。道路两侧需留有一定宽度的路肩或铺装。

② 次要道路　是辅助主干道进入景区的分散道，既是满足景区交通功能的游览用道，又是连接主干道不能到达的景区、景点的景观空间，是主干道的分支。路面宽度为2.5～3.5m，要求可以通行小型服务型车辆。

③ 游憩小路　主要供游人散步和休息，是引导游客分散到景观空间内部的小路。游憩小路自由曲折变化，一般宽度为0.9～1.2m，一些汀步、山道的宽度也可以为0.6～0.8m。

2. 园路的设计内容

园路设计包括线形设计和路面设计，后者又包括结构设计和铺装设计。

① 线形设计　在园路总体布局的基础上进行，又可分为平曲线设计和竖曲线设计。平曲线设计包括确定道路的宽度、平曲线半径和曲线加宽等；竖曲线设计包括道路的纵横坡度、弯道、超高等。园路的线形设计应充分考虑造景的需要，以达到蜿蜒起伏、曲折有致；并应尽可能利用原有地形，以保证路基稳定和减少土方工程量。

② 结构设计　园路结构形式有多种，典型的园路结构分为四层：第一层为面层，路面最上的一层，它直接承受人流、车辆的荷载和风、雨、寒、暑等气候因素的影响，因此要求坚固、平稳、耐磨，有一定的粗糙度，少尘土，便于清扫；第二层为结合层，采用块料铺筑面层时在面层和基层之间的一层，用于结合、找平、排水；第三层为基层，在路基之上，主要起到传递面层荷载至路基的作用，因此，要有一定的强度，一般用碎（砾）石、灰土或各种矿物废渣等筑成；第四层为路基，即路面的基础。它为园路提供一个平整的基面，承受路面传下来的荷载，并保证路面有足够的强度和稳定性。如果土基的稳定性不良，应采取措施，以保证路面的使用寿命。此外，要根据实际需要，进行道牙、雨水井、明沟、台阶、种植地等附属工程的设计。

③ 铺装设计　综合公园的园路铺装设计要分清主次道路，要在宽度和路面铺装上主次有别，这样才有明确的识别性。此外铺装还应具有装饰性，作为园景的一部分，应根据景观的需要作出设计，路面或朴素、粗犷，或舒展、自然、古拙、端庄；或明快、活泼、生动。以不同的纹样、质感、尺度、色彩来装饰园路，以不同的风格和时代要求来装饰公园。

3. 园路的设计要点

综合公园的园路设计，首先应主次分明，在宽度、线形、铺装样式上要有明确的主次关系，这样才容易产生明确的方向性。还应注意道路交通性与游览性的平衡关系，公园中的道路是以游览为目的的，故不以捷径要求为准则，但主要道路应满足基本的行车及安全要求。园路设计还要合理地安排道路起伏、曲折变化和路网的疏密度，力求做到因地制宜，整体连贯，顺势畅通。

公园中主干道、次要道路以及游憩小路所组成的路网有很多交叉口，对于交叉口的处理应注意：

① 从岔路口的路面能分清道路主次，明确引导方向。

② 两条道路相交应采用正交，为避免游人拥挤，可形成小广场；若两条路相交呈锐角，角度则不能过小，否则通过三角形广场解决。

③ 两条道路相交成丁字形时，交点处应布置道路的对景，尤其在主干道与次要道路的交点处还应留出一定的视距广场。

园路与水体的关系，处理的方式因公园形式不同而不同。规则式公园往往以广场形式出现，将喷泉、水池等形式的水体作为主景，同时留出人们驻足游憩的场地；自然式公园则因水体形式不同而形式变化万千：遇塘、湖则化为亭、台、矶等形式，让人驻足赏景；遇溪、涧则化为汀步、小桥，让人且游且看。

园路中的台阶常出现在建筑入口、水岸、山路、陡坡等处，可结合花池、栏杆、水池、挡土墙、假山、蹬步而设计。一般宽度为 30～38cm，高度为 10～15cm。

另外，对于综合公园，必须考虑局部地方的无障碍设计。路面宽度不宜小于 1.2m，回车路段路面宽度不宜小于 2.5m。道路坡度不宜超过 4%，且坡度不宜过长，并尽可能减小横坡。当园路一侧为陡坡时，应设 10cm 高以上的挡石，并设扶手栏杆、排水箅子等，不得突出路面，并注意不能卡住轮椅的车轮和盲人的拐杖。

二、广场

从某种意义上说，广场就是道路的延伸、扩大部分。

城市公园中，按广场或场地的性质和功能可分为：

① 交流集散场地　主要起到组织和分散人流的作用，不希望有人长久停留休息。如公园的入口广场、有大量人流集散的建筑（露天剧场、展览馆等）前广场。

② 游息活动广场　主要供游人休息、散步、打球、游戏、节日游园等活动之用。可以利用草坪、稀树草地，也可用各种硬质材料铺装地面。这些场地四周常配合花池、水体、亭廊、花架、雕塑等构筑物。

③ 生产管理场地　公园园务管理、生产之用，如晒场、停车场、材料场等。

按广场的平面组合形态可分为：

① 规则的几何形广场　包括方形广场（正方形广场、长方形广场）、梯形广场、圆形（椭圆形、半圆形）广场等，其广场形状比较对称，有明显的纵横轴线，给人一种整齐、庄重及理性的感觉。有些则具有一定的方向性，利用纵横线强调主次关系。也有一些则以建筑及标识物的朝向来确定其方向，从而造成一定的空间序列，给人一种强烈的艺术感染力。

② 不规则形广场　是由广场基地现状、周围建筑布局、设计观念等方面的需要而形成的；也有少数是人们对生活的不断需求自然演变而成的。不规则形广场，因其缺乏规则形状带来的秩序和理性而显得更放松。世界著名的威尼斯圣马可广场，其可人的尺度以及不规则的空间，让人感到舒适与亲切。这一设计理念完全可以借鉴到城市公园广场的设计中来。

③ 复合形广场　是以数个单一形态的广场组合而成的。这种空间序列组合方法是通过运用美学法则，采用对比、重复、过渡、衔接、引导等一系列处理手法，把数个单一形态广

场组织成为一个有序、变化、统一的整体。这种组织形式可以提供更多的功能合理性、空间多样性、景观连续性和心理期待性。在复合形广场的一系列空间组合中，应有起伏、抑扬、重点与一般的对比性，使重点空间在其他次要空间的衬托下得以足够的突出，使其成为控制全局的高潮。这种广场适合于以广场为主题的城市公园设计，适合举办城市大型活动。

上述公园中的场地都要以地形地貌、功能要求与艺术构图的需要为依据进行安排。同时在设计中还应注意"以人为本"。人在广场空间中，其生理、心理与行为虽然存在个体之间的差异，但总体上看还是存在普遍共同性的。美国著名心理学家亚布拉罕·马斯洛认为，人们对需求的追求从低级向高级演进可概括为四个层次：第一个是生理需要；第二个是安全需要；第三个是交往需要；第四个是实现自我价值的需要。城市公园广场设计是为人设计并为人所使用的，所以应把"尊重人、关心人"作为宗旨，不可一味追求视觉上的美感而忽略了使用上的舒适和方便。

第五节　综合公园的建筑小品设计

建筑与小品是综合公园的组成要素，虽然占地面积很小（占公园陆地面积的1%～3%），却是公园重要的组成部分。

在现今的园林建筑小品设计过程中，要更加关注以下几点：①讲究其处理的精致化，在使用功能、造型和材质以及色彩的运用和处理上，更加符合人体工程学和具备较好的视觉感受；②以地域性为出发点，并通过历史、文化和时代气息的融入，使其具有浓郁的地域特色；③以生态性为出发点，回归自然，回归文化；④以人为本，充分考虑残疾人和老年儿童的特殊要求的设计。

园林建筑就其特点而言，首先，要特别重视总体布局，既要主次分明，轴线明确，又要高低错落，自由穿插。其次，在建筑基址的选择上，要因地制宜，巧于利用自然又融于自然。最后，应强调造型美观和功能特性。

1. 亭

《园冶》中说："亭者，停也，所以停憩游行也。"亭是公园中最常见的供游人休息、眺览、遮阴、避雨的景点建筑。

亭的种类很多。从平面上分有圆形、长方形、三角形、四角形、六角形、八角形、扇形以及双亭等；从亭顶形式来分有攒尖顶、平顶、歇山顶、单檐、重檐、三重檐等；从亭所处的位置分有山亭、半山亭、水亭、桥亭、路亭等；从亭所起的作用上分有井亭、碑亭、鼓亭、售货亭等；从亭的建筑风格上分有中国亭、日式、欧式等。现代亭的样式更是趋于抽象化，装饰趣味多于实用价值。

亭既可单独设置，也可结合其他要素组成群体。可2～5个亭形成组亭，如北京北海公园的五龙亭，还可与廊、墙、植物、山石等结合组成景观。

亭的位置极其灵活。若与山有关，一般设在地势险要之处，如山顶、山脊、山腰等位置突出的地方或是危岩巨石之上，如杭州花港公园的牡丹亭建在小山顶上，成为公园立面构图中心；平地建亭多在道路交叉口和路侧的林荫之间，或是广场之中；若与水相关，则应注意与水面环境融为一体，设于岸边、岛上、桥上等处。

亭的体量随宜，可作主景，也可构成公园局部小品，但要与所处环境相协调。

亭的结构材料则根据建筑风格不同而不同。中式亭多用木质或仿木质，施工较为繁杂。现代亭柱梁一般采用混凝土、木材、钢化结构，屋面多是坚实耐用的聚碳酸树脂板、玻璃纤维强化水泥等。

2. 廊

廊是带状的室内道路。廊在中国园林中应用极为广泛，它不仅具有遮风避雨、交通联系上的实用功能，更能作为导游和组织、分隔空间之用。

廊的位置决定廊的设计和功能。在平地建廊，常沿界墙及附属建筑物布置。在视野开阔地可利用廊来围合、组织空间，如南宁人民公园的圆廊。山地建廊主要供游人登山观景和联系不同高程的建筑物之用。爬山廊有的位于山之斜坡，有的依山势蜿蜒转折而上，如北京颐和园"画中游"爬山廊。水边建廊，尽量与水接近。水岸自然曲折时，可沿水边成自由式布局；水上建廊，应该露出水面的石台或石墩。在廊的两柱间设置座椅，可为游人提供舒适的休息环境，另可做展览之用。

3. 榭和舫

榭和舫都是公园中的临水建筑，作游憩、赏景、饮宴、小聚之用。

《园冶》谓之："榭者，借也。借景而成景也，或水边，或花畔，制亦随态。"公园中一般以水榭居多。水榭的基本形态是：水边有一个平台，平台一半伸入水中，一半架立于岸边，平台四周以低平的栏杆相围绕，平台中部建一单体建筑物，建筑的平面形式通常为长方形。向水的一面是开敞空间，柱间常设美人靠、桌椅，供游人坐息、赏景，如上海虹口公园水榭。

水榭与水的结合方式有多种，从平面上看，有一面临水及多面临水等。尽可能贴近水面，避免采用整齐划一的石砌驳岸；在造型上，水榭与水面、池岸结合可以强调水平线。

舫，也称不系舟、旱船，是在公园水面上建造的一种船形建筑。舫的基本形式与真船相似，一般分为前、中、后3个部分，中间最矮，后部最高，一般两层，类似楼阁，四面开窗，以便远眺。船头做成敞棚，供赏景之用。中舱是主要的休息宴客场所。舱的两侧做通长的长窗，以便坐着观赏时有宽广的视野。尾舱下实上虚，形成对比。

4. 花架

花架从工程量来讲近于亭廊，只是无顶，主要是用作攀缘植物的棚架。实际上，花架除不能避雨外，在景观欣赏、组织空间及提供游人遮阴、休息等方面与廊架相同。

花架在构造形式上很近似于廊，可设座凳，花架的柱间可设花墙、漏花墙。

花架可单体存在，形式多样，也可与其他建筑结合成为建筑的延续部分，如以花架连接在水榭与亭之间，用廊与花架交替变换。花架可爬山、傍水，具有更强的园林情趣。

花架的设置要考虑植物种植的可能性，故应考虑植物的品种、形态特点及生态要求。

5. 小卖部、售票厅、服务厅、餐厅、公共卫生间

这些都是商业销售和服务用途的园林建筑，常设置于休息广场、入口广场等游人比较集中且易于找寻的地方，其形式可根据公园风格的不同，采用自然式、现代式等设计。这些建筑除了功用之外，还要满足游人赏景以及休息之需。

6. 游船码头

游船码头专为组织水面活动及水上交通而设。其基地正处在水路交接之处，一般位置突出，视野开阔，既是水边各方向视线交点，又是游人赏景佳地。其位置的选择应以方便游人使用、管理为原则，故游船码头常设于公园出入口附近，或在园中一隅或尽端，可不受其他游人活动的干扰。

游船码头的靠船平台形式有多种，如驳岸式、深入式、挑台式以及浮船式。

7. 公园大门

公园大门是公园形象的标志，是公园重要的点景建筑，常结合公园售票、收票以及管理值班、保安用房等进行设计。设计时既要处理好大门与入口广场的关系，又要注意其尺度的

大小与公园的规模、尺度相适应。还要考虑到不同人流、车流出入的合理宽度、停车场的位置以及公共卫生间等的安排。大门的设计形式多种多样，既可以是建筑式，也可以是雕塑式，小型公园甚至可以简化为用几块自然石材作为大门的点景示意。

第六节　综合公园的地形设计

公园地形是公园空间构成的基础，与公园性质、形式、功能和景观效果有着直接关系，也涉及公园的道路系统、建（构）筑物、植物配置等要素的布局。可以说，公园地形处理是公园规划设计的关键，反过来，场地坡度对设计的影响也很大。

公园内的地形设计应该以总体设计所确定的各个控制点的高程为依据，土方调配设计应该提出利用原表层栽植土的措施。改造的地形应该不超过土壤的自然安息角，如有超出，需要采取护坡、固土或防冲刷的工程措施。人力剪草机修剪的草坪坡度不大于 25%。

大高差或大面积填方地段的设计标高，应该计入当地土壤的自然沉降系数。在无法利用自然排水的低洼地段，应设计地下排水管沟。表 3-3 为坡度分级标准。

表 3-3　坡度分级标准与建设可能性的关系

类别	坡度值	度数	设计要求
平坡地	3% 以下	0°～1°43′	基本上是平地，建筑和道路可自由布置，但要注意排水
缓坡地	3%～10%	1°43′～5°43′	建筑群布置不受地形的约束
中坡地	10%～25%	5°43′～14°02′	建筑群布置受一定限制
陡坡地	25%～50%	14°02′～26°34′	建筑群布置与设计受较大的限制
急坡地	50%～100%	26°34′～45°	建筑设计需要做特殊处理
悬崖坡地	100% 以上	45°以上	工程费用大

注：资料来源于《建筑设计资料集·6》(《建筑设计资料集》编委会，1994)。

公园地形主要分陆地和水体两大部分。

一、陆地

公园中的陆地按地质材料、标高差异的不同，可分为平地、坡地和山地。

1.平地

平地也就是平坡地，应保证 0.5%～3% 的排水坡度。自然式公园中的平地面积较大时，可以设计有起伏的缓坡，坡度为 1%～7%。平地是组织开敞空间的有利条件，也是游人集散的地方。在现代公园中，游人量大而集中，活动内容丰富，所以平地面积须占全园面积的 30% 以上，且须有一两处较大面积的平地。

2.坡地

① 缓坡地 3%～10% 和中坡地 10%～25%　游人可以在这个范围的坡地上组织一些活动，坡地的坡度要在土壤的自然安息角（一般 20%～30%）内。在公园工程建设中设置适宜的微地形，有利于丰富造园要素，形成景观层次，达到加强公园艺术性和改善生态环境的目的。微地形是专指一定园林绿地范围内地形微小的起伏状况。微地形景观必须与公园内的其他景观要素相协调，使建筑、地形、景观融为一体。不同的绿地有不同的微地形处理技巧。

a.道路微地形：可有适当的地形起伏，或形成台阶，对平坦地面做以缓冲，减缓游人的步伐，缓解疲劳。还可满足铺排地下管线、管沟的需要。

b.水体微地形：路堤处理成微倾斜状，采用沙滩、石滩或草地模式使路堤缓缓延伸到水面，再于坡地上种植水生树木过渡到水面。也可把路堤做成台阶式，并直接延伸到水面。

　　c.广场微地形：在广场中往往对地形进行抬升和下降处理，以体现多层次、多视点的景观。

　　② 陡坡地 25％～50％　游人不能在上面集中活动，但可以结合露天剧场、球场的看台设置，也可配置疏林或花台。

　　3. 山地

　　山地是自然山水园中的主要组成部分。不管公园的大小，山地都是竖向景观的表现内容。公园中的山地大多是利用原有地形、土方，经过适当的人工改造而成。城市中的平地公园多以挖湖的土方堆山。山地的面积应低于公园总面积的 30％。

　　山体的设计布局主要从位置、构成、坡向和通风等方面来考虑。

　　① 山体的位置　公园中山体的位置安排主要有两种形式：一种是属于全园的重心。这种布局一般在山体的四周或两面都有开敞的平地和水面，使山体形成大空间的分割，构成全园的构图中心，与全园周边的山体形成呼应的整体。另一种是居于园内一侧，以一侧或两侧为主要景观面，构成全园的主要构图中心，如北京的颐和园，一山北坐，南向昆明湖。

　　② 山体构成　公园须借用山体构成多种形态的山地空间，故要有峰、有岭、有沟谷、有丘阜。既要有高低的对比，又要有蜿蜒连绵的调和。山道设计须以"之"字形回旋而上，或陡或缓，富于韵律，并要适时适地设置缓台和休息性兼远眺静观的亭、台等休憩性建筑设施。山道要与山体植物绿化相结合，使游人在行进中时露时隐，视线时收时放。

　　③ 坡向和通风　坡向决定了太阳辐射量。在北半球，东南坡、南坡、西南坡为全日向阳坡；东坡、西坡为半日向阳坡；西北坡、北坡和东北坡为背阳坡。地形可以阻挡和改变气流方向。大多数地区的风向是季节性变化的，冬季，最冷的风来自北方或西北方，夏季的清凉微风则来自南方或东南方、西南方。在寒冷干旱的北方，坐北向南的山谷可形成良好的小气候。

　　二、水体

　　水体是公园的重要组成要素。公园中的水体具有调节小气候、自然排水、进行水上活动、增加绿化面积等功能特点，同时还具有动静结合、有声有色、扩大空间景观的景观特点。

　　1. 公园水体的表现形式

　　公园水体的布局可分为集中和分散两种基本形式。但多数是集中和分散两种形式的结合。

　　（1）集中形式

　　集中形式又可分为两种：

　　① 整个公园以水面为中心，沿水周围环列建筑和山地，形成一种向心、内聚的格局。这种布局形式可使有限的小空间具有开朗的效果，使大面积的公园具有"纳千顷之汪洋，收四时之浪漫"的气概。如苏州网师园的大水面，建筑在周边布局，达到了扩大视域的效果。

　　② 水面集中于园的一侧，形成山环水抱或者山水各半的格局，如颐和园的万寿山位于北面，昆明湖集中在山的南面，只以河流形成的后湖在万寿山北山脚环抱。

　　（2）分散形式

　　分散形式是将水面分隔并分散成若干小块，彼此明通或暗通，形成各自独立的小空间，空间之间进行实隔或虚隔，如颐和园的苏州河。

对于水体的形状表现，不论是集中还是分散，均依公园的风格而定。规则式公园，水体多为几何形状，水岸为垂直砌筑驳岸。自然式公园，水体形状多呈自然曲线，水岸也多为自然驳岸，或部分采用垂直砌筑的规则式驳岸。

2. 公园水体的类型和名称

① 水源，如泉眼、喷泉、涌泉、壁泉等。

② 水道，如溪流、河流、水渠等。

③ 水口，如瀑布、滑落瀑布、跌水等。

④ 水尾，如游泳池、温泉、池塘等。

3. 公园水体景观的建筑与构筑物

公园中集中形式的水面也要用分隔与联系的手法，增加空间层次，在开敞的水面空间造景。主要形式有岛、堤、桥、汀步、建筑和植物。

① 岛　岛在公园中可以划分水面空间，使水面形成几种情趣的水域。岛居于水中，是欣赏四周风景的中心点，故可在岛上与对岸建立对景。岛的类型有山岛、平岛、半岛、礁。

岛的布局要注意：水中设岛忌居中和整形，一般多设于水的一侧。大型水面可设 1～3 个大小不同、形态各异的岛屿，不宜过多。岛的分布自然疏密，岛的面积要根据所在水面的面积大小而定，宁小勿大。

② 堤　是将大型水面分隔成不同景色的带状陆地。堤上设道，道中间可设桥与涵洞，沟通两侧水面。堤的设置不宜居中，须靠水面的一侧。堤多为直堤，少用曲堤。堤上必须栽树，可以加强分隔效果。

③ 桥与汀步　小水面的分隔和近距离的浅水处多用汀步，连接岛与陆地或小水面的对岸连接也用桥。在岛与陆地最近处建桥。小水面则要在两岸最窄的地方建桥。

④ 水岸　水岸有缓坡、陡坡、垂直和垂直出挑之分。驳岸有规则式和自然式两种。规则式驳岸是以石料、砖或混凝土预制块砌筑成整形岸壁。自然式驳岸则有自然的曲折和高低的变化，驳岸线富于变化，但曲折要有目的，不宜过碎。

第七节　综合公园的给排水设计

一、综合公园给水设计

1. 综合公园给水设计概述

给水工程的目的和任务，就是经济合理和安全可靠地供应人们的生活用水、生产用水和消防用水，满足人们对水质、水量和水压的要求。基于综合公园的功能设施和服务人群，设计中除了要考虑供应生活、生产和消防用水外，还应充分考虑景观用水和灌溉用水的需求。

给水系统按照使用目的可分为生活给水、生产给水和消防给水等系统；按给水设施的组成可分为水源工程、输水工程、净化消毒工程、配水工程等。综合公园的给水包括饮食服务用水、生产消防用水和灌溉用水。

城市综合公园的给水设计首先应服从于城市总体规划，并根据场地的地质情况、水文条件、水体状况、气候特征及原有给水工程设施等条件，从全局出发、综合考虑确定。通常按下列设计程序：

① 分析用水对象，计算用水量。对用水目的进行初步分析，将用水对象依照对水质的等级要求进行分类，分别计算用水量，以方便今后根据不同的需求选择水源。

② 勘察场地，选择水源。勘察现场往往是在设计前期进行，因此在勘察时要注意对水

文水体、地质地貌尤其是原有给水设施等信息的收集。在水源选择方面应遵循妥善选择、节约用地、节省劳动力的基本原则。

③ 综合考虑，提出给水方案。主要是在需水量确定后结合园区实际情况提出给水方案。

2. 综合公园用水量的计算

综合公园的用水组成不仅有生活服务用水，还有园内景观设施用水。因此，可将综合公园用水量按用水对象分成生活用水量和景观用水量两部分。

① 生活用水量的计算　首先分析用水对象，确定用水定额，根据用水人数和定额，计算生活用水总量。综合公园的主要用水对象为观光游客和员工，如果有餐饮服务等设施应统一考虑进去。

用水定额即游客或其他用水对象高峰用水季节每人每天全部生活消耗的水量，包括餐饮、冲厕、洗涤、洗浴等全部生活水量。由于气候、习惯、地区的差异，用水定额也不相同。根据《室外给水设计标准》（GB 50013—2018）推荐的用水定额（表3-4），统计高峰季节日游客量和其他用水人员的具体数据，就可以计算出高峰日生活用水总量。

② 景观用水量的分析　景观用水量主要是指人工水景的补充用水量。计算确定更新的补充水量是景观用水规划的主要内容之一。其方法是，先要确定该水景的自净周期，即在一定时间内水质不会恶化（超过规定的水质标准）的时间，其次确定每天自然损失（蒸发）水量，总水量就包括以上这两部分，公式如下：

$$景观日用水量(t_1) = 日蒸发量(t_2) + 景观总蓄水量(t_3)/自净周期(d)$$

3. 综合公园水源的选择

综合公园给水水源一般采用城市集中管网，还可依条件选择地下水、地表水体等水源。面积特别大的公园，可采用独立的供水系统或实行公园内部分区供水。为了实现节约用水，可根据用水目的的不同分别选用水源。

① 生活用水水源　综合公园距离城市集中供水系统较近，并且生活饮用水的水质必须符合现行的《生活饮用水卫生标准》（GB 5749—2022）的要求，故通常选择城市集中管网，水质安全，可直接使用。但设计时要充分考虑城市用水高峰时间的用水量，避免共用城市管网带来的不便。

② 景观用水水源　景观补充水源通常有三种来源：一是直接引用城市自来水；二是引地表水或提升地下水；三是利用污水净化处理后达标的水。其中第三种方法成为缺水地区越来越多被采用的方案，该方案能保护园区环境，有效利用资源，是最值得提倡的方式。另外，灌溉用水可取用地下水或其他废水，以不妨碍植物生长和污染环境为准。

4. 综合公园给水方案

根据公园的具体条件制定不同的给水方案，包括水源的选择（地下水或地表水）和取水方式、净化消毒方案、输配水方案等。

水源的选择，如是地下水，应初步选择井位和井的类型，划定水源保护范围；如果是地表水，应选择取水口的位置和划定水体保护范围。如取用地下水，一般消毒后即可送出，消毒装置与水源井建在一起。如取用地表水，则需要经过净化消毒后方可使用。

根据公园内植物灌溉、喷泉水景、人畜饮用、卫生和消防等需要进行供水管网布置和配套工程设计。输配水管网是由水源地或净化厂送到用户的管网。管网除要考虑直接铺设到用户（餐饮点、卫生间、住宿点、博物馆、管理用房、居民点等），还要考虑形成环形网络，以保证供水安全。管道口径根据供水量计算确定，主干管要考虑设置消火栓的要求，一般主干管不小于100mm。管材的选择，目前D200及以下口径建议选择UPVC塑料给水压力管。供水压力保证管网末端水压超过建筑高度10m即可。其他按国家有关规范执行。

表 3-4　《室外给水设计标准》(GB 50013—2018) 用水定额参照值

单位：L/（人·d）

	城市类型	超大城市	特大城市	Ⅰ型大城市	Ⅱ型大城市	中等城市	Ⅰ型小城市	Ⅱ型小城市
一区	最高日居民生活用水定额	180～320	160～300	140～280	130～260	120～240	110～220	100～200
	平均日居民生活用水定额	140～280	130～250	120～220	110～200	100～180	90～170	80～160
	最高日综合居民生活用水定额	250～480	240～450	230～420	220～400	200～380	190～350	180～320
	平均日综合居民生活用水定额	210～400	180～360	150～330	140～300	130～280	120～260	110～240
二区	最高日居民生活用水定额	110～190	100～180	90～170	80～160	70～150	60～140	50～130
	平均日居民生活用水定额	100～150	90～140	80～130	70～120	60～110	50～100	40～90
	最高日综合居民生活用水定额	200～300	170～280	160～270	150～260	130～240	120～230	110～220
	平均日综合居民生活用水定额	150～230	130～210	110～190	90～170	80～160	70～150	60～140
三区	最高日居民生活用水定额	—	—	—	80～150	70～140	60～130	50～120
	平均日居民生活用水定额	—	—	—	70～110	60～100	50～90	40～80
	最高日综合居民生活用水定额	—	—	—	150～250	130～230	120～220	110～210
	平均日综合居民生活用水定额	—	—	—	90～160	80～150	70～140	60～130

注：1. 超大城市指城区常住人口 1000 万及以上的城市，特大城市指城区常住人口 500 万以上 1000 万以下的城市，Ⅰ型大城市指城区常住人口 300 万以上 500 万以下的城市，Ⅱ型大城市指城区常住人口 100 万以上 300 万以下的城市，中等城市指城区常住人口 50 万以上 100 万以下的城市，Ⅰ型小城市指城区常住人口 20 万以上 50 万以下的城市，Ⅱ型小城市指城区常住人口 20 万以下的城市。以上包括本数，以下不包括本数。

2. 一区包括湖北、湖南、江西、浙江、福建、广东、广西、海南、上海、江苏、安徽；二区包括重庆、四川、贵州、云南、黑龙江、吉林、辽宁、北京、天津、河北、山西、河南、山东、宁夏、陕西、内蒙古河套以东和甘肃黄河以东的地区；三区包括新疆、青海、西藏、内蒙古河套以西和甘肃黄河以西的地区。

3. 经济开发区和特区城市，根据用水实际情况，用水定额可酌情增加。

4. 当采用海水或污水再生水等作为冲厕用水时，用水定额相应减少。

二、综合公园的排水设计

1. 综合公园排水设计概述

排水工程设计是综合公园设计的重要组成部分，排水系统直接影响整个公园的景观效果和使用，通过对场地地形地貌和气候条件的分析，合理地对排水系统进行设计，达到雨水、污水分流，雨水回收，污水集中处理。分散排放的目的是帮助创建节约环保、更为优美的公园环境。

排水体制主要是指污水系统和雨水系统分开排放还是合并排放的方式。由于综合公园依托城市发展，靠近城市，因此可以充分利用城市的排水和排污管网，尽量采用分散排放的方式，保护环境，减小对环境的影响。

2. 综合公园排水设计

公园排水系统按排水体制可分两大部分，分别为污水系统和雨水系统，雨水系统又可分为绿地雨水系统、硬质铺装雨水系统。

（1）污水系统

综合公园人流活动区域、建筑基础设施等地方分布都比较密集，如餐厅、茶室、游乐场、喷泉区、公厕等，污水量不是很大。因此污水系统排水管网的布置常常较为集中。室内的生活污水通过室内污水管道收集后排入室外的化粪池，污水经化粪池预处理后通过室外的污水管道排入市政污水管道系统。

（2）雨水系统

雨水采用地面、浅明沟、暗沟、盲沟相结合的排水方式，地面排水利用地形自然排除雨水、雪水等天然降水，不仅经济实用，便于维修，而且景观自然。在大面积绿地、广场等功能单一而又面积广大的区域，则多采用明渠排水，不设地下排水管网。暗沟排水的优点是：取材方便，可废物利用，造价低廉；不需要雨水井，地面不留"痕迹"，从而保持了绿地或其他活动场地的完整性，对公园草坪的排水尤其适用。盲沟排水具有极高的表面渗水能力和内部通水能力，价格低廉，施工简便。

① 绿地雨水系统　综合公园中绿地占总用地面积的比重较大，为了避免绿地内的花草内涝、雨水能够顺畅排入雨水系统，雨水系统设计显得尤为重要。通常利用绿地的地形坡度自然排水，对于地势低洼的绿地可采用地下盲管帮助排水，使过多的水分能透过地表渗透至地下排走或分散。

盲管在铺设时应满足以下几点要求：

a. 为了排除地下集水或抗浮，设计地下集水管，其设计间距为 5～10m；

b. 种植地表向盲管方向的排水坡度应大于 0.5%；

c. 栽植土层厚度＞30cm，质量密度为 1.17～1.45g/cm³，总孔隙度＞45%，非毛细管孔隙度＞10%；

d. 排水管采用 DN110 厚壁 UPVC 穿孔滤管；

e. 渗水层要求滤料整洁，层次分明，按滤料粒径级配大小分层铺设。经过几场暴雨的检验，按上述要求铺设的盲管排水效果好，未出现长时间积水现象。

② 硬质铺装雨水系统　广场道路等硬质铺装区域由于地面较平坦，且场内不便于设置雨水口，雨水一般靠地面径流流向周边雨水口。雨水可直接排入公园的天然水面，也可排入周围市政的雨水管内各类地表排水坡度见附录中表 5.1.4。

第八节　综合公园的植物种植设计

综合公园一般面积大，园内地形较复杂，功能分区较多，所以植物种植上不仅要遵循公园植物种植的一般规律，同时也应结合综合公园的特殊性因地制宜地进行。

一、基于各功能区的植物种植设计

综合公园在功能上一般划分为公园入口区、观赏游览区、文化娱乐区、安静休息区、体育活动区、老人活动区、儿童活动区、公园管理区，各分区以公园出入口、园路、广场连接成整体。必须依据各分区自身的条件要求进行植物配置，尽可能地发挥各自的功能特点。

1. 入口区的植物种植设计

入口是主要的交通要道，是公园的标志，也是公园与城市相衔接的地方。因此在植物种植设计时，一方面要突出入口区的标志性，则植物种植时不能阻挡视线，要更好地突出、装饰、美化入口区，使公园在入口区就能引人入胜，能向游人展示其特色或造园风格。可以利用植物的色彩与大门色彩作对比和衬托，或者用具有丰富色彩的花坛、花境等营造大门的高大或华丽氛围，突出入口景观标志性；也可以在入口处适当栽植绿篱植物，利用绿篱的边界创造出分隔、围合的空间效果，形成一定的区域感。另一方面要兼顾公园入口区与城市街道的联系，不能将公园入口绿化与城市街道绿化割裂，种植形式和风格上统一与变化并存，力求过渡合理、协调，突出大门特点并丰富街道景观。最后，公园入口区植物种植设计还要注意功能上的应用，如入口处停车场的庇荫和隔离等。

2. 观赏游览区的植物种植设计

观赏游览区是公园的主要组成部分，主要景点和景物都应规划在该区内。植物景观在该区中既是烘托主景的景观，同时植物本身也是主景。主景区的植物配置要相对弱化植物的存在感，以植物服务主景，尽量采用统一、大气的栽植手法来烘托气氛，此时任何植物景观都要与主体景观相协调。若是以植物作为观赏主景，则可把观花植物、形体别致的植物、观果植物等配置在一起，形成花卉观赏区或专类园，让游人充分领略植物的美；或利用植物组成不同外貌的群落，以体现植物群体美；或利用不同的种植形式表现植物创造的美感。

3. 文化娱乐区的植物种植设计

这个区域是公园中以人文景观为主体的区域，该区植物种植重在突出植物景观的人文内涵。植物不仅仅是简单的感观审美对象，更是以情动人的载体。利用植物可以寄托美好愿望，从而使人们加深对文化环境的了解。不同的植物材料，运用它不同的特征，通过不同的组合和布局产生不同的景观效果和环境气氛。同时，植物要和文化娱乐小品结合，还可用高大的乔木把区内各项娱乐设施分隔开，但不宜多种植灌木以免妨碍游人的视线，影响交通；也可用花色、叶色或果色鲜艳的植物烘托热烈的气氛，或者用文化内涵丰富或地域性较强的植物营造一种文化氛围。

4. 安静休息区的植物种植设计

在安静休息区内，利用植物景观形成单独空间，给人们提供自然的休息场所。该区主要是专供人们休息、散步、欣赏自然风景的好地方。一般说来，安静休息区应选面积较大、游人密度较小、与喧闹的文化娱乐区有一定距离的地方。安静休息区植物的种类要简单，可用密林植物与其他区域分隔，密林内同时布置自然式小空地、林中小草地或疏林草地，给游人提供一定的自由活动空间；为了丰富景观，还应有几处以植物配置取胜的重点景观，可结合水面、休息亭榭或土丘等地布置。植物选择可结合生产，如用树林，开辟自然式果园、苗圃、花园等。

5. 体育活动区的植物种植设计

体育活动区是供人们外出追求健康活动的特定场所，在此区域中不必设计过多的人工景观，但需配植一定的植物景观作衬托和划分空间。一般来讲，采用疏林和草地相结合进行植物景观设计是最理想的方式；同时也应多用落叶阔叶林营造一种冬暖夏凉、季相丰富的环境景观。在体育活动区的周边可栽植高大乔木和防护灌木，起庇荫和防护功能，以利于运动员休息。

6. 老人活动区和儿童活动区的植物种植设计

老人活动区还可结合老人的怀旧心理和返老还童的趣味性心理，比如利用一两株苍劲的古树点明主题，种植各种观花树木烘托老人丰富多彩的人生。该区植物首先应选侧柏、肉桂、柠檬等能分泌杀菌素、净化空气的树种，或选择蜡梅、米兰、茉莉、栀子等能分泌芳香性物质、利于老人消除疲劳和保持愉悦心情的保健植物。

儿童活动区周围应用密林带或绿篱、树墙与其他区分开，如有不同年龄的少年儿童区，也应有绿篱、栏杆相隔，以免相互干扰；游乐设施附近应有高大的、生长健壮的、树冠大的庭荫树提供良好的遮阴，也可以把游乐设施分散在各疏林之下。另外可利用耐修剪的植物整形成一些童话中的动物或人物雕像，以及茅草屋、石洞、迷宫等以体现童话色彩；或单纯利用植物色彩进行景观营造，如用灰白色的多浆植物配置于鹅卵石旁，产生新奇的对比效果；或者配置具有奇特的叶、花、果之类的植物，以引起儿童对自然界的兴趣，但不宜选用花、叶、果有毒的或散发刺激难闻气味的植物，如凌霄、夹竹桃、苦楝、漆树等；不宜选用枸骨、刺槐、刺玫、丝兰等有刺植物，因为有刺植物易刺伤儿童皮肤和衣服；也不宜选用杨、柳、悬铃木等有过多飞絮的植物，以免引发儿童呼吸道疾病。

7. 公园管理区的植物种植设计

该区是公园工作人员进行组织管理、生产活动和生活服务的场所，其在公园中的面积并不大，绿化上应当首先满足管理功能的需要，同时还要因地制宜，并使其景观和公园整体相协调。植物配置多以规则式为主，多用高大乔木遮掩其办公建筑，以免影响游人视线。

二、基于公园景观的植物种植设计

在统一规划的基础上，根据不同的自然条件，结合不同的自然分区，将公园出入口、园路、广场、建筑小品等设施环境与绿色植物合理搭配形成景点，才能充分发挥其功能作用。

1. 建筑、小品植物种植设计

建筑物周围的植物种植设计注意体量的协调、植物与建筑线条上的对比、垂直绿化（墙面绿化）等。在大型建筑附近，种植要结合建筑的使用功能，靠近建筑处的基础栽植、房屋近处宜用规则式，可设置花坛、花台、花境。沿墙可利用各种花卉，成丛布置花灌木，逐渐过渡，协调统一，与周围环境相适应。有的建筑有使用的季节性，如北方的露天剧场，可在使用集中的季节配置丰富多彩的植物。在游憩亭榭、茶室、餐厅、阅览室、展览馆的建筑物西侧，应配置高大的庇荫乔木，以抵挡夏季西晒。

2. 道路、广场植物种植设计

公园中的道路除了组织交通之外，主要起引导作用，人行走时可以达到步移景异的效果。因此，在植物配置时，树种选择要灵活而有变化，与多层次的乔灌木、地被植物相结合，构成有情趣的引导景观，植物配置无论从植物品种的选择还是搭配形式（包括色彩、层次高低、大小面积比例等）都要比城市道路配置更加丰富多样，更加自由生动。

① 主要道路　可选用高大、冠大荫浓的乔木作行道树，一方面形成优美的纵深绿色植物空间，另一方面也起到遮阳的作用；道路两侧用耐阴花卉植物造成花境，但在布置上要有利于交通，并结合地形、建筑和风景的需要起伏变化。

② 次要道路　伸入到道路的各个角落，其绿化要丰富多彩、移步换景。

③ 散步小道　根据地形起伏曲折变化，可随意自然些，植物布局上做到种类、疏密、层次有变化；配置上可形成色彩丰富的树丛，还可布置花境，创造一种真正具有游憩功能的幽雅环境。

园路交叉口是游人视线的焦点，于此点缀色彩艳丽或造型奇特的植物能起到引导游览的作用。

公园广场在功能上主要供游人休息、集会之用，空间布局上是公园整体布局中所谓"疏密有间"中"疏"的部分。因此，配置植物时，广场四周可配置乔木供遮阳之用，并用绿篱作必要的分区、隔离，广场中央可布置花坛、草坪、花灌木，形成宁静、区域感较强的休息空间。绿化既不能影响交通，又要形成景观。停车铺装广场应留有树穴，种植落叶大乔木，以利于夏季遮阳，但冠下分枝应高于4m，以便停车。

3. 地形、水体植物种植设计

无论是利用自然界原有地形还是根据景观需要改造的地形，植物景观空间必须依据地形环境特征、空间特征来进行，根据地形的高低起伏和天际线的变化采用自然式配置树木。凸出的地形可在山顶种植高大而茂密的乔木，在山脚或山坡种植低矮灌木，这样在一定程度上可突出山体的体量。凹陷的地形则利用植物使地形低处更低，此地形比周围环境的地形低，视线封闭，空间呈积聚性。将该地形的坡面以植物围合，低凹处视线形成聚集，以小的景观中心达到吸引游人视线的目的。

水给人以明净、清澈、令人开怀的感受，大面积水面更可以形成连续的倒影，扩大和丰富空间。沿岸配置具有空间体量大的高大乔木如垂柳、毛白杨、丝棉木、水杉等喜水湿树种，形成强烈对比和整齐的轮廓，烘托水面。水边选用水生植物分隔道路与驳岸，强调边缘。

4. 植物特色景观种植设计

可以利用植物的形、色、味、果等特征创造特色植物景观。还可以用不同植物种类组成专类园，尤其花繁叶茂、花色绚丽的专类花园是游人乐于游赏的地方。在北京园林中，常见的专类园有牡丹园、月季园、丁香园、蔷薇园、槭树园、菊园、竹园、宿根花卉园等。上海、江浙一带常见的花卉园有杜鹃园、桂花园、梅园、木兰园、山茶园、海棠园、兰园等。在气候炎热的南方地区，夜生活比较活跃，通常选择带有香味的植物开辟夜香花园。利用植物不同的花色、叶色组成各种色彩不同的专类花园也日益受到人们的喜爱，如红花园、白花园、黄花园、紫花园等。

在娱乐区、儿童活动区，为创造热烈的气氛，可选用红、橙、黄等暖色调花卉植物；在休息区或纪念区，为了保证自然、肃穆的气氛，可选用绿、紫、蓝等冷色调花卉植物；在游览休息区，要形成季相动态构图即春季观花，夏季形成浓荫，秋季有累累的果实和红叶，冬季有绿色的丛林。

思 考 题

1. 我国综合公园的定义与分类是怎样的？
2. 综合公园规划与设计的内容主要有哪些？
3. 如何开展综合公园的分区规划？
4. 综合公园入口设计的意义和主要内容有哪些？
5. 在进行综合公园的园路及广场设计时应遵循哪些要点？
6. 如何进行综合公园的地形设计？
7. 请思考如何进行综合公园植物种植的季相和色彩设计？

第四章 专类公园

专类公园是城市公园绿地的一大类型，且类型较多。专类公园不仅具有减轻污染、改善生态环境、提供休闲游憩场所等方面的作用，更能发挥体现特色、保护资源、延续文脉、传承个性的重任。作为城市公园系统里的专类公园，既带有综合公园等城市绿地的共性，也具有特殊性，其规划设计是涉及规划、园林、建筑、生态学等多学科交叉的复杂工作。

第一节 动 物 园

一、概述

动物园是人类社会经济文化、科学教育、人民生活水平、城市建设发展到一定程度的产物。随着人们生活水平的提高，人们认识自然、保护自然、融入自然的渴望使动物园的规划设计上升到一个新的高度。如何协调人、自然环境和动物三者之间的关系成为动物园规划设计的重要课题。

1.动物园的起源和发展

① 起源 最初的动物园雏形起源于古代国王、皇帝和王公贵族们的一种嗜好，将从各地收集来的珍禽异兽圈在皇宫里供玩赏。公元前 2300 年前的一块石圖上就有对当时在美索不达米亚南部苏美尔的重要城市乌尔收集珍稀动物的描述，这可能是人类有记载的最早的动物采集行为。

据《诗经·大雅》记载，中国早在周文王时已在鄷京（现陕西西安沣水西岸）兴建灵台、灵沼，自然放养各种鸟、兽、虫、鱼，并在台上观天象、奏乐。《太平御览》引管子说："桀之时，女乐三万人，放虎于市，观其惊骇。"说明我国远在 3600 年前的夏桀时，奴隶主已经豢养猛兽取乐。

② 笼养式时代（Menageries） 笼养式动物园的目的仅仅是满足人们的好奇心。笼子的设计根本不考虑动物的健康，只考虑怎样让参观者看得更近、更清楚一些，笼子除了铁栏杆什么设施都没有，动物连藏身之处也没有，或者干脆把动物放到一个下陷式的大坑中供人参观。1768 年在奥地利维也纳开幕的谢布伦动物园（Schonbrunn）是目前世界上现存最古老的动物园。

③ 现代动物园初期（Zoological Gardens） 19 世纪初，经济的发展带动城市的扩张，人们开始考虑建设公园、保留绿地以满足休闲娱乐之需。由于对保护自然的关注和对野生动植物进行深入了解的渴望，动物和植物被一起放到公园里展出。动物园这个英文词"Zoo"，源于古希腊语的"Zoion"，意为"有生命的东西"，进而发展成"Zoology"，意思是研究有生命的东西（动物）的学问。1828 年，在英国伦敦成立了历史上第一家现代动物园——摄

政动物园，旨在人工饲养条件下研究这些动物以更好地了解它们在野外的相关物种。

④ 壕沟式动物园时期（Moat Zoos） 1907 年，德国人卡尔·哈根贝克（Carl·Hagen-beck）的私人动物园引入了动物展区采用壕沟的理念，即根据动物习性设计壕沟的宽度和高度，再利用地形和植物把壕沟隐藏起来。设计把肉食猛兽和草食动物放在同一展区，使观众更容易了解野外环境中动物之间的关系（图 4-1）。

图 4-1　壕沟式动物园

资料来源：《动物园规划设计》（康兴梁，2005）

⑤ 景观式动物园时期　20 世纪 70 年代，随着人们对动物园护理、动物标准认识的不断提高，善待动物园动物的呼声也随之急剧增长。在这种呼声中，西雅图 Woodland Park Zoo 的大猩猩馆设计中首次出现"沉浸式景观"展区的概念。这种展区把动物放在一个充满植物、山石甚至其他物种动物的、模仿动物生活的自然环境中，使观众能够体验到大猩猩生活的环境（图 4-2）。

图 4-2　景观式动物园

资料来源：《动物园规划设计》（康兴梁，2005）

2. 动物园的定义

目前有关动物园的定义，各个地区还存在一定的细微差异。

美国：美国的动物园侧重在教育活动的角色。透过教育活动扩展对动物知识的传播，宣传自然保护的重要性。目前，繁衍所饲养的动物以保持其种族的延续，是动物园的重要功能之一。

欧洲：动物园的地位相等于博物馆和美术馆，是极为重要的文化设施。多半采用有系统的搜集与展示，是饲养有动物的庭院，也是儿童的乐园。

亚洲：动物园和游乐场处于相同的地位，饲养、展览、研究种类较多的野生动物。其展览的主要目的是为了使参观者能够观赏到所有的动物。

总而言之，动物园是搜集、饲养各种动物，进行科学研究和科学普及，并供群众观赏游览的园地。分专设动物园和附设于公园内两种。园中有饲养各种动物的特殊建筑和展出设施，需按动物进化系统，并结合自然生态环境规划布局。

3. 动物园的任务

动物园是城市绿地系统的一个组成部分，主要饲养、展出野生动物，供人观赏，并对广大群众进行动物知识的普及教育，宣传保护野生动物的重要意义，并进行科研工作。由于养好野生动物，特别是养好引进的外来物种和珍、稀、濒危动物是一个复杂的课题，因此，进行有关动物饲养管理、疾病防治和繁殖方法的研究已成为动物园的重要任务。

20世纪70年代以来，自然保护和生态平衡的问题日益引起人们重视，动物园在宣传和保护濒危动物的工作中起到了重要作用。动物园也进行人工授精和胚胎移植等冷冻生物学工程方面的试验研究，并已取得初步成果。如中国于1978年首次成功地进行大熊猫人工授精；纽约动物园和辛辛那提动物园还分别把白肢野牛及非洲大羚羊的胚胎移植到荷兰种奶牛的子宫里并使之孕育成功。

4. 动物园的类型

① 传统牢笼式动物园　传统牢笼式动物园主要以动物分类学为主要分区依据，以简单的牢笼饲养动物，动物园占地面积较小。中国许多动物园，尤其是中小城市动物园均属此类型。牢笼式动物园一般牢笼条件简陋，动物生活环境恶劣。

② 现代城市动物园　多建于城市市区，除了动物园本身的功能外，还兼有城市绿地的功能，是适应社会需求的动物园模式。在动物分类学的基础上，考虑动物的习性和动物生理、动物与人类的关系等，结合自然环境，主要采用沉浸式景观进行规划设计，故此类动物园为主流类型。

③ 野生动物园　多建于野外，根据当地的自然环境创造出最适合动物生活的环境，主要采取自由放养的方式，让动物回归自然。参观形式多以乘坐游览车的形式为主。此类动物园环境优美，适合动物生活，但较难管理（图4-3）。

图4-3　野生动物园放养的动物

④ 专类动物园　随着动物园不断向专业化方向分化，目前出现了很多专业型动物园，如以海洋水生动物为主的海洋馆、夜间动物园等。这种专业性的分化对动物的研究工作很有

益（图 4-4、图 4-5）。

图 4-4　北京海洋馆　　　　　　　　图 4-5　新加坡夜间动物园

5.动物园的选址

在确定动物园地址上要注意以下几点：

① 应考虑城市总体规划目标，并与之相一致。一般而言，动物园应要远离工业区、居住区和强烈噪声源等区域，要免受强冷寒风的侵袭，要有各种各样的地形、植物、天然水池和排水性能好的土壤等。充分考虑用地的分工，根据城市绿地布局综合确定。

② 在地形方面，考虑到动物种类繁多，动物所处的生活环境各不相同，因此应选择地形起伏较大、种类丰富的地区。一般动物园用地规模较大，在选址时应多考虑用废弃地、坡地等不适于建筑和耕地的用地。

③ 工程方面，应选择易于获得和施工、管理的土地，以便动物园建设笼舍和隔离沟等。

④ 交通方面，动物园游客量大，而且相对集中，货物运输量也较多，因此需要方便的交通联系。

⑤ 还应考虑到卫生安全问题，为防止动物逃逸、吠叫声以及多种疾病影响居民生活，动物园应尽量远离居民地，处在城市的下游或者下风地带，其附近尽量避免建立屠宰场、畜牧场、垃圾场等。

二、动物园总体规划设计

1.动物园总体规划设计原则

① 规划和建筑符合城市总体规划及城市园林绿化规划，统筹安排、协调发展。

② 坚持环境优美，适于动物栖息、生长和展出，保证安全，方便游人的原则。

③ 由园林规划人员、动物学家、饲养管理人员等共同参与规划设计，制定可行的方案。

2.动物园用地和总体布局

（1）用地规模和比例　动物园应有适合动物生活的环境，供游人参观、休息、科普的设施，安全、卫生隔离的设施和绿带，饲料加工厂以及兽医院等。检疫站、隔离场和饲料基地不宜设在园内。

动物园的规模大小主要取决于它所在城市规模大小和性质、园内动物品种和数量、动物笼舍的造型、整个园区的规划、自然条件、周围环境、经济条件等（表 4-1）。

表 4-1 各动物园面积参考表

动物园名称	用地规模/hm²	饲养动物情况(不包括鱼类)
北京动物园	86	500 余种,5000 多只(头)
济南动物园	60	200 多种,2000 余只(头)
重庆动物园	43	240 多种,4200 余只(头)
上海动物园	74	400 余种,6000 多只(头)
长沙生态动物园	100	200 余种,3000 多只(头)
石家庄动物园	300	250 多种,3000 余只(头)
昆明动物园	26	200 多种,2000 余只(头)
杭州动物园	20	200 余种,2000 多只(头)
武汉动物园	68	300 余种,3000 余头(只)
福州动物园	56	约 150 种,1000 多头(只)
芝加哥林肯动物园	14	1200 余只(头)
纽约布朗克斯动物园	100	520 余种,4500 余只(头)
伦敦动物园	15	700 余种,15000 余只(头)
莫斯科动物园	21	约 1000 种,珍贵动物 100 多种
汉堡哈根贝克动物园	25	约 360 种,2500 多只(头)
东京上野动物园	14	约 420 种,2200 多头(只)
柏林动物园	35	1500 余种,17700 余只(头)(截至 2011 年)

根据我国《公园设计规范》(GB 51192—2016)的要求:动物园面积宜大于 20hm²。专类动物园应以展出具有地区或类型特点的动物为主要内容,全园面积宜在 5~20hm² 之间。

为营造良好的公园环境,创造理想的游憩氛围,动物园设计要注意各种用地的比例。结合《公园设计规范》(GB 51192—2016)的有关要求,动物园的用地比例应符合下列要求(表 4-2)。

表 4-2 动物园用地比例参考表

陆地面积 A1/hm²	绿化/%	管理建筑/%	游憩建筑和服务建筑/%	园路及铺装场地/%
2≤A1<5	>65	<2.0	<12.0	10~20
5≤A1<10	>65	<1.0	<14.0	10~20
10≤A1<20	>65	<1.0	<14.0	10~20
20≤A1<50	>65	<1.5	<12.5	10~20
50≤A1<100	>70	<1.5	<11.5	5~15
100≤A1<300	>70	<1.0	<10.0	5~15
A1≥300	>75	<1.0	<9.0	5~15

(2)总体布局规划 动物园规划的作用很大一部分体现在对动物园未来发展、扩建、完善所起的指导作用上,因此,规划时应遵循与时俱进、全面着眼、分期建设、局部着手的原则。总体布局上应注意以下几个方面:

①动物园在整体环境上保持一致性,在突出各展区不同特色的同时,要注意动物园的整体性。

② 功能分区明确，各功能区之间既要互不干扰，又要相互联系，使动物园的管理工作和游客游览互不干扰，并保证动物园的有机整体性（表4-3）。

表 4-3　动物园主要功能分区面积参考表

功能区	占园区面积比例/%	备　　注
展览区	50～70	
休息、娱乐区	25～35	
兽医卫生区	2～5	宜布置在公园边缘区
科学研究区	3～8	设有专用车辆出入口
经济管理区	2～5	用绿地将主区及各区隔开

③ 园内的游览线路应起到指引、建议和连接作用，设计时应符合游客的行为习惯，通过景物引导游客。园内道路能够很好地连接主要建筑、各区域和出入口，能方便游客游玩参观。游览道路应具有一定形式的变化和分级，如主要园路、次要园路、小径等，起到分散游客的目的。此外，游览道路和动物园内管理专用道路应尽可能分开，做到互不干扰。

④ 动物园内主要的展区和建筑应设置在主要出入口的开阔地段或主要景点上。各展区的笼舍应结合动物园的地形、景观的实际情况力求自然地布置在园内。各种服务设施要有良好的景观，并确保与展区等其他区域方便联系，以便游客使用。动物园的管理区尽量设置在远离游客游览参观的区域。

⑤ 动物园应与外部环境有良好的隔离措施，无论是使用围墙、隔离沟、林墙等何种方式，都应与外界隔绝，以防止动物逃逸。此外要有方便的出入口和专用通道，以便于在发生突发事件或动物逃出牢笼时游客能安全快捷地疏散。

三、动物园分区规划

1. 科普区

科普区是动物园内开展科普、科研活动的中心，在宣传教育和科研活动中具有很重要的作用。一般由标本区、化验室、研究区、宣传区、阅览室、放映厅等部分组成，且一般设置在出入口附近，或者与园内较为有特色的动物展览区相结合（图4-6）。

2. 动物展览区

动物园展览区是动物园内面积最大的区域，也是最主要的区域。无论是何种形式的动物园，其展览区的规划设计都要注意以下几方面的问题。

（1）陈列布局　动物园陈列布局主要有以下几种模式：

① 按动物进化顺序布局　根据动物进化的顺序，即由低等生物到高等生物，按照昆虫

图 4-6　科普宣传区

类—鱼类—两栖类—爬行类—鸟类—哺乳类顺序，安排园内动物陈列顺序。这种陈列方式的优点在于具有科学性，使游人具有清晰的动物进化概念，便于识别动物。缺点是同一类动物里，生活习性往往差异很大，给饲养管理造成不便。采用这种模式的动物园如上海动物园。

② 按动物原来生活地理区域布局　按照动物原来生活的地区，如欧洲、亚洲等，或者温带、热带等原产地的自然风景、人文建筑风格来陈列动物，如日本东京动物园。这种陈列

方式的优点是便于创造不同的景区特色，给游人以明确的动物分布概念。缺点是难以使游人宏观感受动物进化系统的概念，成本较高，难以管理。

③ 按动物生态习性安排　按照动物生活环境，如水生、高山、草原、林地等陈列动物，北京动物园即采用此类方法。这种布置有利于动物的生长，园内景观显得自然生动，但人为创造这种景观的难度很大。

除上述三种主要的布局方式以外，还有按动物食性、种类布局和按游人喜好、动物珍稀程度等方法布局安排的。无论采用什么样的布局方式，都应根据动物园的用地特征、规模、经营管理水平等实际情况进行。

（2）陈列方式

① 单独分别陈列　按每一种类单独占据一个空间陈列，较方便，但不经济，游人不易引起兴趣。

② 同种同栖陈列　可以增加游人的兴趣，管理方便，但对卫生要求非常严格，要注重避免传染疾病。

③ 不同种同栖陈列　可以节省建筑费用，但要在生活习性上有可能性，一般是将幼小、温顺的动物安排在一起同栖。

④ 幼小动物陈列　此类陈列方式可引起儿童的极大兴趣。

3. 服务休息区

服务休息区包括科普宣传廊、小卖部、茶室、餐厅等。此区域在规划设计时应考虑动物园的特色，根据园区的规划、游线和游客的习惯灵活安排，并非一定要分散布置在园内的各个区域。上海动物园就将此区置于园内中部地段，并配置大片草地、树林和水面，不仅方便了游人，也为游人提供了大面积的景色优美的休息绿地，这种布置方法比零散分布的布局要好得多。

4. 办公管理区

办公管理区包括饲料站、兽医站、检疫站、行政办公室等，其位置一般在园内隐蔽偏僻处，并要有绿化隔离，但要与动物展区、动物科普馆等有方便的联系。此区应设专用出入口，以便运输与对外联系。也有将兽医站、检疫站设在园外的。而职工宿舍等辅助区域一般多建于园外，设有专门通道连接至管理区域，以便职工的日常生活和工作。

四、动物园场地设施规划

1. 出入口和内部路线设计

动物园的出入口应设在城市人流的主要来向，应有一定面积的广场便于人流集散。出入口附近应设有停车场及其他附属设施。此外还应考虑专用出入口及次要出入口。

动物园的道路分为导游路、参观路、散步小路和园务专用小路等。主路是最明显、最主要的导游线，要有明显的导向性，方便引导游人到各个动物展览区参观。应通过道路的合理布局组织参观路线，并应避免游人过度拥挤在最有趣的展出项目处。

动物园道路的布置，除在出入口及主要建筑附近可采用规则式外，一般应以自然式为宜。自然式的道路布局应考虑动物园的特殊性，结合地形的起伏适当弯曲，便于游人到达不同的动物展览区。导游路和参观路既要有所区分，又要有便捷的联系，确保主路的人流畅通。在道路交叉口处，应结合具体情况设置休息广场。

常见的动物园道路布置方式有以下几种：

① 串联式　出入口与各区域内的建筑一一相连，游客游园线路选择性很小。适用于规模较小的传统型动物园。

② 并联式　建筑多位于道路附近，通过次级道路与主要道路连接。适合规模较大的动物园。

③ 放射式　从入口、接待室或者管理区域直接连接至园内各个建筑。一般用于管理专用道或者贵宾接待通道。

④ 混合式　结合以上所有方式，道路富有多样性。这种模式也是现代大型动物园多采用的。

整体上，路线的设计要本着一个基本原则：既达到教育游客的目的，也达到娱乐身心的目的。所以，全园的路线组织应避免单一的展览陈列方式，从而避免游览过程中游人疲劳感的出现。

2.动物笼舍展馆规划设计

（1）动物笼舍类型

① 建筑式　以动物笼舍为主体，适用于不能适应当地生活环境饲养时，需要特殊设备的动物。对于有些中、小型动物，为节约用地、节省投资，大部分笼舍也采用建筑式（图4-7）。

图 4-7　建筑式笼舍

② 网笼式　将动物活动范围用钢丝网或者铁栅栏围住，如上海动物园猛禽笼。网笼内也可以仿照动物的生态环境（图4-8）。

图 4-8　网笼式笼舍

③ 自然式　即在露天布置动物室外活动场地，其他房间则做隐蔽处理，并模仿自然生态环境布置山水、绿化，考虑动物不同的弹跳、攀缘等习性，设立不同的围墙、隔离沟、安全网，将动物放养其中，使其自由活动，这种笼舍能反映动物的生态环境，适于动物生长，能增加宣传教育效果，提高游人兴趣，但占地较大，投资较高（图4-9）。

图 4-9　自然式笼舍

④ 混合式　即以上三种笼舍建筑造型的不同组合，如广州动物园的海狮池。

（2）展馆设计

① 保证安全性是展馆设计的特点之一。展馆要使人与动物、动物与动物之间适当隔离，避免相互之间的伤害事件。要充分考虑动物的习性、体能，防止动物外逃。

② 展馆造型。动物展馆的设计应结合动物园地形，尽可能创造动物原产地的环境氛围。展馆的造型要考虑展出动物的性格，根据不同种类动物的特点加以设计，如鱼、鸟类笼舍应玲珑轻巧，大象、河马之类的大型动物笼舍应厚实稳重，老虎、熊舍应狂野有力等。根据动物的自然状态，展馆应多选地表颜色和当地土壤相近或相同的颜色。

③ 展馆环境的丰富化。尽可能消除牢笼单一圈养对动物行为产生的不良影响和退化，展出动物可以采用混养动物同时展出，展馆内部布置尽可能选择自然材料。展馆要素应多样化，如为熊等提供稻草、木屑和树叶建巢；为树栖动物提供攀爬物等，并为动物提供多个取食点。

3. 相关配套基础设施

① 动物生命安全维持设施　包括必要的医疗保护、观察、驯化和检疫设施，为日常管理、维持动物园内动物的生活、生存状态提供必要的支持。

② 后勤管理设施　包括行政办公室、兽医院、动物科研工作室及其他日常工作所需的建筑。设计时应尽量与游览区分开，并应有专用通道连接到各个笼舍和展区，在方便日常管理工作的同时，不影响游客的参观。

③ 教育性设施　包括露天及室内演讲教室、电影报告厅、展览厅、图书馆、展览宣传廊、动物学校、情报中心等。根据教育需要和动物园实际情况，考虑设置独立场所或与动物展览区相结合。

④ 商业、服务设施　一般包括向导信息中心、餐饮休憩场所、纪念品购物商店、厕所、垃圾环保点等。这些设施应根据游线组织进行布局，不仅要考虑游客的需求，更要注重动物园的特点，结合动物园功能上的需求。

4. 绿化设计

动物园的绿化设计总体上要以创造适合于动物生活的环境为主要目的，同时应注意以下几点：

第一，创造适合动物生活的绿色环境和植物景观。适合动物生活的环境包括遮阴、防风沙、隔离不同动物之间的视线等。

第二，不能造成动物逃逸。

第三，有利于卫生防护隔离。隔离动物发出的噪声和异味，避免相互影响和影响外部环境。

第四，植物的选择应有利于展现、模拟动物原产区的自然景观。

第五，应选择叶、花、果无毒的树种，树干、树枝无尖刺的树种以避免动物受害。最好也不种动物喜吃的树种，以防动物啃食破坏绿化。

五、优秀动物园设计实例介绍

1. 多伦多动物园

多伦多动物园占地 30hm²，原地形为岗峦起伏的高原，周围被纵深的河谷、凹地及茂密的森林包围。动物园的规划最大限度地使动物的生活条件近似它们生存的自然环境。全园分为 6 个主要的动物地理区——非洲区，印度、马来西亚区，澳洲区，欧亚区，南美洲区和北美洲区。在每个地理区内还规划有不同的分区，并设有代表性的陈列馆和露天展览区。创造了小型沙漠、山脉、高原、热带稀树草原、热带丛林、沼泽地、森林、湖泊、小溪等，使游人融于天然植物群落和植物群落的自然环抱之中（图 4-10）。

图 4-10　多伦多动物园平面图

1—主出入口；2—行政办公楼；3—停车场；4—海洋世界；5—澳洲区；6—亚欧区；7—南美洲区；
8—北美洲区；9—非洲区；10—印度、马来西亚区；11—饭店；12—服务区
资料来源：《园林设计》（唐学山，1997）

2. 北京动物园

北京动物园（图 4-12）占地面积约 80hm²，水面 8.6hm²。原来名为农事实验场、天然博物院、万牲园、西郊公园，是中国开放最早、动物种类最多的动物园，从清光绪三十二年（1906 年）正式建园，现展出珍稀野生动物 400 余种，近 5000 头（只），是中国最大的动物园之一，也是一所世界知名的动物园。园内各种动物都有专门的馆舍，如犀牛馆、河马馆、狮虎山、熊山、猴山、鹿苑、象房、小动物园等。在此安家落户的有中国特产的珍贵动物大

熊猫、金丝猴、东北虎、白唇鹿、麋鹿（四不像）、矮种马、丹顶鹤，还有来自世界各地有代表性的动物如非洲的黑猩猩、澳洲袋鼠、美洲豹、墨西哥海牛和无毛狗、欧洲野牛等。两栖爬虫馆分上下两层楼，内有大小展箱90个，展出世界各地的爬行动物100多种，其中有一种世界上最大的鳄鱼——湾鳄。馆中部建立的跨两层楼的大蟒厅内展出了巨大的网蟒。北京动物园现有建筑总面积 7666m^2，其中用于展出和辅助展出的建筑占38.8%，服务管理建筑占11.6%，办公后勤建筑占13.6%，其他占36%。现状用地比例为动物展示区占23%，辅助展出用地占2.7%，水体占9.0%；绿化占42.5%，道路广场占7.7%。园内有小溪湖沼、假山曲径、绿林繁花以及儿童游乐园、动物活动场等以及餐厅、商亭等服务设施。

图 4-11　北京动物园平面图

1—小动物；2—猴山；3—象房；4—黑熊山；5—白熊山；6—猛兽室；7—狼山；8—狮虎山；9—猴楼；10—猛禽栏；
11—河马馆；12—犀牛馆；13—鸸鹋房；14—鸵鸟房；15—麋鹿苑；16—鸣禽馆；17—水禽湖；18—鹿苑；
19—羚羊馆；20—斑马馆；21—野驴馆；22—骆驼馆；23—长颈鹿馆；24—爬虫馆；25—华北鸟馆；26—金丝猴馆；
27—猩猩馆；28—海兽馆；29—金鱼廊；30—扭角羚馆；31—野豕房；32—野牛馆；33—熊猫馆；34—食堂；
35—茶点部；36—儿童活动场；37—阅览室；38—饲料站；39—兽医院；40—冷库；41—管理处；
42—接待处；43—存车处；44—汽车电车站场

第二节　植物园

一、概述

植物园是把植物科学研究、文化教育和城市居民休息等活动组合在内的多功能组合体。其主要组成部分是植物陈列区，这个区的面积通常占到整个园区总面积的50%～70%（最小不得少于35%）。园区内植物常按照一定的植物特征和观赏特点进行布置。

1. 植物园的起源和发展

植物园是源于植物药用作用的园林形式。无论东西方，最早的植物园都是栽培药用植物的药用植物园。

① 国外植物园概况　在欧洲，1535年德国 Wittenberg 大学学者 Valerius Cordus 撰写了一本药草的书籍，该书出版10年以后，即1545年意大利的帕多瓦城诞生了第一座药用植物园，也是目前世界上现存最古老的植物园。以后欧洲陆续建立了许多植物园，如1550年

意大利建立起佛罗伦萨植物园，1587 年北欧芬兰的莱顿建立了植物园，1635 年法国巴黎植物园建成，至于规模宏大的英国皇家植物园邱园是 1759 年初建，后经 1841 年扩建后才有如今的原貌。从 16 世纪初的药用植物园到 17～18 世纪的普通植物园，欧洲各国纷纷建立植物园，300 年间有 27 处。到 19 世纪，世界各国兴建植物园 96 处，是植物园发展的高峰时期。20 世纪末 21 世纪初，植物园的建设十分迅猛，总数已经超过 1000 座，进入植物园发展的辉煌时期。

② 中国植物园概况　中国很早就有了植物园的记载，宋代司马光所作的散文《独乐园记》中提到的"采药圃"，已类似现代的药用植物园，距今已经 900 多年了。我国由于长期处在封建统治之下，自然学科始终受到压抑，植物园的发展也是如此。直到 20 世纪初，我国在少数留学回国的植物学者们的倡导下才开始筹建我国最早的植物园，如 1929 年兴建的南京中山植物园，1934 年在江西庐山建造的植物园等。

20 世纪 50 年代先后成立的植物园有南京中山植物园、昆明植物园、武汉植物园、沈阳植物园等，都是隶属于中国科学院的。后经多次调整，移交各省管理或科学院分院管理，变化很多。

各大城市园林局为实现该城市园林绿化的要求，各大专院校为教学的需要，也都纷纷设立植物园，如北京教学植物园、国家植物园等。其他还有不少为专业研究的需要而设立的药用植物园、沙生植物园、竹类植物园、耐盐植物园等比较专业的植物园。

2. 植物园的定义

多年来，伴随着科学的发展和人类需求的变化，"植物园"一词的含义也在不断变化。美国康奈尔大学 1976 年出版的《园艺大词典》中对"植物园"一词的解释为："植物园是在科学管理之下的研究单位，是人工养护的活植物搜集区，是与图书馆、标本馆一起进行教育和研究工作的场所。"

1988 年版《中国大百科全书》对植物园的解释是"从事植物物种资源的收集、比较、保存和育种等科学研究的园地。还作传播植物学知识，并以种类丰富的植物构成美好的园景供观赏游憩之用"。

3. 植物园的职能

① 科研基地　古老的植物园是以科学研究的面貌出现的。尤其在医药还处于探索性的时代，植物园是重要的药物引种试验场所，野生植物凡是有一定疗效的，很快即转入园内进行植物栽培研究。中世纪以后，农、林、园艺、工业原料等许多以植物为主要经营目标的行业，无不需要优良品种以达到较高的生产效益。除去各行业自己进行试验研究外，植物园时常是作为引种驯化单位及原材料供应基地。

② 科学普及　几乎大部分植物园均进行科学普及活动，因为国际植物园协会曾规定"植物园展出的植物必须挂上标牌，具有拉丁学名、当地名称和原产地"。这件事本身即具有科普意义。

③ 示范作用　植物园以活植物为材料进行各种示范，如科研成果的展出、植物学科内各分支学科的示范以及按地理分布及生态习性分区展示等。最普遍的是植物分类学的展出，使活植物按科属排列，几乎世界各植物园均无例外。游人可从中了解到植物形态上的差异、特点及进化的历程等。

④ 专业生产　大部分植物园都与生产密切结合，如出售苗木或技术转让等。专业性较强的植物园，如药用植物园、森林植物园等为生产服务的方向既单一又明确。在科研、科普及示范的基础上进一步为本专业的生产需要服务。

⑤ 参观游览　植物园内植物景观丰富，科学内涵多种多样，自然景观使人身心愉快，

是较易招引游人的公共游览场所，在城市规划中属于公园绿地。

4. 植物园的分类

（1）按业务范围分类

① 科研为主的植物园　拥有充足的设备、完善的研究所和实验园地，主要在植物方面从事更深更广的研究，在科研的基础上，对外开放（图4-12）。

图4-12　英国皇家植物园平面图

1—荷兰园；2—木材博物馆；3—剑桥村舍花园；4—主任办公室；5—鸢尾园；6—多浆植物园；7—温室区；8—日晷；
9—柑橘室；10—林地园；11—博物馆；12—蟹丘；13—睡莲温室；14—水仙园；15—月季园；16—棕榈温室；
17—小蘖谷；18—日本樱花；19—威廉王庙；20—杜鹃园；21—鹅掌楸林荫路；22—杜鹃；23—竹园；
24—杜鹃谷；25—栗树林荫道；26—苗圃；27—大洋洲植物温室；28—温带植物温室；29—欧石
楠园；30—山楂林荫路；31—橡树林荫路；32—睡莲池；33—女皇村舍；34—清真寺山；35—塔；
36—拱门；37—停车场；38—旗杆；39—岩石园；40—药草园；41—厕所；42—木兰园

② 科普为主的植物园　通过植物挂标牌的方式普及植物学的知识，此类植物园占总数比例最高。

③ 为专业服务的植物园　指侧重于某一专业植物展出的植物园，如药用植物园。

④ 属于专项搜集的植物园　从事专项或者特定属植物搜集的植物园。

（2）按归属分类

① 科学研究单位办的植物园　如各科学院、研究所的植物园，主要从事重大理论课题和生产实践中攻关课题的研究，是以研究工作为中心的植物园。一般在全国植物园系统中分别进行协作性的综合研究。

② 高等院校办的植物园　农林院校的树木园、大学生物系的标本园、医学院的药用标本园等。此类植物园以教学示范为主要任务，有时亦兼有少量研究工作。

③ 各部门公立的植物园　如国立、省立、市立以及各部门所属的植物园。服务对象比较广泛，多由各所属部门提供经费。这类植物园其任务也不一致，有的十分重视研究工作，

有的侧重科普。

④ 私人捐助或募集基金办的植物园　这类植物园大多以收集和选育观赏植物为目的。

二、植物园的选址与面积确定

（一）植物园的选址

1. 植物园位置选择

① 侧重于科学研究的植物园。一般从属于科研单位，服务对象是科学工作者。它的位置可以选择交通方便的远郊区，一年中可以缩短开放期。

② 侧重于科学普及的植物园。多属于市一级的园林单位管理，主要服务对象是城市居民、中小学生等。它的位置最好选在交通方便的近郊区。

③ 侧重于某种特殊生态要求的植物园。如热带植物园、高山植物园、沙生植物园等，需要相应的特殊地点以便于研究。

④ 附属于大专院校的植物园。最好在校园内选择合适地点，方便师生教学。也有许多大学的植物园是在校园外另选地点的。我国重点大学如中国农业大学、北京林业大学等就建有附属植物园。

2. 植物园自然条件选择

① 土壤　植物园内绝大部分是引种的外来植物，所以对土壤条件要求较高：要求土层深厚，土质疏松肥沃、排水良好、中性、无病虫害等。一些特殊的植物，如沙生、旱生、盐生、沼泽生植物，则需要特殊的土壤。

② 地形地貌　植物最适于种在平地和背风朝阳的地形上。通常要选开阔、平坦、土层厚的河谷或冲积平原。植物园的地形稍有起伏也是可以的，一些缓坡也可以保留，但南方丘陵地带多，山石突兀，则并不理想。

③ 水源　植物园中的苗圃、温室、试验地、办公与生活等区域经常消耗大量的水，园中的水生植物、沼泽植物、湿生植物等均需生活在水中或低湿地带，所以植物园需要有充足的水源。建园时应调查水源的种类、供水量是否充足、水质情况、降水量的年分布等各项因素，综合考虑。

④ 小气候条件　引种国内外不同气候条件地区的植物材料，其原产地的气候情况千差万别，如果植物园的地形复杂、地貌多样、水源充足、原有植被条件较好，将由于温度、湿度、风向、坡向、植被等综合作用的结果产生和出现不同的小气候，就可以满足各种各样气候条件下的不同植物的生境条件，利于引种驯化工作，并逐步改造外来植物的遗传性，提高其适应性。

⑤ 城市区位和环境条件　较理想的植物园区位应与城市的长远发展规划综合考虑。植物园要求尽可能保持良好的自然环境，以保持周围有新鲜的空气、清洁的水源、无噪声污染，所以应与繁华、嘈杂的市区保持一定的距离，但又要与城市有方便的交通联系。

（二）植物园的规模

植物园的用地规模，是由植物园的性质、展览区的数量、搜集品种多少、经济水平以及园址所在位置等多方面因素综合决定的。全园面积宜大于 $40hm^2$，专类植物园面积宜大于 $20hm^2$。

一般综合性植物园的面积（不含水面）在 $50\sim100hm^2$ 的范围内比较适宜，并应考虑到未来的发展，适当留有空地，空地可以暂时用于生产基地（表4-4）。

表 4-4   几个世界闻名的植物园的面积参考表

国别	植物园名称	面积/hm²
英国	皇家植物园邱园	121.5
美国	阿诺尔德植物园	106.7
德国	大莱植物园	42.0
加拿大	蒙特利尔植物园	72.8
俄罗斯	莫斯科植物园	136.5
中国	中科院北京植物园	58.5
中国	上海植物园	66.7

三、植物园规划设计的内容与要求

植物园规划设计要遵守以下原则：

① 功能性原则，体现其科研、教育、保护植物、认识植物、利用植物的功能性要求。

② 科学性原则，体现为科学布局、科普教育、科学研究等方面。

③ 艺术性原则，在植物园设计中充分考虑景观的艺术性。

1. 植物园的分区

植物园主要分为三大部分：以科普为主的科普展览区，以科研为主的科研实验区。

（1）科普展览区   这一区域的主要作用是展示植物界的自然规律，人类利用植物和改造植物的最新知识。

展览区的分区大体有以下类型：a. 按植物学学科分区，如树木园、植物分类区、植物地理区、植物生态区、植物形态区、水（阴、沙）生植物区等。b. 按用途分区，如经济植物区、药用植物区、芳香植物区、果树植物区等。其中有的采用简单的排列方式。c. 为城市园林绿化服务作示范的分区，如绿篱、草坪、地被、花期不断和花园庭院示范区、防污植物区以及专类花园、盆景植物区等，多为大学生物系、植物系、园艺系、园林系等附设。d. 其他分区（图 4-13）。

① 植物进化系统展览区   该展览区按

图 4-13   昆明植物园平面图
1—系统树木园；2—山茶园；3—杜鹃园；4—百草园；
5—木兰园；6—油科植物区；7—展览温室群；
8—单子叶植物及水生植物区

照植物进化系统，结合植物科属分类布置，反映植物界由低级向高级进化的过程。以上海植物园为例，植物进化区是观赏植物、经济植物和植物系统分类区融于一体的新型、多功能植物展览区。该区室内外相结合，宣传植物进化知识。植物进化馆以模型景箱、标本图片方式展示生命起源，演示植物从无到有、从低等到高等的进化发展过程。室外展览区亦按同样顺序设置低等植物区、裸子植物区、双子叶和单子叶植物区。这里的裸子植物区采用我国植物学家郑万钧的系统；被子植物区采用国际上最新的被子植物分区系统——美国纽约植物园阿瑟·克朗奎斯特（A. Cronquist）系统，按木兰、金缕梅、石竹等 11 个亚纲，以目为基本单位，按植物生态和园林组景的要求进行植物配置。通过室内和室外的展出，给观众以轮廓性的植物进化概念。

② 植物地理分布和植物区系展示区　这种植物展览区的规划是以植物原产地的地理分布或以植物的区系分布为原则进行的。如第二次世界大战前德国柏林的大莱植物园即以地理植物园而著名。该园将全国划分了59个区域，代表世界各国具有代表性的植物；或以亚洲、欧洲、大洋洲、非洲、美洲的代表性植物分区布置，各大洲中又可以按国别分别栽培。

也可根据区系植物的地理分布加以布置，例如苏联时期的莫斯科总植物园的植物区系展览区，分为远东植物区系、俄欧部分植物区系、中亚细亚植物区系、西伯利亚植物区系、高加索植物区系、阿尔泰植物区系、北极植物区系7个区系。此外还有印度尼西亚爪哇茂物植物园、加拿大蒙特利尔植物园等。

③ 植物生态习性与植被类型展览区　把植物根据不同的生活型分别展览，如分为乔木区、灌木区、藤本植物区、多年生草本植物区、球根植物区、一年生草本植物区等展览区。由于这种展览区在归类和管理上较方便，所以建立较早的植物园多采用这种展览方式。如美国的阿诺德树木园，分为乔木区、灌木区、松杉区、藤本区等；苏联时期的列宁格勒植物园，分为乔木区、灌木区、多年生草本区和一年生草本区等，但这种布置形式与系统展览区模式有许多相似的缺点。因为生活型相近的植物对环境的要求不一定相同，而有利于构成一个群落的植物又不一定具有相同的生活型，例如许多灌木及草本要在乔木的庇荫条件下生长，而藤本植物要攀附在乔木上生长。所以，绝对地按不同生活型分开展览在用地和管理上有很多矛盾。

④ 经济植物展览区　由于经济植物的科学研究成果将直接对国民经济的发展起到重要的作用，所以国内许多主要植物园都开辟有经济植物区，如华南植物园、杭州植物园、合肥植物园、海南热带植物园（现包括兴隆园区和儋州园区）等。海南热带植物园——儋州园区，现有土地面积100hm^2，已建成8个展览区：热带水果植物区、药用植物区、香料植物区、水生植物区、竹林区、经济林木区、棕榈植物区、观赏植物区，现有植物2600余种。

⑤ 水生植物区　根据水生、湿生、沼生等不同特点，喜静水或动水的不同要求，在不同深浅的水体或山石溪涧之中，布置成独具一格的水景，既可普及水生植物方面的知识，又可为游人提供良好的休息环境。

⑥ 树木区　用于展览本地区和一些从国内外引进在当地能陆地生长的主要乔灌木树种。一般占地面积较大，对用地的地形、小气候、土壤类型都要求比较丰富。

⑦ 专类区　把一些具有一定特色、栽培历史悠久、品种变种丰富、具有广泛用途和很高观赏价值的植物加以搜集，开辟专区集中栽培，如山茶、杜鹃、月季、玫瑰、牡丹、芍药、荷花、棕榈等都可以成为专类园。也可以将几种植物根据生态习性要求、观赏效果等加以综合配置，能够营造出更好的艺术效果。

（2）科研实验区　科研实验区是研究植物引种驯化理论与方法的主要场所。

① 苗圃区　包括实验苗圃、繁殖苗圃、移植苗圃、原始材料圃等，用途十分广泛。苗圃用地要求地势平坦、土壤深厚、水源充足、排灌方便，地点应靠近实验室、研究所、温室等。用地要求集中，还要有一些附属设施如荫棚、种子和球根储藏室、土壤肥料制作室、工具房等。

② 温室区　主要用于引种驯化、杂交育种、植物繁殖、储藏不能越冬的植物以及其他科学实验等。

③ 标本馆、图书馆等安静区域　这一区域主要提供给植物学工作者和研究者使用，一般建立在园内安静处，尽量避开游园路线，以防被游客干扰。此外，试验室、办公区域等也可包括在此区域内。

④ 生活服务区　为保证植物园的优质环境，一般情况下，植物园与城市的市区保持有

一定距离，多数远离城市，大多数职工在植物园内居住。游人到植物园参观游览，尤其离城市较远或面积较大的植物园，也需要一定的商业服务内容。所以，植物园的规划应解决游人和职工生活服务的问题，主要内容包括职工宿舍、餐厅、茶室、冷饮、商店、卫生院、车库、仓库、托儿所等。

2. 植物园的规划要点

① 确定植物园的分区及其用地面积。一般展览区用地面积较大，可占全园总面积的 40%～60%，苗圃及实验区用地占 25%～35%，其他用地占 25%～35%。

② 展览区是面向群众开放的，宜选用地形富于变化、交通联系方便、游人易于到达的地方。另一种偏重科研或游人量较小的展览区，宜布置在稍远的地段。

③ 苗圃试验区是进行科研和生产的场所，不向群众开放，应与展览区隔离。但要与城市交通线有方便的联系，并设有专用出入口。

④ 展览建筑中的展览温室和大型植物博物馆是植物园的主要建筑，游人比较集中，应位于重要的展览区内，靠近主要出入口或次要出入口，并常常构成全园的构图中心。科普宣传廊（栏）应根据需要分散布置在各区内。

科学研究建筑包括图书资料室、标本室、试验室、工作间、气象站等。苗圃的附属建筑还有繁殖温室、繁殖荫棚、车库等，应布置在苗圃试验区内。

服务性建筑包括办公室、接待室、茶室、小卖部、食堂、休息厅、花架、卫生间、停车场等，这类建筑的布局与其他公园的情况类似。

⑤ 植物园的排灌工程。植物园的植物品种丰富，且要求生长健壮良好，因此，对养护条件要求较高，必须做出排灌系统的规划，保证旱可浇、涝可排。一般可利用地势起伏的自然坡度或暗沟将雨水排入附近的水体中。但在距离水体较远或者排水不顺的地段，则必须铺设雨水沟管来辅助排出。

四、优秀设计实例介绍

1. 北京国家植物园（北园）

国家植物园（北园）于 1956 年经国务院批准开始筹建，目前园内主要分区为专类园、树木园、古迹游览区、森林游览区、科研实验区及办公区等。近年来，国家植物园（北园）又有较大规模的建设，相继建成了牡丹园、月季园、丁香园、集秀园、绚秋苑及自然保护区等（图 4-14）。

银杏松柏区：从 20 世纪 50 年代建园开始陆续收集种植了大量树木，80 年代以来逐步扩建、补充、完善，于 1988 年基本建成，搜集栽培了裸子植物 7 科 20 属 90 余种。该区的规划设计，充分利用、合理改造原来地形地貌和原有植物，较好地解决了植物景观创造、生态要求以及科普展示的矛盾，基本实现了"因地制宜"的规划原则，达到地形与山势协调、空间组织流畅有序、植物景观丰富多样、展示路线清晰的效果，形成了由红松、云杉、冷杉等大面积树林构成的雄浑粗犷、气势宏大的主格调，以及红松谷、杉坪、雪松路、杜松小径等各具特色的景点。银杏、落叶松和缀花草坪的穿插点缀，更增添了色彩、季相和空间开合的变化。

月季园：建于 1992 年，占地面积 $0.6hm^2$，目前收集栽培月季品种约 300 余个。月季为蔷薇科蔷薇属植物，原产于我国，18 世纪传入欧洲，园艺家通过杂交育种，获得现代月季新品种。据统计，全世界现有月季品种多达一万余个，著名品种有黄和平、红双喜、公主、金凤凰、粉后、墨红、明星、舞会等。月季是美丽的庭院花卉，同时也是上等切花材料，素有"花中皇后"的美誉，花、根皮入药，有活血、消肿、解毒之效。月季园设计中巧妙地设置轴线，将玉泉山和香炉峰组织到园中，成为难得的背景。在因地制宜、充分利用现状的地

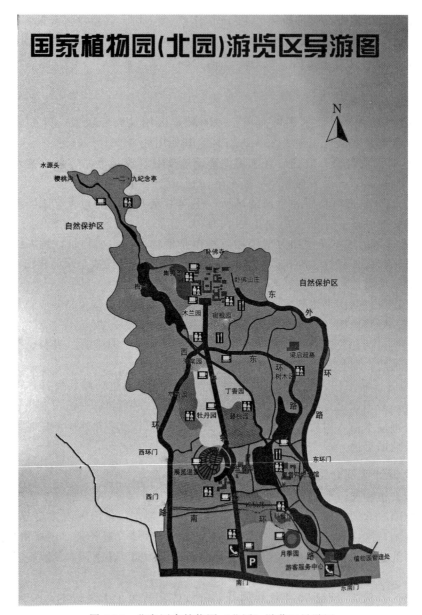

图 4-14　北京国家植物园（北园）游览区导游图

形和原有植物的基础上，打破以往月季园小而全的框框，大胆创新。主要做法是：分区上种植与功能相结合，如丰花月季安排在较大面积广场处，便于开展活动。结合地形的下陷园，既适合有层次地将各种大色块表现出来，又正好把中心的喷泉广场与主干道相隔，提供良好的活动场所。全园的构图中心则选择花魂雕塑来点出主题。

2. 广州华南植物园广州园区

（1）概况

华南植物园广州园区位于广州东北郊的龙眼洞火炉山下，距市中心约 8km。占地面积约 282.5hm²，坐落在丘陵山地上。该植物园基本任务是研究植物引种驯化理论和技术，为农、林、牧生产和普及植物科学知识服务，并提供良好的游憩环境。该园于 1956 年开始建设，经历几十年的经营，展览区植物茂盛，人工湖畔景色宜人，已成为广州市游览胜地之一，为 AAAA 级国家旅游景区（图 4-15）。

图 4-15　华南植物园广州园区游览简图

（2）内容和分区

广州华南植物园广州园区由两个园区组成：一是科学研究园区，占地 $36.8hm^2$，拥有植物科学、生态与环境科学、农业与生物技术三个研究中心；二是植物迁地保护园区，占地 $282.5hm^2$，建有展览温室群景区、龙洞琪林景区、珍稀植物保育中心以及木兰园、棕榈园、姜园等 38 个专类园区，迁地保育植物 17500 余种（含种下分类单元）。

（3）布局特点

该植物园展览区布置紧凑，内容丰富，便于参观游览。布局上用棕榈植物作为主要园路的行道树来表现出亚热带植物园的景观特征。区中心贯穿以较宽阔的湖面，临湖筑有亭榭、园桥等，形成景观优美的游憩环境。

第三节　历史名园

历史名园是中国公园行业中的重要力量，具有重要的历史、文化价值，在全国范围或一定区域内拥有较高的知名度和较大的影响力。

其重点工作是保护、继承与发展，不是设计，设计的也不是历史名园，至少相当长的一段时间内不是，因此，这一节的内容主要是介绍历史名园。

一、历史名园的概念

1. 历史名园的定义

"历史名园（historical garden and park）"在《城市绿地分类标准》（CJJ/T 85—2017）和《公园设计规范》（GB 51192—2016）中的定义为：体现一定历史时期代表性的造园艺术，需要特别保护的园林。其内容应具有历史原真性，并体现传统造园艺术。属于城市绿地分类中 G1 大类、G13 中类之下的 G133 小类。

《风景园林基本术语标准》（CJJT 91—2017）中则明确规定：历史悠久，知名度高，历史名园一定是国家级、省（自治区）级、市（区）级或县级文物保护单位，没有被审定为各级文物保护单位的园林，不属于历史名园。

孟刚等编著的《城市公园设计》（2003）一书中这样描述：历史名园是指一些在城市历史发展中具有相当重要的地位和历史价值的，并在当前被开发为公园之用的著名园林。包括皇家园林和私家园林等，例如北京的颐和园、北海公园、圆明园，承德的避暑山庄，苏州的众多古典园林如拙政园、留园、网师园等。

历史名园不完全等同于古典园林，也异于古迹、文化遗产等概念。而根据日本公园的分类系统，历史名园是指那些有效利用、保护文化遗产，形成于历史时期的环境。

2. 历史名园与历史园林、历史公园的区别

历史园林（historic garden）是国际上对园林划分的一个概念，1981 年通过的《佛罗伦萨宪章》对历史园林做了详细的界定，指出"历史园林"应是以其历史性和艺术性被广为关注的营造兼园艺作品，同时它应被视作历史古迹。历史园林主要是以植物为素材的设计营造作品，因而是有生命的，有荣枯盛衰，也有代谢新生。这一术语同样适用于小型花园和大型园林。

历史名（公）园则是由国家建立的，以缅怀历史、激励后人为主题的公园。园中保存有历史性建筑物、纪念物，与重要历史人物或重大历史事件有显著联系的遗址与遗物，以及反映历史演变过程的废弃村落遗址。这样可使本国人民在参观公园的过程中追思先辈，经受教育，对外来旅游者则通过游览促进其对东道主国历史的了解与鉴赏。

二、历史名园的主要特征

历史名园是一种特殊的历史文化遗产，具有丰富的文化内涵和历史底蕴，是具有创造力的造园家独创匠的见证，反映着四季轮转、自然的兴衰与造园家和园艺师力求保持其长盛不衰的努力之间不断的平衡。其所表现出来的特征主要有以下两个方面：

① 文化性　文化性是历史名园区别于其他城市绿地的最主要的特征之一。历史名园作为这种园林艺术的遗留和见证，其千年沉淀下来的造园艺术、文化内涵、历史底蕴是本国宝贵的历史文化遗产，拥有世界上无可取代的历史、文化、艺术、科学的价值。

② 功能性　中国的历史园林，建筑占了很大的比重，其中非常重要的一个特征就是：宅园一体。住宅和花园是不可分割的整体，在宅后或左右构建花园，体现出园居生活的真实特质，并且这个整体是丰富的精神生活的载体，皇家园林和私家园林均是如此。这种特点的缘由是：古人造园不仅是为了观赏，更是为了居住，园林便成为可居、可游的实体空间。

三、历史名园的艺术特色

中国造园讲究的是含蓄、虚幻、含而不露、言外之意、弦外之音，使人们置身其内有扑朔迷离和不可穷尽的幻觉，这是中国人的审美习惯和观念使然。这种认知观反映在园林的造景上则力求大中见小，小中见大，虚中有实，实中有虚，或藏或露，或浅或深，从而把许多全然对立的因素交织融会，浑然一体。

1. 崇尚自然的艺术特色

"师法自然"不仅是在园林的形式上模仿自然的景观，更重要的是追求一种自然的生活。主要是通过追求自然的生活才对自然的美有所领悟。园林是一种被认为自然的生活场所环境，所以才被要求具有自然的风格。

2. 意境是我国传统园林艺术的最高成就

意境是主观的意、情、神和客观的境、景、物相互结合、相互渗透的艺术整体，是体现主观的生命情调和客观场景的融合，情景交融是美的创造。中国传统园林在意境的表现上有以下 3 个方面：

① 用诗词典故表达意境　中国古典园林是中国传统文化的重要组成部分，它与哲学、美学思想以及伦理道德等存在着密切的关系。因此，一些文化典故常被造园者引用到园林中来，以表达他们的理想和情操。

② 用比拟、联想来表达意境　中国园林景观的诗情画意，一在园林自身，一在赏园者的心中。人与自然在广泛的样态上有某种内在的同形同构，从而形成可以互相感应交流的关系，这种关系正是审美的一种心理特点。受"比德"思想的影响，园林中的山水泉石以及植物等都被赋予人的品格，也是对园林意境的一种表达。

③ 用时空意识来表达意境　园林艺术是一种空间的艺术。正如老子所说："凿户牖以为室，当其无，有室之用。"园林的空间是随着人的心境而改变的。室内与室外，园内与园外，窗内与窗外，亭台楼阁、翠峦叠嶂相互掩映、衬托、渗透，使得整个园林没有室内与室外之分，内外融为一体。虚与实、动与静、远与近、藏与露相互消长、相辅相成，共同演绎着中国园林"虚实相济"的意境。

3. 创造富于诗情画意的空间

中国园林不仅利用自然山水创造某种真景，反映真境，同时还利用诗歌、绘画、书法等为园林增色，反映虚境。自从文人参与设计以来，追求诗的涵义和画的构图就成为中国园林的主要特征。

四、历史名园的主要要素

1. 园林建筑

中国园林中建筑的形式极其多样，如亭、台、楼、阁、榭、廊、厅、舫、轩等。园林建筑不仅指建筑物，还包括园林中的各种构筑物。其在园林中既有实用的功能，本身也是观赏的景观，起到造景、观景的作用，在园林中不仅可以做休息赏景的聚点，还常因其庄严雄伟、舒展大方或轻巧灵动的外形而成为观赏的对象。

园林中有以单体建筑独立布置的，也有以单体建筑为主体，附以一个或几个建筑物做附体的建筑群形式，同时各单体之间用廊连接，形成一个组合式建筑。这种方式不仅能突出中心景观，更可以划分园林空间，组织游览路线。

2. 堆山叠石

园林中的假山置石是对自然山石的概括描摹，师法自然又高于自然。不仅要形似自然山林，不能失了自然之神韵，更融入了造园者的感情。《园冶》有云："片山有致、寸石生情。"园林山石不仅是造园家的作品，也凝结了造园者深沉的感情。

在相对有限的小空间内叠山应考虑以下几点：一是主从分明，错落有致；二是位置选择要巧妙，主峰一般忌居中，应避免排列成一条直线；三是山石本身应玲珑剔透，即符合透、漏、瘦、皱、丑的原则。在开阔通畅的空间中，可以营造峰峦叠嶂、林壑幽深的山林之景。可开凿盘曲的山路，配以高大的植物，嶙峋曲径，柳暗花明。山石通常也可与水相配，堆叠溪流飞瀑、险滩明岸。也可与建筑相映，以墙为纸、以石为绘。这是体现中国园林诗情画意的最美妙手法。

3. 园林理水

在我国古代，园林有时会被称为"林泉"，造园中有"无水不成园，无水不灵"的说法，由此可知水景在园林中的重要作用，水是中国传统园林中不可或缺的造园要素。

园林中的水景有动静之分。瀑布的水景在历史名园中采用的次数并不多，环秀山庄及狮子林的瀑布便是其中的佳作。另外一种动态水景，也是与山体相结合的水，即假山曲涧。涧是一种带状水面，如同自然界中溪流的形状，一般宜窄不宜宽、宜曲不宜直，以开合的变化增加其趣味性。

所谓的静水，只是相对而言。中国传统园林中的水，几乎都是"活水"。许多地势平坦不易掇山理水的地方，要创造飞瀑流涧的效果着实不易。因而古人又用了另一种方法来评定水的动静，即"来龙"和"去脉"，也就是"水头"和"水尾"之别，既要有来源也要有去处，如留园的水面。

4. 花木配置

植物是园林景观中不可或缺的组成部分，是营造天人合一自然景观的重要元素之一。花木是四时之景变化的重要见证，甚至阴晴雨雪都会改变所营造的意境。中国古代园林对植物的配置讲究花木的寓意，借花木抒发一定的情趣。花木同时也是调染园林色彩的最天然、最美妙的颜料，园林画卷中最容易凸显的亮色就来自于植物。

五、优秀设计实例介绍

（一）苏州古典园林

中国传统园林的特点是本于自然、高于自然，将建筑美和自然美融合起来，将诗词歌赋融入园林，达到情景交融的意境，实现"虽由人做，宛自天开"的效果。苏州的古典园林将中国园林具有的独一无二的特点发挥得淋漓尽致，其中，拙政园和留园是苏州古典园林中最为突出的，也是中国四大名园中的两大名园，下面从三个方面来简析这两大名园。

1. 整体布局

（1）拙政园

拙政园位于江苏省苏州市，是苏州园林中面积最大、最为精彩的园林，与承德避暑山庄、留园、北京颐和园同为中国的四大名园，该园居于首位，同时也是全国重点文物保护单位、全国特殊游览参观点之一、世界文化遗产、中国私家园林经典（图4-16）。

图4-16　拙政园游览示意图

苏州的古典园林，园内一般以厅堂作为全园的活动中心，厅前设置山、池、花木等，并在其周围点缀亭台楼阁、回廊等，从而划分成不同的区域。拙政园布局也是如此，园中主要划分为东园、西园、中园，各园都有风景主题和特色，通过采用小中见大、大中有小、虚中有实、实中有虚的手法，适宜的尺度，园林要素的相互搭配，使占地面积只有4.13hm^{2}的园林层次丰富起来。

其布局特点主要是因地制宜，以水见主。拙政园利用园地多积水的优势，浚治为池，望若湖泊。"凡诸亭槛台榭，皆因水为面势"，用大面积水面使园林空间豁然开朗；疏朗典雅，天然野趣——建筑稀疏，林木葱郁，水色迷茫，景色自然，建筑与自然山水融为一体，简朴、素雅；庭院错落，曲折变化——由于园内面积的限制，其布局多采用园中园方式，由廊、亭、墙、树木等连接，使空间层次丰富起来；园林景观，花木为胜——将植物拟人化是中国传统园林的一大特色，有松的苍劲、竹的挺拔、梅的傲雪、芍药的尊贵等。其布置多采用自然式，以植物名来命名景点，如以海棠命名的海棠春坞院，以松命名的松风亭等，将植物的特色发挥得淋漓尽致。

（2）留园

留园，占地约 2hm²，位于苏州阊门，集田园、山石、建筑、山林、树木于一身，集成了江南造园艺术特色，以建筑结构、特点见长，处处显示了咫尺山林、小中见大的造园艺术手法。

空间处理上，使用建筑来划分，运用大小、曲直、明暗、高低等方式，集合四周景色，形成一组组层次丰富、错落相连、有节奏、有色彩、有对比的体系。全园可分中、东、西、北四个景区，各景区之间通过墙、廊隔断和连接，又以空窗、漏窗、洞门使相邻景色相互渗透。中部以山、水见长，池水清澈晶莹，峰峦环抱，古木参天，为全园之精华；东部以突出冠云峰为主的建筑群体，重檐叠楼，曲折多变，疏密相适，并置有奇峰秀石，引人入胜；西部环境较为僻静，以假山为主景，漫山枫林，富有山林野趣；北部有竹篱小屋，身入其中颇有自然山村风味（图 4-17）。

图 4-17　留园平面图

2.假山叠水

① 拙政园　在拙政园中部，因地制宜，总体布局以水池为中心，水面广阔，占全园面积的 3/5，蜿蜒曲折，深邃藏幽。用大面积水面造成园林空间的疏朗气氛，同时水边也配置各种花卉，平桥低栏，构成了一幅幽远宁静的画面。远香亭，面水而建，结构精巧，周围置秀丽玲珑落地玻璃窗，可以从里面观看到周围景色。其北面是宽阔的平台，平台连接着荷花池。每逢夏天来临，池塘里荷花盛开，微风吹拂，阵阵清香飘来，"荷风香益清"。

② 留园冠云峰　留园内的冠云峰是太湖石中的极品，是江南园林最大的观赏独峰，峰顶似雄鹰飞扑，峰底若灵龟昂首，"瘦、皱、漏、透"四奇于一身，高耸意趣，纹理纵横，形态奇特，与冠云亭、冠云楼组成著名三冠。其周围点缀着花、草、竹，夕阳西下，倒影在宛云沼。

3. 园林建筑

苏州园林庭院的空间变幻曲折，建筑造型精致、生动，将各个空间相互连接起来，主要的建筑形式有厅、堂、楼、阁、榭、亭等，各有各的功能。如拙政园玉兰堂庭院，是一处独立封闭的幽静庭院，位于拙政园中部，高大、宽敞，院落小巧精致。南靠住宅，墙上攀缘有藤草，墙下的花坛植桂花、竹丛，还有一棵高大的玉兰，配置有湖石，色、香宜人，厅堂位于北边，体形高大，透过室内的窗框，将室外空间的美丽画面引入室内，即框景，建筑和景点融为一体。又如，在拙政园中，水景较多，其周围的建筑都是临水而建，或深入水面，特别是一些亭子、廊，著名的小飞虹就是如此，其倒影与廊本身构成了很完整的画面，身处其中，可欣赏周围的景色，观看池中鱼的游动。

（二）皇家园林

皇家园林的代表之一北京颐和园，建于清朝时期，作为帝王的行宫和花园。为了表达出皇家的气派和宏伟，彰显皇家的地位，其建筑和园林风格与苏州园林的风格截然不同。

1. 整体布局

颐和园主要有两大区域：宫廷区和苑林区。在宫廷区，主要是用于帝王接见大臣、商议政事、居住，建筑主要以仁寿殿为中心，殿后是三座大型四合院——乐寿堂、玉澜堂和宜芸馆；苑林区是用于游览景色、抒发情感的，以万寿山和昆明湖为主，可分为万寿前山、昆明湖、后山后湖三部分，前山以金碧辉煌的佛香阁为中心，组成了庞大的建筑群体。在万寿山南麓的中轴线上，由排云门、二宫门、排云殿、德辉殿、佛香阁、智慧海串成，层叠上升，气势磅礴（图4-18）。

图 4-18　颐和园平面简图

颐和园的布局主要是以水景取胜，即昆明湖，面积占据了全国的3/4，在当时北京所建的园林中其水面面积是最大的一个。在水周围的建筑和各景点都是临水而建。在昆明湖的北面，有座高达58m的万寿山，建园者因地制宜，抱山环湖，用长廊和石栏将两者紧密结合起来，各景物倒影在湖中，使整个构图完整、丰富，增加了空间的层次感，构成了一幅完美画面。谐趣园（图4-19）位于颐和园的东北角，由于它小巧玲珑，在颐和园中自成一局，故有"园中之园"之称。谐趣园中有桥五座，其中以知鱼桥最为著名。该桥取名自《庄子·秋水》中的《庄子与惠子游于濠梁之上》。

图4-19 颐和园谐趣园平面图
1—洗秋；2—饮绿；3—涵远堂；4—澄爽斋；
5—知春堂；6—知鱼桥；7—小有天；8—兰亭

2.山水格局

颐和园昆明湖是清代皇家诸园中最大的湖泊，布局应用了中国古老传说中的东海三神山——蓬莱、方丈、瀛洲，将湖面划分成三个不同的水域，用长堤、石桥加以联系，从而增加了湖面层次，避免了单调。

万寿山前山濒临昆明湖，湖山相连，构成一个极其开阔的自然环境。万寿山中部建置了一组体量大的建筑群，以佛香阁为中心，从湖岸直到山顶构成中轴线。建筑群周围种植苍松翠柏，烘托出端庄的、有琉璃瓦屋顶和朱红宫墙的中央建筑群。

3.主要园林建筑

皇家园林中的建筑，为凸显帝王的地位、尊贵，色彩艳丽，体形高大，如颐和园万寿山前山山腰的佛香阁，阁内供奉着"接引佛"，供皇室在此烧香，从全园的各个方向都可以体会到它的气派。

长廊西端湖边的石舫，是一条大石船，长达36m，是颐和园中唯一带有西洋风格的建筑。船用大理石雕刻堆砌而成。船身上建有两层船楼，船底花砖铺地，窗户为彩色玻璃，顶部砖雕装饰。下雨时，落在船顶的雨水通过四角的空心柱子由船身的四个龙头口排入湖中，设计十分巧妙，为园中景色增添了不少乐趣。

第四节　游乐公园

一、游乐公园概述

游乐公园，属于专类公园中的一种类型，是具有多种大型游乐设施，生态环境良好且单独设置的公园绿地，公园绿化占地比例按要求应大于等于65%；是随着近年来游乐设施的大型化、多样化，以及人们对更多游乐设施的需求，作为一种综合的娱乐场所，在人口稠密的大都市附近逐步发展起来的；是结合园林环境及相应的游乐设施于一体的游览空间，其内容给人以观赏性和趣味性，使游人在得到美的感受的同时，又可以体验到大型游乐设施的娱乐性。

公园发展初期，游乐设施没有单独设置在一个专类公园里，而是在综合性公园或者儿童公园中以一个区域的形式出现。1955年，富于想象力和创造精神的美国动画片先驱沃尔特·迪士尼在加利福尼亚州创办了第一座现代化的游乐园，取名迪士尼乐园（Disneyland，正式全名为 Disneyland Park）。到今天，除了加利福尼亚州洛杉矶迪士尼乐园外，还建造了奥兰多迪士尼世界、东京迪士尼乐园、巴黎迪士尼乐园、上海迪士尼乐园、香港迪士尼乐园、东京迪士尼海洋世界等主题游乐公园。

近十多年来，随着旅游事业的日益发展，中国各省（市、区）相继建设了许多不同类别的游乐公园，较著名的有欢乐谷（深圳、北京、上海、成都）、大连发现王国、苏州乐园、迪士尼乐园（香港、上海）、金石滩主题公园等。

二、游乐公园的分类

目前游乐公园大致可以分为城市游乐公园、主题游乐公园、专类游乐公园三类。

1. 城市游乐公园

城市游乐公园设计立意无鲜明主题，通过大型游乐设施与园林绿化区域为游人提供游玩、休息的场所，并且为城市提供大片绿化，净化空气，如北京城市绿心森林公园等。

2. 主题游乐公园

主题游乐公园是在城市游乐公园的基础上发展起来的，它以一个特定的内容为主题，人为建造出与其氛围相应的民俗、历史、文化和游乐空间，使游人能够切身感受、亲身参与一个特定的主题游乐地，如大连的发现王国、北京的欢乐谷、香港的迪士尼乐园等。

3. 专类游乐公园

专类游乐公园是指拥有专类的大型游乐设施的游乐地，例如水上、野外等一些特别的大型游乐设施，如土耳其马尔马拉论坛云游公园（图4-20）等。

图4-20 土耳其马尔马拉论坛云游乐园

三、游乐公园规划设计

（一）规划设计原则

游乐公园作为一种人工的游乐环境，与人的游乐行为密切联系。从游乐行为的无规定性、不受约束性特征出发，游乐公园的规划设计原则应从以下几个方面重点把握：

① 多样性和变异性　包括游乐设施的多样性和空间环境的多变性。游乐公园重在突出其自身特点与其他游乐公园的变异以及本园各景区、功能区的多样性。

② 高度人性化　一切从人的需求出发是游乐公园规划设计中应重点突出的设计原则。

公园的设计要有高度的人性化，充分考虑到游人的需求。游人的喜好不同，希望参与的活动各异，在公园中设置大量的可供选择的游乐设施、观赏景观，做到人人皆能选择到自己喜欢的项目和内容。

③ 围绕特色，强化特征　每个游乐公园的规划设计都应围绕着充分表现公园自身特点，强化公园的游乐性、参与性、知识性、趣味性、休闲性等综合游乐活动特征来进行。

④ 生态环境和园林艺术相结合　随着时代的进步和生态意识的增强，游乐公园除了自身的游乐功能外，还需要对城市生态环境的改善起到相应的作用。因此，游乐公园的规划设计应注意围绕体现自然生态环境特征，运用园林艺术构图手法，巧妙布景，精心立意，将现代人们的情趣和爱好融汇于公园中。

⑤ 因地制宜，重视绿化建设　结合功能区的设置，在总体规划过程中做到因地制宜，利用原有地形条件、现状特征进行规划设计。绿地作为游乐公园中一切活动的载体，可以创造开展各种活动的空间与场地，并形成总的环境氛围；其植物配置应结合各景区特征和自然生态群落要求进行规划设计，形成绿色基体，保证游乐公园中绿地面积占公园总面积的65％以上，以充分发挥绿色植物的作用。

（二）规划设计重点

游乐公园的规划设计一般要考虑三个因素：美学、技术和功能。一个设计精致的游乐公园必然是在运用现代技术、提供娱乐功能的同时，又能满足游人的审美情趣和精神愉悦的需求。将这三个因素综合考虑，游乐公园规划设计的重点要素是以下三个。

① 空间营造　公园空间的层次、序列和节点对游人的影响至关重要。空间的起始、展开、收放、收尾，各分区内部和外部的造型，区域的围护，各区的景观组织等，与公园景观的连续性和整体风格密切相关。

② 技术手段　公园的内容必须通过一定的技术手段来表现。其中包括大型游乐设施的技术性以及先进的声、光、电等高科技手段的应用，可以使公园充满生动的游乐环境，是现代游乐公园中不可缺少的要素。

③ 游览交通　一般游乐公园的面积都比较大，小者几十公顷，大者几平方公里，而且景点众多，如何利用交通手段将这些分布于全园的景点有机地串连起来，使游人可以方便、有序地进行游览和参与，是公园交通必须重点解决的问题。合理的交通流线组织、有序的全园布局可以从整体结构上有助于游客迅速而顺畅地进行游览；多种形式的交通工具如马车、轨道车、游览专用车等可以节省游人步行时间，为各区间提供便捷的联系，同时也可以增加游园的趣味性和欢乐的气氛。

四、功能分区

（一）游览区

游览区是游乐公园的主要功能区，游人主要在此进行观赏景观、欣赏表演、参与活动等，是乐园中面积最大、内容和游乐设施最为丰富的功能区。一般把游览区又分为几个景区，其规划需注意以下几点。

1. 景区的独立性

景区的独立性即各景区应有自己的中心内涵，有一个围绕展开的景区核心，在内容上与其他景区有所不同，在环境上各区之间有相应的造景要素隔开；内容上可以按年龄层次、游乐设施类型或者景区主题等来区分。如迪士尼乐园的一个重要设计原则是避免游园过程如看动画片那样过于连续和一览无余。各个不同景区之间都有不同的分隔区隔开，如探险风格的冒险家乐园和怀旧风格的开拓乐园以一条相对封闭的街道隔开。

2. 景区的连贯性

景区的连贯性是指作为整体环境的组成部分，各个景区元素是互尊的、共享的。各景区环境应注意景区元素之间的连贯性和协调性，游人从一个景区转到另一个景区仍能感到不突兀，这有赖于整体规模尺度的统一和富于趣味的空间序列组织。一般来说，连续的绿化、水体、空间序列、尺度关系、控制性标志物、交通手段有助于提高环境的凝聚力，增强环境的整体感。通过以上各要素的组合运用，使公园各个景区有机地统一联系在一起，共同构成整体公园环境。

3. 景区的主次关系

几个景区共同构成公园游览区，但这几个景区不可能平分秋色、分量均等，公园中必定有1~2个景区作为公园的中心主景区，起到公园的代表作用。主景区要有一定的统率力，从空间规模上、景观构成上、游览组织上起到主景的作用，其他几个景区或大或小与之相得益彰地进行组织布局。

4. 过渡区的布置

过渡区是指从主题公园的入口到主体游乐区之间的空间区域，是游乐活动的过渡区域，起到承前启后的作用，一般采用以下三种形式：

① 广场　广场是较为常用的一种形式。广场有多种形式，有的以主体雕塑为主，有的以喷泉为主，有的以露天剧场为主，有的以园林、绿地为主，有的则以建筑为主，也有以标志性游艺设施为主的。

② 街　由景观性或功能性的要素围合而成的形式，游人通过街进入主体游乐区。景观性的街如林荫道（如大阪纪念公园游乐园）、功能性的如食街（如广州东方乐园）、商业街等。

③ 广场与街结合　东京迪士尼乐园的过渡空间就是由带玻璃顶的"世界市场"商业街和中央广场组成，游人经历了由室内到室外，由线性空间到开放空间的层次变化，获得了丰富的环境体验后进入主体游乐区。宽阔的广场、街道为人流集散提供了条件，也是各种交通系统的起始点和结束点。

另外，过渡空间也常与服务设施相结合，为游人提供综合服务功能，也常常是点明乐园主题的场所。广场中设置的建筑、雕塑等常常是乐园的"点睛"之笔，如迪士尼乐园过渡区中设计者和米老鼠的雕塑。

5. 游览区的节点设计

游览区的节点是各游览区之间的连接点或转折点，精心设计的节点可以"激活"周围的空间环境，使整个空间序列起承转合、变化丰富。节点主要有两类：控制性节点和连接性节点。

① 控制性节点　主要指有独特代表性的标志物，它是游园的导向性标志，也是象征性标志。其种类很多，有以建筑物作为标志物的，如洛杉矶迪士尼乐园中央广场上的灰姑娘城堡以及东京迪士尼乐园中的城堡。作为控制性节点，标志物的形象应独特且有一定的体量感和较强的代表性。同时要做到不仅整个公园有重点标志物，各游览区也应有自己代表特色的标志物。标志物在空间群体中应占据重要的位置，一般设于中央广场或主要道路的尽端、交点、地形至高点或水面中央。

② 连接性节点　其主要作用是提供导向信息，连接和过渡不同的游览空间以及活跃区域空间的环境气氛。连接性节点主要有雕塑、小型游乐机械、售票亭、一定面积的绿地等，具有形象精致、体量小巧的特点，一般分布在道路的转折处、交叉点、小片开阔地等处。

（二）服务区

大型游乐公园的配套设施内容较多，如餐饮、导游、购物、寄存、住宿、娱乐、安全保卫、救护、通信、清洁等，一般在进行功能服务区布局时多采用入口区域集中设置和全园网状散点设置相结合的形式。

1. 入口服务区

入口区域一般设置一些为全园服务的设施，提供售票、接待、出租、医疗、寄宿、问询、导游、管理等服务。该区可使游人入园伊始即轻松上阵，解除不明之处及后顾之忧，方便游人在园内进行活动。

2. 园区服务设施

一些游人常用的服务设施如餐饮点、购物亭、洗手间等需在公园内多处设置，这就涉及如何布点的问题。由于各项设施的不同特点，布点时也应有不同的考虑，以便做到游人使用方便，且设施不会闲置或使用率过低。餐饮店、商店、电话亭等应尽量靠近主游线，位置明显、引人注目、使用方便；而机房、污水处理、配电、垃圾处理等设施的布局则要做到避人耳目，"俗则屏之"，最大限度地减轻视线和噪声的干扰。位于游览线上的服务设施则应注意其对景观的影响，做到平面、立面丰富，既是服务建筑，又是优美的景观建筑，可结合广场、建筑小品、绿地、水体等进行综合布局。

3. 停车场

游乐公园内容丰富、投资巨大、吸引的游人也较多，且一般远离城区，游人一般乘公交车辆或集体租车或自行开车前往，所以停车场的设置十分必要。国外游乐公园通常都拥有设施齐全、面积较大的停车场，如东京迪士尼乐园停车场不仅占地辽阔，而且功能完善，分为通道停车场（车辆只准在此停留 10min）、残疾人专用停车场和公共停车场。停车场的设置主要考虑流量和游客交通方式两个因素。如果游乐公园位于地铁、火车干线附近，则无形中降低了驾车游客的比例；如果以公路作为主题公园交通途径，则需要有较大的停车容量来满足游客要求。

（三）植物景观观赏区

游乐公园与城市公园的植物景观规划有许多互通之处，其首要之处是创造一个绿色氛围。游乐公园的绿地率一般都应在 65% 以上，这样才能保证创造一个良好的、适于游客游玩、游览、活动的生态环境。目前世界上成功的游乐公园都是绿地最美的地方，规划可重点考虑以下几方面：

① 绿地形式采用现代园林艺术手法，成片、成丛、成林，讲究群体色彩效应，乔、灌、草相结合，形成复合式绿化层次，利用纯林、混交林、疏林草地等结构形式组合不同性格的绿地空间。

② 各游览区的过渡都结合自然植物群落进行，使每一游览区都掩映在绿树丛中，增强自然气息，突出生态造园。

③ 采用多种植物配置形式与各区呼应，如规则式场景布局则采用规划式绿地形式，自由组合的区域布局则采用自然种植形式与之协调，使绿地与各区域形成一个统一的、和谐的整体。

④ 植物选择上立足于当地乡土树种，合理引进优良品系，形成公园自己的绿地特点。

⑤ 充分利用植物的季相变化来增加公园的色彩和时空的变幻，做到四季景致各不相同，以丰富其游览情趣。常绿树和落叶树、秋色叶树的灵活运用，季相配置，以及观花、观叶、观干树种的协调搭配，可以使乐园中植物景观丰富多彩，增强其景观的变化。

五、游览交通组织

游乐公园游览交通的组织是规划设计中相当重要的一项内容。一般这类公园的面积都比较大、内容繁多，如何让游客选择一条最佳的游览路线去参观、游玩，而且不漏掉精彩的内容，是进行游览交通组织首要考虑的问题。

游乐公园的游览交通方式与一般公园有所不同，它在以步行游览为主的基础上，增加了许多游览交通工具以及专门的车行游览线。游人乘坐交通工具去参观游览，尤其是专用车行游览线，它不是运送游客从一处景点到另一处景点的交通工具，而是游客始终要在专用车上参观、欣赏并坐在车上参与活动，如美国迪士尼乐园的专用车行游览线。因此，游乐公园的游览交通组织重点在于游览路线、道路交通系统的安排。

1. 游览路线的组织

（1）游览路线的节奏性　节奏性是乐园游览区空间序列布局的重要特点。为适应游人在游览参观、参与中情绪和体力的投入变化，休憩和放松必须组织在游乐活动之中。所以，任何一个游览空间序列都应包含序幕、高潮、松弛阶段，有节奏地组织环境韵律，保持游人的体力和激情。而高潮部分的恰当安排，全园内容的均衡设置，是实现空间序列节奏性的关键。如东京迪士尼乐园的空间序列是：入口—世界市场—中央广场—放射状道路—各游乐区序幕—发展—高潮—松弛过渡—高潮。

（2）游线组织　即各游览分区如何相连的问题。现代主题公园的游线主要有以下五种组织方式：

① 环线组织　将各游乐区域以环形游线相连，避免走回头路，一般始点与终点重合，如广州东方乐园。

② 线性组织　以线性游路组织游乐活动区域，一般始点与终点不在同一位置，如南京游乐园。

③ 放射状组织　由中心向四周辐射的流线系统，如日本东京迪士尼乐园。

④ 树枝状组织　由一般主流线向两侧分支出次流线，如上海锦江乐园。

⑤ 复合流线组织　由环线组织与其他 3 种流线分别复合而成。现在的游乐公园各游览区域的组合多采取这种形式。

2. 道路系统

前面所述的游览区游览路线一旦确定，那么道路系统的结构也就基本确定了，它是游线结构的具体化。与游线系统一样，主要干道呈环形、线形、放射状、树枝状或复合型；主干道（一级路）与各景区中的次级路（二级路）、小路（三级路）相结合形成全园的道路网络系统。主干道是全园道路系统的骨架，一般宽 8~10m，可通行较大型车辆；次级路指各游览区内的道路，宽度多在 4~6m；小路为游览区各游乐点、景点之间的联系路，宽度 1.5~3m，形式自由，铺装多样，是空间界面的活跃因素。

3. 交通系统

现代游乐公园，尤其游乐园通常都提供几套交通方式。在大型乐园中，各活动区域之间的距离较长，长时间的步行易给游人带来疲倦，交通工具可以提供各游览区间快捷的联系方式。另一方面，交通手段还可以起到增加游园趣味、渲染游乐气氛的作用，通过乘坐交通游览车可以体会到步行无法达到的效果感受。交通系统主要有以下三种方式：

① 地面交通　是最为丰富的一种交通形式，从古老的交通工具如马车、人力车、老爷车到现代的新式交通工具如电瓶车、汽车，不同时代的交通工具汇聚在一起可带给人新鲜奇妙的感觉。地面交通工具种类有马车、人力车、电瓶车、火车、汽车五类，其共同特点是安静、低速、尺度小、污染少，是各主题公园中使用最多的交通类型。对于专用游览车，要把

游乐观赏及参与式活动集中布置在游览线上，以使游人感受到游览车的特点。

② 水上交通　主要由各式木筏、皮筏、竹排、游船、游艇等构成，并需设置相应的游船码头。水上交通是较受欢迎的一种游览方式，尤其在北方地区，坐在船上欣赏乐园风光并参与一些水上活动更增加乐园游览的乐趣，迪士尼乐园中的游船与各主题区域风格相协调呼应，冒险家乐园中是一艘穿行在热带丛林河流中的敞篷探险船，开拓乐园中是豪华蒸汽客轮"马克·吐温"号，未来乐园中则有 21 世纪海底巡洋舰。

③ 空中交通　指高架缆车、单轨列车等空中交通工具。它提供观景和交通功能，在大多数乐园中，高架单轨列车主要提供观景功能，因而速度较慢，路线也尽可能多地覆盖园内各活动区域。但一般并不涵盖全部游览区，只选择比较精彩的一部分进行空中交通布置，做到少而精。

六、优秀设计实例介绍——上海迪士尼乐园

1. 项目概况

上海迪士尼乐园，是中国内地首座迪士尼主题乐园，位于上海市浦东新区川沙新镇，于 2016 年 6 月 16 日正式开园。它是中国大陆第一个、亚洲第三个、世界第六个迪士尼主题公园。

上海迪士尼乐园距离市中心约 40km，与浦东机场相邻，乘坐机场高速交通或驾车都可以快速到达。同时将地铁 11 号线进行延伸，设立具有迪士尼特色的专用地铁站，方便游客第一时间感受迪士尼文化。

2. 园区道路交通分析

① 第一级别道路　迪士尼乐园园区级别道路，平均宽度为 8～9m。这是迪士尼乐园的主要交通干道，中心花园周边环道、放射状的主要干道、各个主题区域之间相连的道路均属于此级别道路。

② 第二级别道路　迪士尼乐园区域级别道路，平均宽度为 4～6m。这是乐园区各个主题区域内部连接各个景点的主要道路，定位为区域内部交通。

③ 第三级别道路　各景点附近风景小径。包括各个景点前的通道与周围景观小路，宽度不等。

3. 景观节点分析

在整个上海迪士尼乐园中，空间节点代表着剧本的起承转合，是故事氛围营造的重点，在交通方面也是人流活动的核心区域。整个园区的节点分为三个等级，以空间序列营造需要、道路规划需要、游客行为心理等要素作为等级划分的原则。

（1）第一等级节点

这类节点为园区规划与空间设计中最核心、面积最大的节点，通常也拥有最丰富的空间设计、景观设计、建筑设计手法。这类节点通常也是人流和交通的核心，面积较大，总结为以下两类。

① 入口及前广场　乐园的入口是整个园区中人流最大的区域，也是所有空间序列的起点。主入口通常结合一个面积较大的前广场用以疏散人流，广场上设置中心雕塑作为景观中心，喷泉雕像、入口大门、钟塔、城堡形成层次分明的景观结构。

② 城堡前花园广场　上海迪士尼乐园共有的节点，位于美国小镇大街与城堡之间，在空间地位、景观、交通上处于园区核心位置。从游览心理上，游客位于美国小镇大街时，空间为单一线性空间，游览过程为单向连续性游览，行至中心广场，在景观和视野上都达到了高潮。这一节点也被华特迪士尼称为中心广场"HUB"（Hub and Spoke，是传统迪士尼乐园风格公园形状的经典术语，这是一个在中心有一个枢纽、周围有许多土地作为辐条的公园形态）。

（2）第二等级节点

该等级节点为区域内主要交通节点，通常为主题区域内人流、景观中心。这类节点通常以小广场为主，面积不大。在设计手法上，结合该区域主题氛围，以绿化及景观小品、区域核心建筑等为主，作为区域内人流疏散和景观中心。园区内每一个主题区域都有这类节点，其位置在整个园区中均匀分布。

（3）第三等级节点

该等级节点为整个迪士尼乐园中面积最小、最边缘的节点。这类节点主要是园区中次级道路交汇点或尽端式道路节点，为次级游乐设施提供入口前的集散区域。这类节点的设计方法简洁，通常以绿化、草坪等方式对景点前区域进行围合划分。

4. 空间布局

（1）乐园外围布局

上海迪士尼乐园的外围作为整体空间设计的第一重氛围情景，是完整游园体验中重要的组成部分。设计目的是让游客进入乐园之前就被乐园的文化氛围所感染，充满期待地进入乐园最后满怀不舍地离开乐园。

迪士尼乐园的游园体验在游客乘坐迪士尼专线的时候就已经开始。上海迪士尼将原有地铁 11 号线进行延伸，设置迪士尼专属地铁站。该站在设计和风格上与乐园具有高度的一致性。除地铁交通外，上海迪士尼乐园还设有度假区高速路，沿途布置迪士尼特色标识，让游客感受到即将到达之处的热烈氛围。除此之外在乐园前广场还设有摆渡码头，游客可以便捷地从迪士尼酒店直达乐园入口。

迪士尼乐园的空间布置也蕴含着营销智慧。迪士尼乐园的高额门票在一定程度上减少了一个家庭重复游览的可能（现在的季卡改善了这一现象），对此上海迪士尼乐园在周边建设了可以免费游览的公共区域，包括迪士尼小镇和星愿公园等区域，这些区域的风格与乐园一致，游客可以随时来到这个商业中心度假。

（2）交叉式交通布局

上海迪士尼乐园在流线设计上并非有序规划设计，而是将部分流线混合交叉，比起有序更偏重于无序流线设计。当游客想从某个核心节点去向另一个核心节点时，途中必然经过一些次级节点。这种流线设计方式可以提高每个节点的人流量，保证次级节点也能有充足的人流，提高整个乐园的运营效率。

（3）乐园空间分隔

空间分隔是迪士尼乐园空间设计中的重要手法，包括园区内外的分隔和各个主题区域之间的分隔。

① 园区内外的空间隔离　上海迪士尼乐园在园区内外分隔上采用高 4～5m 的双层围墙作为隔离带，中间设置 10m 宽的绿化区域。外侧围墙采用铁艺围墙，内侧设置一层视线屏蔽围墙。园区外的游人不被干扰，同时隔绝园区内的视线，整个乐园空间视线封闭。

② 前场区域与后场区域的隔离　主题区域如同剧院，分为舞台区与后台区。在主题区域当中，舞台区是游客可以进入游览的区域，后台区域则是演职人员准备区域或后勤设施区域。这两个区域之间也通过高 3～5m 的围墙隔离，不同的是，这些围墙与主题氛围结合，与周边环境融为一体。暂不开放的游乐区域通常也会被装饰考究的围墙隔离起来。

③ 各主题区域之间的空间分隔　上海迪士尼乐园拥有 6 个主题园区，每个园区主题氛围截然不同，装饰风格各异。为了使游园者能够沉浸在各个区域当中，迪士尼采用远距离分隔法——即设置一段具有故事性的过渡区域作为空间分隔。

（4）乐园总体功能布局

上海迪士尼乐园总体布局呈现花瓣式特点，以奇想花园区域作为花蕊，其他区域花瓣式地围绕在周围。交通组织上也以花蕊区域为核心，将人流分散至不同的花瓣区域内（图 4-21）。上海迪士尼乐园的 6 个主题区域具有统一的空间功能结构，这种结构被总结为空间功能的"方程式"。不同区域的空间功能根据主题和情景塑造的要求有机组合。这种空间功能布局模式可以总结为：每个区域都拥有 2 个核心游乐设施（包括作为视觉核心的游乐设施和互动体验项目）、1 个游客参与体验的互动区域、1 个剧院和 1 个主要餐厅。这种功能模式可以根据各个区域面积大小进行调整，比如梦幻世界区域面积最大，设施上也比其他区域多出 1 倍。

图 4-21　上海迪士尼乐园平面图

（5）乐园空间流线设计

迪士尼乐园将大型游乐设施与主题情景塑造结合，使其成为该区域空间序列的高潮。方向性明确的游览路线使得游客必须按照设计好的路线游览整个区域，既能使游客获得完整的故事体验，又能提高各个节点的人流量，达到乐园的营销目的。

① 以游艺设施为核心的线性设计　以游艺设施为核心的流线设计包括等候区域和散场区域两部分。

上海迪士尼乐园的等候区域注重氛围的营造和细节的处理。通常核心游乐设施都具有较大的等候区域，该区域场景为游客描述即将体验的故事，大量的道具布景也考究地还原故事内容，虽然排队过程较长，但游客可以在这些区域中发掘感兴趣的细节，丰富体验感受。迪士尼也以表演专业术语"前秀"（PreShow）来形容等候区域中的布景空间。

在游艺设施活动散场之后，游客通常被引导至一个故事补完区域，这些区域的空间布景通常是该项目的构想与设计蓝图，吸引游客再次体验。部分区域会附带一个照片展示区，游客可以选择喜欢的抓拍照片去乐拍通中下载或购买。最后则是该项目相关周边商店，商品应有尽有，与游客刚刚体验的故事产生共鸣，此时人们往往冲动消费为喜欢的纪念品买单。

② 园区内部游线设计

a. 单向线性原则　围绕游乐设施的单向线性游线为"前秀（等候区）——表演（游乐设施）——回顾（故事补完与照片展示区）——修整（购物与休息区）"，游客按照故事剧本游览，获得一次"Show"的完整体验。

b. 核心单体最远距离原则　每个主题区域最吸引游客的是其中的核心游乐设施，其设置通常远离区域入口和人流涌入方向，具有最长的游览路线，为此要到达核心单体就需要走过更多景点区域。同时围绕核心游乐设施设置有至少两条路线，这两条路线通常一长一短。这么做有两个原因：一是形成环道作为有效的疏散人流方式；二是便于运营管理，乐园可以在不同人流量时选择开放不同路线。

c. 潮汐性人流分布原则　迪士尼乐园中的游客行为是规律性的，以一天为单位，游客早晨集中于入口区域，入园后集中于中心区域和核心游乐设施附近。随着乐园中规律性的活动（巡演、烟花表演）聚集分散，晚上集中于米奇大街和迪士尼小镇进行购物活动。乐园的空间与商业设计遵循此规律。遵循游客行为规律进行空间设计不仅符合游客行为心理，还能提高商业部门盈利，总体提升乐园运营效率。

（6）乐园建筑设计

迪士尼乐园的设计初衷是创造儿童的游乐场所和建筑，在传统的游乐园中，当孩子游玩时，大人们通常无所事事地等在一旁，迪士尼的初衷便是设计一个以家庭为单位的游乐场所。在迪士尼，通常是动画电影制作人成为乐园的梦想工程师，他们以电影的方式创造乐园，从而"让人们感觉在另一个世界"。

迪士尼乐园的建筑和设计师（而非工程师）对于项目有着确定权，建筑的设计思路是从外观设计到建筑结构设计，与常规的建筑设计思维过程相反。迪士尼的建筑是电影式的，令人们感觉愚蠢、伤感、深刻、迷人或具有挑战性，或者综合以上所有情感到一座建筑当中，不管人们对这些建筑抱有怎样的情感，毋庸置疑这里的建筑具有电影的步伐和韵律。以上海迪士尼最具有影响力的建筑——奇幻童话城堡为例，游客可以在乐园室外的各个地区看到城堡的尖顶。该项目总建筑面积 10510m²，建筑高度 21m，最高塔顶高度 46m，地下室面积约为 3000m²。城堡作为整个园区的地标，考虑到乐园所有区域节点的视线和视距，城堡前设置有面积较大的中心广场。城堡在形体与视线设计上采用强迫透视等原理，彰显出更高大的视觉效果，这也是孩子们的丰富想象力、人们审美情感共鸣的集中体现。

第五节　工业遗址公园

随着后工业时代的到来，全球的经济结构产生了巨大的变化，以信息产业为主的新型产业正逐步取代传统工业，不少传统的工业区被闲置。这些一度辉煌的旧工业区因噪声、工业垃圾、有害气体等环境问题逐步成为被人们遗忘和厌恶的"灰色斑块"、城市生活的禁地（图 4-22）。然而，城市化进程势不可挡，在可持续发展思想的指导下，人们对工业弃置场地又重新开始予以关注（图 4-23）。

旧工业区的改造与更新是一个全球性的话题，从 20 世纪 60 年代起，欧美等发达国家就因城市发展问题对旧工业区的更新和改造进行了探索。

工业废弃地是指失去工业生产活动功能而废弃闲置的用地及用地上的设施。2006 年中国首届工业遗产保护论坛一致协商研究通过的《无锡建议》指出，工业遗产是具有历史学、社会学、建筑学和科技、审美价值的工业文化遗存。包括工厂车间、磨坊、仓库、店铺等工业建筑物，矿山、相关加工冶炼场地、能源生产和传输及使用场所，交通设施，工业生产相关的社会活动场所，相关工业设备，以及工业流程、数据记录、企业档案等物质和非物质文化遗产。现代城市的工业遗产，衔接着过去与未来，见证着城市经济发展的历程。当前我国对工业废弃地的改造侧重于景观保护和生态修复。

图 4-22　旧工业区景观　　　　　　　　　图 4-23　工业遗址公园景观

　　工业遗址公园是工业遗产保护和再利用的主要形式。从社会发展的角度入手，研究工业遗址的社会意义及其存在价值，提出工业遗址公园的意义不仅在于保存工业文明，更重要的是通过对场地生态环境及社会价值的重新塑造去传达一种对城市发展及环境保护进行理性思考的价值观，将工业遗产与现代设计观念、当代生活方式相结合，取得社会效益与经济效益的统一，实现产业保护的本质目的。

一、工业遗址公园概述

　　美国西雅图煤气厂公园是世界上第一个正式的工业遗址公园。1975 年美国西雅图煤气厂公园对外开放，这是工业遗址公园确立的标志性开端。工业遗址公园作为一种新兴的公园类型，从诞生开始就因其在生态、社会等方面的价值受到人们的关注，并在世界多个国家得到尝试，德国鲁尔工业区的杜伊斯堡北部天然公园，法国巴黎的拉·维莱特公园、贝西公园、雪铁龙公园，加拿大维多利亚布查特花园以及美国的波士顿海岸水泥总厂公园等都是其中的典范。

　　我国工业遗址公园的雏形可以追溯到广州番禺莲花山风景区内的莲花山石风景区和浙江绍兴东湖风景区，这两个工业遗址公园都成型于古代的工矿采石场，近年来辟为采石场遗址风景区和公园，展现了中国古代劳动人民的勤劳与智慧。

二、工业遗址公园的定义和特点

1. 工业遗址公园的定义

　　工业遗址公园是新型的公园类型，是随着工业的发展变革而派生出来的一种特殊形式的公园，是在全球对世界遗产保存乃至对工业遗产保存改造的提倡下，在人类对环境污染问题的日益重视下，由于全球经济转型、第三产业经济提升、工业生产模式改变，将产生的大量剩余弃置的工业基址进行改造利用，使其成为公园，成为城市开放空间的一部分，将这些由已经闲置的工业设施与工业人造物遗留以及矿山开采遗址等基址改造利用，即工业遗址公园。由此可知，工业遗址公园是指在弃置的工业遗址或工业废弃地上，通过对场地内的工业设施设备、工业人造物等，采用保留、改造利用、再生设计等途径，改造建设而成，可供市民游憩、观赏、娱乐以及开展工业科普教育等活动的公园绿地。这类公园既在一定程度上保护与延续了工业文明，同时也改善了城市生态环境。

　　工业遗址作为发展工业文明、保留历史记忆的载体，以工业遗址公园的形式保留下来，不仅有利于工业遗址生态修复、循环利用，还对城市生态与经济的可持续发展有着重要的影响。

2.工业遗址公园的特点

工业遗址公园，在规划模式上与一般遗址公园有所区别。一般遗址公园注重的是对基地遗迹的保存与保护，而工业遗址公园注重的是对基地的记忆和对遗迹及人造物适当保留、改造利用，强调保护与再生，在尽可能保留工业建筑及长期特性的基础上，通过转换、对比、镶嵌等多种手法将场地重构，形成适合现代发展需求的空间。因此，主张因地制宜，在清楚工业遗址意义的基础上对保留的工业遗存进行评估，同时添加新的使用功能及其所需要的构成要素，通过与场地中原来部分在视觉上的对比关系和空间上的融合关系形成独特的当代景观文化。

三、设计实例介绍

1.美国西雅图煤气厂公园

美国西雅图煤气厂公园位于西雅图市联合湖北岸、突入水中的岬地上，占地面积 8hm²（图 4-24）。基地原先为荒弃的煤气厂，地面大面积受到污染，而且煤气厂杂乱无章的各种设备，从城市很多地段以及交通流量很大的湖岸边都可以看到，有碍观瞻。西雅图市政府原先打算将煤气厂旧址改成传统自然风格的城市树木园景观，但是对大面积污染的处理以及各种设备的拆除需要花费大量的费用。1970 年理查德·哈格事务所接受总体规划任务，设计师采用了与原先政府设想完全不同的处理方法，因地制宜，保留了部分陈旧的工厂设备。哈格认为对待早期工业，不一定非要将其完全从新兴的城市景观中抹去，相反，可以结合现状，充分尊重基地原有的特征，为城市保留一些历史。这种构思与方案引起了激烈的争论，但是最后因其经济性与可操作性而得到市政府的肯定。

图 4-24　美国西雅图煤气厂公园景观

公园建设初期主要是铲除严重污染的表土和去除严重损坏的管道与制气设备。表土铲除后，从附近调进无污染的土壤。表层以下的污染物主要是二甲苯和汽油，哈格建议利用土壤中的矿物质和细菌以及种植吸收油污的酶和其他有机物来处理，同时辅以污泥清浚、高强度剪草等手段。尽管时间较长，但是却节省了很多费用。

在公园东北部新建了一组谷仓式建筑来存放旧机器，其东面坡下为面向湖面的野营区。公园西部有一处 15m 高的土山丘，丘顶为一大日晷，是园中最受欢迎的地方，游人可在此登高远眺城市景色，也是城市中市民放风筝的理想地。山坡向湖的一面是公园夏日纳凉和日光浴的好去处。园中部向南为旧工厂煤气生产流水线，塔与设备的存留是经过较细致的空间分析与设计后确定的。为了安全，哈格去掉了这些制气塔低矮易攀爬的部分，并规划了一处防护沟以保证安全。公园最主要的景观是一组裂化塔，深色的塔身锈迹斑斑，表明工厂的历史，旁边一组涂了明亮的红色、橘黄、蓝、紫色的压缩塔和蒸汽机组，可供游人攀爬与玩耍。

哈格的煤气厂公园设计没有囿于传统公园的风格与形式，充分发掘和保存基地特色，以少胜多，巧妙地简化了设计，节省了费用。这一设计思路对后来的各种类型旧工厂改造成公园或公共游憩设施的设计产生了很大的影响。

2.中山岐江公园

中山岐江公园位于广东省中山市区，总面积 11hm²，其中水面 3.6hm²，与岐江河相连通。原为粤中造船厂旧址，场内遗留了不少厂房及机器设备，包括龙门吊、铁轨、变压器等。始于 20 世纪 50 年代至改革开放的 90 年代后期。作为工厂，它不足称道。但几十年间，粤中造船厂历经新中国工业化进程艰辛而富有意义的历史沧桑，特定年代和那代人艰苦的创业历程也沉淀为真实且弥足珍贵的城市记忆。

经过激烈的争论和广泛的公众参与之后，中山岐江公园设计组提出的以产业旧址历史地段的再利用为主旨的设计方案终于在当地政府的果断决策下得以实施。此方案（图 4-25）是由北京大学景观规划设计中心、北京土人景观规划设计研究所俞孔坚教授主持设计实施的。这一城市景观建设骄人的作品，在 2002 年美国一年一度的景观设计师协会年底大会上荣获景观设计的荣誉设计奖，这是该大会设计类的最高奖项，亦是我国首次获得这类大奖。

图 4-25　中山岐江公园规划方案

历史特色和现代性交融是岐江公园的一大特色（图 4-26）。公园以原有树木、部分厂房等形成骨架，采用原有船厂的特有元素如铁轨、铁舫、灯塔等进行组织，具有历史特色。同时，又采用新工艺、新材料、新技术构筑部分小品及雕塑如孤囱长影、裸钢水塔和杆柱阵列等，形成新与旧的对比、历史与现实的交织。公园路网的设计采用若干组放射性道路组成，既不用中国传统园林的曲线型路网，又有别于西方园林规整的几何图形，手法新颖，独树一帜。可见公园在设计上既有新意又具内涵，既能反映出中山工业化进程的历史，又具有现代社会的特征，使公园充分体现了自己独特的个性。

图 4-26　中山岐江公园景观

亲水、保护生态是岐江公园的第二个特色。公园的设计保留了岐江河边原有船厂内的大树，保护原有的生态，采用绿岛的方式以河内有河的办法来满足岐江过水断面的要求，既满足了水利要求，也使公园增加了一景——古榕新岛。公园还较好地处理了内湖与外河的关系，将岐江景色引入公园。尤其值得称道的是，公园不设围墙，巧妙地运用溪流来界定公园，使公园与四周融洽和谐地连在一起。亲水是人的天性，这条水流的设计正是要让人们尽情挥洒人之天性。

充满现代感的景观装置是岐江公园的第三个特色。岐江公园的"红色记忆"就是一个具有观念艺术的景观装置，它是一个由红色的钢板装配的"盒子"，剪开的两端放射出两条通向水塔和灯塔空间控制点的笔直通道，盒子无顶，内置清池，外种柔草，周围是红硕花朵的木棉树。设计隐约含着对原场所的直觉体验，以及由此而唤醒的岁月回味。来到这里的人们，真切地证明了这一点：无论是活蹦乱跳的孩子、热恋中的男女、孤独的失意者、曾经战斗在此的老人，似乎都在穿越盒子的瞬间有所感悟。公园旧址里有一处保留下来的旧烟囱，现在外围增加了一圈"脚手架"，形成了一个景观装置。脚手架下和几米上方分别有超写实真人大小的工人铜雕，模拟搭建脚手架的劳动情形。装置里存在三种元素——旧烟囱、新的钢管脚手架和雕塑工作者。公园里旧龙门吊也有类似的处理。工人的雕塑被放置在劳动的真实环境中，雕塑脚下的机器也是真实保留下来的场景，仿佛戏剧中的真实道具，在细节上增加了现场气氛。钢塑水塔是公园内另一个引人注目的装置，它是一个工业语言的"雕塑"。原址为一个普通的旧钢筋混凝土水塔，本拟保留，终因结构安全问题拆除。目前的设计，仿佛旧水塔的"骨架"，又仿佛旧水塔的 X 光影像，减去混凝土因素后，产生了一种意想不到的形象陌生，对人们已形成的某种视觉规范，达到解除和再认识，产生了新的语境。

3. 韩国西首尔湖公园

韩国西首尔湖公园前身是 1959 年始建的新月污水处理厂（图 4-27）。污水处理厂从 1979 年到 2003 年，每天向周边地区提供了 120000t 自来水。这里位于首尔和富川的交界处，现在是一个城市的娱乐休闲公园。园内工业基础设施被转变成为友好的生态公园，改变了该地区的形象，并将该地区的生活质量提高了。

① 公园的设计主题为：文化，生态，交流，新生。

② 设计理念：可持续，生态，交流。

图 4-27　新月污水处理厂

项目改造难点在于如何传达 20 世纪的一个古老污水处理厂的背景。污水处理厂包含管道、钢筋混凝土、蓄水池、抽水设备、过滤系统、水库和湖泊。同时当地的机场会为场地带来 1～2 分钟/次的飞机噪声。

最终，方案首先在园区中创造一个开放的文化艺术空间以体现该地区的身份和城市文化多样性，促进人们对当地环境形态的认知度。其次保留现状地形和景观，结合文化创建城市中的生态空间。第三，创建人民的公园，具有丰富的园区和特色地段，让人们可以积极参与其中。生态公园让人们认识到自然环境、水和森林、风景的价值。第四，这里从污水处理厂脱胎换骨变成城市文化场地，其对原有场地的保留是惊人的，以创造性的方式呈现出新生态公园，使这里成为一片现代化具有未来感的公园，架起自然、人类、现代文明的桥梁（图 4-28）。

③ 设计构思：公园入口是深褐色的柱廊区域，有标示示意"西首尔湖公园"。周边有长凳和自行车停车位。映入眼帘的纵横结构是直径 1m 宽的老排水管，这是公园的象征之一（图 4-29）。公园的中心是点题的 18000m² 的人工湖，这片湖面是原有湖面保留下来的，到达这里之前有一段 4m 高的围墙，后来为了保证流线直接顺畅，这堵墙被推倒了。为了吸引人们，设置了观景台和甲板，还在湖中设置了喷泉（图 4-30），喷泉可以高达 15m，喷泉的声音消解了飞机的噪声，让噪声达到了一种"新生"。多年以来烦人的噪声问题就这样被解决了。蒙德里安广场是另外一个特色空间，去除旧的钢筋混凝土，留下结构的遗迹，在里面安放花园，垂直于水平交互，形成美丽和谐的景象（图 4-31）。园中多媒体艺术跌水长40m、高 3m，里面采用 LED 照明光源（图 4-32）。这里一年中三个季节都允许游客进入。儿童在此嬉戏，享受水上游乐场的图像和音乐。上一层具有通行甲板，可以让人们在上方观看下方的花园和湖泊。公园的重建最大限度地尊重了场地的历史精神与客观形态，并拥抱了生态与人文，成为一个成功的城市遗址公园改建项目。

图 4-28　西首尔湖公园平面图

图 4-29　西首尔湖公园入口景观

图 4-30　西首尔湖公园喷泉景观

图 4-31　西首尔湖公园蒙德里安广场景观

图 4-32　西首尔湖公园多媒体艺术跌水景观

第六节　其他专类公园

一、雕塑（公）园

1. 雕塑（公）园的性质与任务

雕塑公园，是以雕塑为主体，以艺术欣赏为中心，以收藏和展示环境雕塑、城市雕塑、架上雕塑等各类雕塑作品为主要功能的雕塑集中摆放场所。

雕塑公园并不一定以公园的形式出现，可能没有公园所必需的边界。雕塑公园可能是面状的、线状的，可能以"某某雕塑街""某某雕塑路""某某雕塑林"的形式出现。但只要其中的作品在风格、题材上都带有一定的关联性，就仍旧可以被看作是雕塑公园。最重要的是，雕塑公园是将原本在室内进行的雕塑展览移到了更为广阔、更具公共性的室外，起到了"露天雕塑博物馆"的作用。

2. 雕塑公园的类型

雕塑公园的建设可根据主办方的要求分为材料导向型、风格导向型、主题导向型。材料导向型雕塑公园的特点体现在主办方强调参与创作的雕塑家都必须选用规定的材料，如石材、铜、钢等。这种类型的雕塑公园最常采用的材料主要有石材、铸铜、钢材、陶瓷。风格导向型雕塑作品根据表现形式可以分为具象、抽象、变形雕塑。而根据雕塑公园建设的主题进行分类是最常用的分类方式，即策划方要求所有艺术家的作品都必须围绕这一主题创作，主要可分为三种：历史主题雕塑公园、地域主题雕塑公园、人文主题雕塑公园。

① 历史主题雕塑公园　以个体形式出现的主题性雕塑在城市的文化建设中是十分普遍的现象，其功用包括纪念伟人、缅怀历史等。当一座雕塑公园的策划主旨带有历史性、纪念性，并由多件纪念重大事件、英雄人物的雕塑组成时，这座雕塑公园就可以被称为历史主题雕塑公园。

② 地域主题雕塑公园　以反映地域文化、自然特色为主题导向的雕塑公园被称为地域主题雕塑公园。在这种情况下，主办者对雕塑公园内作品的要求，一般是要能体现出该地区的自然风光与人文特色，并能和该地区的总体规划发展和旅游策划结合起来，为当地经济建设做出贡献。

③ 人文主题雕塑公园　在主题选择上不包含特定历史与地域因素，而是以不受时间和空间限制的特定文化、概念、信仰、精神为主题的雕塑公园属于人文主题雕塑公园。

3. 雕塑（公）园规划设计

雕塑公园在设计时需要考虑的问题很多，主要表现在公园主题的定位、公园的选址、公园的主体——雕塑的材质及风格的选定、公园如何与环境相融合等问题。这些问题不是孤立存在的，要想建造合适的雕塑公园，必须统筹考虑这几方面。

（1）雕塑公园主题的确定

雕塑公园的建设不能是漫无边际的，必须有一个大的方向、框架，以确保雕塑公园的作品存在明确主题、使用基本统一的材质、呈现近似的风格或具有某些方面的一致性。只有主办方通过各种方式对创作者进行约束，也就是有一种明确的导向，才能使观众在心理反应、视觉感受上体会到雕塑公园所应呈现的统一性。

① 历史主题雕塑公园　历史主题雕塑公园既有全部由肖像雕塑组成的情况，也有全部由抽象雕塑组成的情况。

历史主题雕塑公园比较典型的例子如江西井冈山雕塑公园。1987年，雕塑家程允贤配合江西井冈山市委，在井冈山革命烈士陵园的基础上建立了井冈山雕塑公园（图4-33）。雕塑公园建立在茨坪的北山，松柏之间布置着20余尊革命烈士的塑像，园林和道路也经过精心设计，令前来拜谒烈士的游人也能得到视觉上的享受（图4-34）。在这个例子中，所有的作品都统一在缅怀革命先烈的明确主题之下，体现了井冈山作为革命根据地的光荣传统。

图4-33　井冈山雕塑园

图4-34　双枪女将伍若兰纪念像

② 地域主题雕塑公园　在地域主题雕塑公园的建设中，对表现主题的要求程度有宽泛与严格之分。相对来说，大城市、大的区域由于人口数量多、文化特色不鲜明并呈现多元化趋势，因此，当地雕塑公园的主题导向就不能太过狭窄，主办方对表现主题的要求自然比较宽泛。相比之下，一些范围更小的地区，往往有着比大城市更为准确的定位和更为鲜明的人文内涵。在扩展地区知名度、发展旅游业、弘扬地区传统文化的指导思想下，这类地区的雕塑公园往往主题明确，比如天津西青区杨柳青精武园就是如此。杨柳青是津门著名武术家霍元甲的故乡，有着相当悠久的习武传统，地域特色鲜明，文化积淀深厚。因此，如何突出这一"武术之乡"的特征，就成了杨柳青建设雕塑公园首要考虑的问题。雕塑公园面积不大，主要是作为沿河景观绿化带的一个有机组成部分出现。公园的主雕塑表现的是霍元甲在格斗中举起俄国大力士的一瞬间，身后是四个半抽象的人体，分别代表一种武术（图4-35）。整座雕塑公园无论从设计思路上还是雕塑局部刻画上都突出了"精武"的精神，意义深刻，效果强烈，根据游客与当地居民的反馈来看，取得了相当好的效果。

③ 人文主题雕塑公园　若是一些大城市主办雕塑公园，由于地域特色不明显，不能按地域主题雕塑公园的标准来要求艺术家。但为了保证作品都能有相对统一的视觉效果，

图4-35　天津西青区杨柳青精武雕塑园

往往限定一个范围宽广的人文主题，诸如"和平""自然"等，比较典型的例子是：从1997年开始，长春市人民政府和中国城市雕塑建设指导委员会共同主办了"中国长春世雕塑作品

展"。作为提高城市文化艺术含金量的重要举措，展览以"友谊 和平 春天"为主题，邀请国内外的雕塑家参与其中，不限材质和手法，通过对大小尺寸的限制让作品的造价和视觉效果控制在接近的范畴内。在汇聚了上百件雕塑作品后，建成了蜚声中外的长春世界雕塑园（图4-36、图4-37）。

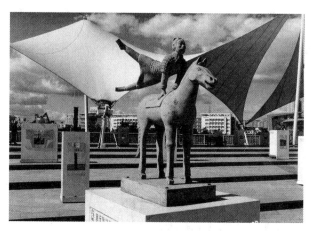

图4-36　长春世界雕塑公园

（2）雕塑材料的选定

不同材质均有各自的优缺点，雕塑公园的建设者在选址和策划时就应该考虑材质的筛选。

① 石材　石头易得的特点使石材被广泛运用于雕塑公园的建设中（图4-38）。此外，石材还有蕴含量大、价格较低廉、色泽肌理统一等优点。

图4-37　长春世界雕塑公园

图4-38　石材雕塑

石头是天然材质，用石头建设的雕塑公园可以和大自然更和谐地相处。这种和谐一方面是物质的，也就是从环保的角度出发，石质雕塑不会对土壤、空气和水造成任何损害。更重要的是，从视觉角度去看，石质雕塑，尤其是白色或灰色大理石与绿地、蓝天在色彩上有互补性，同时在肌理上也可以略显粗糙，显出一种未经雕琢的朴拙之美。当然，全部以石雕组成的雕塑公园，在有诸多优势的同时也不可避免地会造成单调、缺乏变化的视觉效果。这种单调一方面来自色泽，另一方面是石雕的特性使得雕塑形态较为单一，难以产生金属雕塑那样巨大的变化和奇巧的构图。

② 铸铜　铜是人类较早开始可以掌控的金属之一，但无论是原材料还是铸造工序，铸铜都需要较多的资金，比石材和不锈钢的雕塑公园建设起来要更昂贵（图4-39）。

铸铜多采用青铜，即铜锡合金，也有少数采用黄铜，即铜锌合金。其深色调与团块体积

图 4-39　铸铜雕塑

结合，在视觉上会极富重量感。另一方面，由于采取了铸造工艺，青铜可以逼真地再现雕塑家原始的塑痕，不会让艺术魅力在加工过程中有大的损失，这是采用打制工艺的石材和锻造工艺的不锈钢达不到的。

与石材导向型雕塑公园不同的是，铸铜导向很难与地区特色和自然资源结合起来，目前似乎也还没有主办方强制要求艺术家采用铸铜材质的范例。但是，由于铸铜的特性，使得高度具象的作品（尤其是人像）往往必须选择铸铜工艺，才能表达完整的艺术效果。因此，但凡主办方要求雕塑公园全部是具象作品或人像时，实际上就奠定了采用铸铜为主的基调。

③ 钢材　要求艺术家利用一个地区特产的钢材进行雕塑创作，从而建成雕塑公园。这种情况多出现于有着发达钢铁工业的城市，主办者的目的很大程度上是为了扩大本地区和本地企业的知名度。

以钢材为主建设雕塑公园有很多可见的优势，首先，钢材价格相对低廉，尤其很多时候以报废钢材为材料创作焊接雕塑，更能体现出这一优势，经济上的可承受性使利用钢材制作大尺度雕塑成为可能。其次，钢质雕塑重量远较同体积石质或铸铜雕塑轻，便于运输。

但钢材也有自身的弊端，钢材不适于表现具象作品，只适合大块面的抽象作品，这一特质使得钢材导向雕塑公园在选择主导风格时限制性很强。另外，不锈钢抛光后闪亮无比，这种强反光性恰当运用会产生镜面效果，十分富于意境。但有时不锈钢会扭曲光线影响观赏效果，不适于雕塑细节的表现。在一定的阳光照射角度下，刺眼的反光也会造成人视觉上的不适（图 4-40）。

图 4-40　钢材雕塑

④ 陶瓷　陶瓷是陶与瓷的合称，是一种包含有金属与非金属成分的化合物，属于硅酸盐类，现泛指以土为原料，经过配料、成型、干燥、焙烧等一系列步骤制成的器物。陶土与瓷土良好的可塑性又给雕塑家发挥才能与想象力以极大的空间，在先进科技和全新理念的支持下，现代陶艺发展十分迅速，并成为向大众普及艺术实践教育的媒介。

陶质地可以细腻可以粗糙，不会带给人冰冷的手感。瓷质地坚实，敲之有清脆声响，色泽造型多变。用陶瓷制作雕塑，会比金属显得更亲人、亲环境，而且在塑形上也有着比其他材质更大的优越性，在上色方面陶瓷基本没有局限，但是在烧制前的塑形阶段，陶土或瓷土易变形或塌陷，在烧制过程中如果火候掌握不好，也会出现变色开裂等问题。

（3）雕塑风格的选择

由于雕塑公园中的雕塑大多放置在较近的距离内，因此最好能在风格上有所统一。

① 具象风格的雕塑公园　全部由具象雕塑构成的雕塑公园，具有风格统一的优势，且多以铸铜为技术手段。如日本神户，对于具象雕塑十分热衷，分别于 1973 年和 1981 年将两条主要道路进行整修，改为开放式的雕塑公园，密集布置具象作品，前者名为"绿化与雕塑路"，后者名为"花卉与雕塑路"。从 1983 年，神户市又集中将综合运动公园、森林植物园进行整理，集中放置雕塑作品，成为名副其实的雕塑公园（图 4-41）。

图 4-41　雕塑路演化成的雕塑公园

② 抽象风格的雕塑公园　抽象风格的雕塑公园十分常见，尤其是在规定以石材或钢材制作雕塑的公园中。日本宇部市对抽象雕塑的支持始于 1962 年向井良吉的《蚁城》，从此，"宇部市雕塑展览会"就以收集抽象雕塑为主，并集中设置在常盘雕塑公园，将其建设成了日本最大的、历史最悠久的、风格最统一的抽象风格雕塑公园。公园面积超过了 150hm^2，其内的作品不限题材、材料、尺度，但全部是抽象风格。公园格调清新明快，而且反映出一种诙谐的味道，可以带给漫步其间的游人一种都市中难得的轻松（图 4-42）。

图 4-42　日本宇部市常盘公园雕塑

4. 雕塑公园的选址

雕塑公园从选址来看主要有两大类：一类在城市（镇）之中，与高楼大厦、柏油马路、玻璃幕墙并存，甚至就在每天上班族步履匆匆经过的街角；一类则与森林、湖泊、高山和睦相处，在都市生活中疲惫不堪的人们驱车来到这里，感悟一份放松与恬静。

（1）雕塑公园与自然环境

与自然环境关系密切的雕塑公园主要是以森林公园、环湖公园为基础进行建设，或完全在自然环境中建设，如桂林愚自乐园。

首先，自然环境中的雕塑公园在材质上多使用天然石材，甚至使用木材等可降解材料，以求和草坪、树木融为一体。

其次，在艺术风格和造型语言上，只有含蓄、内敛风格的作品才能在宁静和谐的自然环境中不引起观众的突兀之感。尽管不能对雕塑公园中的每件作品都做出风格流派上的归属，但是处在自然环境中的大部分雕塑作品，在造型上都呈现多曲线、多弧面的特征，在风格上以抽象风格为多，因为具象的铸铜雕塑视觉上并不适于放置在森林里。

在雕塑的安装方式上，主办者和艺术家都争取采用最少破坏自然的方式。许多公园中的雕塑作品甚至没有永久性的地基，只是将其自然放于平地，时间一长，便与周边环境几乎完全融为一体。

（2）雕塑公园与人造环境

城市人造环境中，直线、平面、坚硬材质、强反光表面较多，这就要求城市人造环境中的雕塑公园在建设中要考虑材质、风格、造型特点的问题。

在人造环境的雕塑公园中，作品的风格同样是多样的，没有太明确的限制，这同样与人造环境的复杂多样有关。但在很多情况下，城市雕塑公园中的作品呈现向抽象和具象两个极端发展的趋势。城市雕塑向抽象方向发展，是当代艺术发展的一个缩影，是以大都市为代表的人类现代文明的表象。

建设于人造环境的雕塑公园往往要比自然环境中的同类雕塑公园小，雕塑数量也少，但地点往往是在寸土寸金的城市里，以带状雕塑公园或雕塑步行街的形式出现，因此出现了在整顿街区、清理旧河道的同时建设城市内部雕塑公园的情况。日本富山市有一条流经市中心的小河，1981 年市政部门在整顿沿岸景观的同时合理利用空间和资金，建设了松川畔雕塑公园，结合清澈的河面与成荫的绿树，为市中心贡献了一处难得的优美景观。

5.优秀雕塑公园设计实例介绍

（1）上海南京路雕塑展——雕塑公园与人造环境相结合的案例

① 概况　"上海南京路每年都有大型雕塑展举行，就像一个流动艺术展示平台，让更多人在日常外出间与艺术亲密接触。"2008 年第八届南京路雕塑邀请展则邀请了中国雕塑家余积勇先生和荷兰雕塑家吴静茹女士前来参加，这些中外艺术家的 30 余件雕塑作品在南京路上依次摆开接受游人的评判。此次作品代表了两种不同的风格——一部分是大型抽象雕塑，简洁刚毅，充满男性力量；另一部分则以具象为主，传递出女性优雅柔美的肢体语言，体现了艺术思想的相互碰撞。百姓与艺术的零距离接触，不仅增加了大众的雕塑欣赏水平，也为商业街营造出浓郁的艺术氛围。

② 上海雕塑艺术家余积勇的作品——"门、结系列"　"门系列"主要立意为：门只有常开常关，才不至于腐朽，不至于陈旧，不至于破败，才能保持旺盛的活力。世间万物，包括人在内，只有在交流中才能进步和发展，而门就成了人和外界交流的重要通道（图 4-43）。

"结系列"主要立意为："绳结"年代久远，漫长的文化积淀使得"绳结"渗透着中华民族特有的文化精髓和丰富的文化底蕴。"绳"与"神"谐音，又因绳像盘曲的蛇龙，还有记载历史事件的作用，因此"绳结"备受人们的崇拜和尊重。用"绳结"的变化来体现力量、和谐，无论是结合、结交、结缘、团结、结果，还是结发夫妻，永结同心，"结"给人的都是一种团结、亲密、温馨的美感（图 4-44）。

（2）广州雕塑公园

广州雕塑公园是以不同题材建立起的专题雕塑公园。该公园的羊城雕塑区是以广东省雕塑家创作的反映羊城风貌的雕塑作为主题造景题材，再通过园林艺术的造景手法，将雕塑、园林和建筑等多种景观要素有机结合起来，形成了一个富有艺术感染力的主题性雕塑公园。羊城雕塑区由以"华夏柱"为主题的喷泉雕塑广场、以"古城辉煌"为主题的山顶平台、以"南州风采"为主题的摩崖石刻壁雕、以"羊城水乡"为主题的云液湖景区及以休憩为主题

图 4-43 "门系列"雕塑

图 4-44 "结系列"雕塑

图 4-45 广州雕塑公园导览图

二、盆景园

盆景园是我国从 20 世纪 60 年代逐渐在公园中出现的一种园中园的形式。近年来，不仅在一些古典园林中单辟出盆景园，如苏州拙政园、留园中的盆景园，而且在各类公园中也出现了盆景专类园，如上海植物园、石家庄植物园中的盆景园等。

1. 盆景的分类

盆景艺术，是从植物栽培和造园艺术发展而成的民族瑰宝。作为一种边缘艺术，其综合吸收和运用园艺、绘画、书法、诗词、制陶、雕塑等艺术手段，利用活体植物和山石等物质材料，在盆钵一类的器皿中，通过对自然情景再现的艺术形象来表达人们的审美意向和艺术情感。

根据周政华先生提出的中国盆景系统分类方法，在彭春生先生的分类方法的基础上，按照"类—型—组—式—号—名"六级分类体系，可把中国的盆景分为三大类、七型、十六组、一百零一式、五号及不同景名，感兴趣者可查阅相关文献，在此不再赘述。

2. 盆景艺术的特点

① 盆景具有"小中见大"的特点。造园是把自然景物缩小在一定的范围内，而盆景是把景物缩小于咫尺盆中，谓之微观造园。因此，它比一般造园更概括、更集中，因而也更有利于表现大自然的风光面貌。

② 盆景是"活的艺术品"。树木花草作为盆景造型的主要材质，具有生长发育的生命特征，这决定它在制作加工上的连续性、艺术欣赏的可变性。由于季节的更换，可以看到春花、夏绿、秋果、冬姿规律性的四季景观。

③ 盆景形式多样。由于各地盆景艺师巧匠的艺术构思和表现手法不同，促进了推陈出新，使盆景造型千变万化。

④ 盆景艺术的个性。由于盆景作者的生活阅历、思想性格、艺术才能及文化素养的不同，其作品往往会出现与众不同的个性，即所谓"个人风格"。中国盆景历来讲究诗情画意，追求意境深远，其中就包含了个性的表现。这个优秀的传统正推动着现代盆景艺术不断创新发展。

⑤ 盆景艺术的自然性。作为大自然景物缩影的盆景艺术，某种程度上正好迎合了人们趋向于自然的心理需求。当然，这种对自然的趋向并不意味着不要人工，而是不可让人工占据太大的比例，即所谓"七分自然，三分人工"，而这三分人工，也须尽量做到"虽由人作，宛自天成"。

⑥ 盆景创作的艺术性。这是创作盆景的最基本要求。盆景造型要具有艺术美，而内涵意境更要深远，使人们在欣赏的时候不仅能看到景，还能通过景激发出感情，因景而产生联想，从而领略到景外的意境。

3. 盆景园规划设计要点

盆景园是以盆的形式陈列展出，适合静观细赏，需要创造清净、幽雅的环境。同时，由于盆景类型众多，需要根据不同类型的盆景特征进行环境的布局，而且游览过程需要有一定的规律性，因此，盆景园的规划设计要注意以下几个方面：

① 出入口规划设计　为了保证游览能按顺序进行，一般盆景园都设置比较明确的出口和入口。入口应和道路有较好的联系，同时体现偏、小、幽的特色，还要能点出盆景园的主题和地方特色，如石家庄市植物园盆景园入口（图 4-46、图 4-47）。

② 分区规划　可根据地形、地势、面积大小以及盆景的种类进行分区规划。通过景区、景点的组合，体现丰富的景色，而且不至于凌乱。分区规划因内容而决定主次，应地形来创造特色，以营造一种有机的空间序列。通常以不同类别和流派进行分区规划，或采用两者相结合的方式进行规划。

<table>
<tr><td>图 4-46　石家庄市植物园盆景园入口</td><td>图 4-47　主入口对景体现盆景园主题</td></tr>
</table>

③ 空间处理　利用造园要素，创造丰富的空间类型，以形成参差错落的空间布局，同时也体现盆景艺术"小中见大"的艺术特征。

④ 建筑与园林小品规划设计　盆景园中的建筑与园林小品除可以分割空间、形成景点之外，主要还是为盆景展出服务，因此，比例不宜过大，以免喧宾夺主。

⑤ 植物配置　应与盆景的展出有机结合，通常以自然式种植为主，局部可以采用规整式。而且种植的植物比例、尺度应和盆景园空间相结合，也多采用具有一定造型的植物（图 4-48）。

图 4-48　室外植物配置宛如一组大盆景组合

4.优秀设计实例介绍——北京国家植物园（北园）盆景园

北京国家植物园（北园）盆景园（图 4-49）所在的地段位于公园入口至卧佛寺之间，在几乎笔直的中轴路的东侧，属绚秋园的范围，与公园的温室区隔路相望。中轴路与盆景园相邻的路段长约 150m，北高南低，高差约 2m。地段的地势虽也是北高南低，但基本平坦。其地段南部低于路面约 1m，北部低于路面近 3m，高低分界之处有一段挡土墙。

盆景园入口位置主要是根据人流情况确定的，由于大量人流集中在中轴线上，盆景园的主要入口就选在地段与路面高差比较小的西南部。为了缓和建筑和主入口低于路面的不利因素，也是为了改善中轴路太长太直的感觉，设计者将盆景园的主体退离路边 25m，园和路之间形成了一带宽阔的绿地和门区。再利用北部园内外的高差因势利导，以挡土墙为园界，上面设一道 1m 高的石栏杆，让游人从栏杆外侧的绿地即可俯瞰最精彩的园景，这块绿地被称为"园中园"。这样设计者使园内外真正融为一体，化解了公园中单辟禁区的感觉，而且能起到吸引游人的作用。

①门前区　　②展厅　　　　③卫生间　④服务部　⑤展墙
⑥庭1　　　⑦庭2　　　　 ⑧庭3　　 ⑨大庭园　⑩敞厅
⑪水池　　　⑫千年银杏桩　⑬地栽桩景　⑭北门　　⑮园外园
⑯公园主干道　⑰养殖基地　⑱绚秋园

图 4-49　北京国家植物园（北园）盆景园总平面图

　　除主入口外，根据植物园全园游览路线的需要，在盆景园东北角面向绚秋园处开了一个次要的入口，并把两园之间的围墙设计成非常通透又比较新颖的形式，使它们形成因借关系。盆景园地段南侧是北京植物园的变电站，在它和盆景园之间留了近800m²的养殖基地，其作用是养护展品和制作供销售的小型盆景。

　　盆景园北部的主庭园完全可以说是一个中国传统风格的自然山水园林。它与建筑之间隔着面积有600m²的水池，水源设在东北的假山之内，水从半山间涌出，一路叠落经过曲桥汇入主池。假山近旁有一座小敞厅与建筑斜对，并连接绚秋园。西北部占主庭园2/3以上是绿化地和供人游憩观赏的小广场和园路。这些都是中国式自然山水园林一般所具备的内容，而这个庭园通过精心设计细部，特别是通过以地栽桩景为核心的绿化配置，与周围较为粗犷的自然环境形成了对比，产生了一种比通常园林更为精致的艺术效果。

三、体育公园

体育公园的出现是应合现代大都市的需求，是以运动为主的公园，主要供人们进行体育锻炼，参加体育游戏，从而起到医治和预防疾病的作用。它超越了一般公园的功能，有机结合了绿地与运动，同时也为市民提供更多的、充满情趣的、参与体育活动的机会，是市民身心健康的"充电器"。

1. 体育公园的类型与任务

体育公园是指具有完备的体育运动及健身设施，供各类比赛、训练及市民日常休闲健身及运动之用的专类公园。按照其规模及设施的完备性不同可分为两类：一是具有完善的体育场馆等设施，一般占地面积较大，可以开运动会；另一类是在城市中开辟一块绿地，安排一些体育活动设施，如各类球类运动场地及一些群众锻炼身体的设施，例如上海闵行体育公园即属于此种类型。

体育公园的中心任务就是为群众的体育活动创造必要的条件。

2. 体育公园的规划设计

（1）体育公园的用地选择

① 位置符合城市总体规划和文化体育设施布局的要求，便于城市居民使用。交通方便，应至少有一面或两面邻近城市干道，以便于交通疏散。

② 用地较为完整，便于设置各种体育活动场地和设施。

③ 有方便的市政管线。

④ 应有良好的环境，远离污染源、高压线路、易燃易爆品场所。

⑤ 考虑结合城市绿化、自然现状和水面，能为水上活动打好基础。

⑥ 应满足体育运动对朝向、地形等方面的特殊要求。

⑦ 满足体育场地和设施对用地面积的要求，一般要求在 $10hm^2$ 以上。

（2）体育公园的功能分区

① 室内体育活动场馆区：此区一般占地面积较大，一些主要建筑，如体育馆、室内游泳馆及附属建筑均在此区。另外，为方便群众活动，应在建筑前方或大门附近安排一处面积相对比较大的停车场，并可采用草坪砖铺地，安排一些花坛、喷泉等设施，同时起到调节小气候的作用。

② 室外体育活动区：此区一般是以运动场的形式出现，在场内可以开展一些球类等体育活动。大面积、标准化的运动场应在四周或某一边缘设置看台，以方便群众观看体育比赛。

③ 体育游览区：可利用地形起伏的丘陵地布置疏林草坪，提供人们散步、休息、游览之用。

④ 后勤管理区：为管理体育公园所必要的后勤设施，一般宜布置在入口附近。如果规模较大，也可设专用出入口与之相连。

（3）设计要点

① 全面规划，远、近期分阶段实施，并为修改和扩建预留用地。

② 功能分区明确，布局紧凑，分区要考虑不同的运动性质和动、静关系。

③ 人流量大的运动场地和设施应尽量靠近城市内部，并设有足够面积的人流集散场地（不少于 $0.2m^2$/人），以便于人流集散。同时要避免人流、非机动车、机动车流的相互干扰。

④ 停车场面积的设置应符合有关规定和停车场设计要求。机动车与非机动车停车场分开，并位于体育场地和设施的一侧，避免穿越城市干道而造成交通拥堵。在某些大型比赛设施和场地边需设置独立的小型停车场，供贵宾、运动员及工作人员使用。

⑤ 要有合理的交通组织、方便的市政管线配合、便利的管理维修。

⑥ 满足有关体育设施和内容在朝向、光线、风向、风速、安全、防护、照明等方面的要求。

⑦ 充分利用自然地形和天然资源，如山体、水面、森林、绿地等，设置人们喜爱的体

育游乐项目，如攀岩、跳伞、蹦极、骑马、游泳、垂钓等内容。

⑧ 出入口和道路应满足安全和消防的需要

总出入口应不少于 2 个，并以不同方向通向城市道路。观众出口的有效宽度不应小于室外安全疏散指标（0.15m/百人），并应不小于 5m。为满足消防通行要求，道路净宽度应不小于 3.5m，上空净高应不小于 4m。

⑨ 应设置相应的服务设施，如餐厅、体育用品商店、游人休息场所等。

⑩ 停车场地应同绿化相结合，保证绿化覆盖率。

（4）绿化设计

① 注意四季景观，特别是人们使用室外活动场地较长的季节。

② 树种体量的选择应同运动场地的尺度相协调。

③ 植物的种植应注意人们夏季对遮阴、冬季对阳光的需求。

④ 树种选择应以本地区观赏效果较好的乡土树种为主，以便于管理。

⑤ 树种应少污染，尽量少用或不用落果和飞絮的种类。落叶宜整齐，易于清扫。

⑥ 露天比赛场地的观众视线范围内不应布置阻碍视线的植物，如观众席铺栽草坪，则草坪应选用耐践踏品种。

3. 优秀体育运动休闲公园设计实例介绍

（1）北京 2008 奥林匹克运动公园

① 概况　北京奥林匹克公园位于北京市区北部城市中轴线的北端。分为三个区域：北端是 680hm^2 的森林公园；中心区 315hm^2，是主要场馆和配套设施建设区；南端 114hm^2 是已建成场馆区和预留地。奥林匹克公园的规划着眼于城市的长远发展和市民物质文化生活的需要，是一个集体育竞赛、会议展览、文化娱乐和休闲购物于一体的，空间开敞、绿地环绕、环境优美，能够提供多功能服务的市民公共活动中心。公园是北京举办 2008 年奥运会的心脏，容纳 44％ 的奥运会比赛场馆和为奥运会服务的绝大多数设施。其中奥林匹克公园中心区是整个公园的核心部分，布置有国家体育场、国家游泳中心、国家体育馆及国家会议中心等赛时比赛场馆、20 余万平方米的地下商业建筑，以及庆典广场、下沉花园、龙形水系等景观设施。

② 总体设计　奥林匹克公园坐落在老北京城中轴线上，与北京古城相呼应，也成为现代北京的重要组成部分。奥林匹克公园中心区位于明清北京的中心——故宫的正北方向。明清的北京以故宫为中心，中轴线是旧城的重要特色，奥林匹克公园正是其中轴线向北的高潮区，这条通向奥林匹克森林公园的轴线延续了北京的中轴线，也延续了北京的人文与历史。中心区的景观设计延续了北京城市的棋盘格网布局，设计风格"简约、现代、宏大"，三条相互渗透的轴线和一座下沉花园成为设计的最大特征。三条轴线分别是体现庄重理性的中轴、体现人文自然的绿轴和体现生态科学的水轴，三条轴线在一个相对紧密的空间内相互联系、互相交融，形成统一整体。

北京传统的中轴线是实轴。它南起永定门，贯穿正阳门、天安门、故宫、景山等许多大型建筑，北抵钟鼓楼。奥林匹克公园的中轴则是不摆放建筑的虚轴。2.4km 长、60m 宽的中轴景观大道贯穿中心区，延续北京中轴线平缓开阔的空间形态，北面奥林匹克森林公园的仰山稳稳地压于轴线之上，颇具北京古城之内景山之于故宫的神韵。国家体育场、国家游泳中心、国家体育馆等体育设施分布两侧；北端的湖泊与轴线东侧的龙形水系组成一条巨大的水龙，与北京古城区内中轴线西侧的水龙——什刹海、中南海遥相呼应，形成对称式布局。这样，已延伸至 26km 长的北京城市中轴线成为了一个人文与山水相融的整体。

根据中心区景观设计特点，可将中心区景观分为中轴景观大道（北京城市中轴线的延长，宽度 60m）、树阵景观区（位于中轴景观大道西侧）、庆典广场（位于国家体育场和国家游泳馆之间、中轴景观大道西侧）、下沉花园（位于公园中部，国家体育场北侧，中轴景观大道东侧）、北侧休闲花园（位于下沉花园北侧，中轴景观大道东侧）、龙形水系（位于国家体育场下沉花园、休闲花园东侧的带状水系）、东岸自然花园（位于龙形水系东侧的带状水边绿地）等不同的特色景观区域（图4-50）。

1—森林公园

2—奥运村

3—会议中心

4—公共设施

5—中国科技馆

6—国家体育馆

7—国家游泳中心

8—国家体育场

9—奥体中心体育馆

10—英东体育馆

11—奥体中心体育场

12—元大都遗址公园

13—文化设施

14—凯迪克大厦

15—信息大厦

16—商业设施

17—安慧变电站

图 4-50　北京奥林匹克公园平面简图

（2）世纪华阳体育休闲公园

公园位于河南省洛阳市，占地约41300m²，是城市街区与居住社区之间的体育休闲公园。综合性的区域条件使其有别于许多传统体育公园，公园以研究人的行为方式的改变为前提，崇尚自然，强健体魄，引入植物健身、娱乐健身的概念，追求最休闲、最放松的生活方式（图4-51）。

体育休闲公园的建设将绿地与运动场所有机地融为一体，在创造出自然景观的同时，也使公园成为体育健身场地。引入了"绿肺"与"绿肾"的概念，以大量的绿色植物促进生态循环，完成了城市的绿氧渗透，既创造了优美、有内涵的环境，又提供了健身娱乐的场所。

图4-51　世纪华阳体育休闲公园平面简图
1—航海广场；2—锦绣华阳；3—芳草竞鸢；4—草暖花坞；
5—蝴蝶岛；6—体育运动区；7—静思潮；8—生命之源；
9—红叶谷；10—次入口广场；11—次入口；12—阳光
西海岸；13—西入口商业街；14—中央广场；
15—钻石风情街

① 动静区的划分　身体、生理和心理的健康需要通过不同功能区域的划分来实现。将动区集中在东南侧，如篮球场、羽毛球场、乒乓球场，提供竞技运动；将静区集中在西侧，如水中小岛、平台围合起的静谧空间。动静区的划分使得整个公园的使用功能更完整。

② 水元素的运用　公园中的水串联了东北角的居住社区入口和西南角的城市街区入口，水位由东北汇至西南层层跌落，形成了溪流、跌瀑、湖泊等多种水体形态。在此基础上，植物群落有效规划，使得生态得到有效平衡。水贯穿始终，也使得公园的休闲活动更加丰富，如春秋可举行水上航模比赛，冬天则可以利用结冰的湖面进行有组织和管理的溜冰活动。

③ 岛屿的设计　有了水，就会形成岛屿，每个岛屿都成为一个独立区域，丰富了景观结构。如蝴蝶谷上以芬芳植物来吸引蝴蝶环绕，并形成了蝴蝶广场；红叶谷上可以观赏湖沿岸的红叶，层层起伏的色叶植物形成了色彩丰富的风景林带；钓鱼岛则安静平和，可供人们钓鱼、赏鱼。

④ 夜景照明　都市中工作的人们朝九晚五，更多时候只能利用夜晚华灯初上之时进行适量的锻炼，因此晚上开辟适当区域进行运动休闲也极为必要，如散步赏月、在广场上进行文艺表演都是不错的活动。

四、纪念性公园

（一）概述

1.纪念性公园的性质

纪念性公园是人类以技术与物质为手段，通过形象思维而创造的一种精神意境，从而激起人们的思想情感，如革命活动故地、烈士陵墓、历史名人活动旧址及墓址。这类公园既可以供人们瞻仰、凭吊，有一定的纪念教育意义，同时也是城市居民休息、游览的好去处。

2. 纪念性公园的任务

纪念性公园是颂扬具有纪念意义的著名历史事件和重大革命运动，或纪念杰出的科学文化名人而建造的公园，其任务就是供后人瞻仰、怀念、学习等，另外还可以供游人游览观赏。

3. 纪念性公园的类型

纪念性公园在城市绿地系统中，或附属于综合公园之中，或独立于公园之外。大体有以下类型：

① 烈士陵园（公园）　为纪念缅怀先烈，在烈士牺牲或就义地建造的公园，如朝鲜的中国人民志愿军烈士陵园、南京雨花台烈士陵园、广州烈士陵园、长沙烈士公园等。

② 历史名人或历史事件性园林　为纪念历史名人或某一历史事件而建造的具有纪念性的园林，如日本长崎和平公园、上海的虹口公园、长沙的橘子洲公园等。

③ 名人纪念性园林　为纪念伟人而在其墓地（或遗体、骨灰存放处）建造的供人瞻仰、缅怀的园林，如苏联的列宁陵墓，我国北京的毛主席纪念堂、南京中山陵、广州中山纪念堂等。

④ 小型纪念性园林　又可分为两类，一类常以公园的一个分区（或景点）的形式出现，如日本人民为缅怀周恩来总理为日中友好做出的丰功伟绩而在京都市郊风景胜地岚山山麓的龟山公园内建造的"岚山周恩来总理纪念诗碑"。一类则独立于公园之外，如在美国首都华盛顿市建造的"华盛顿纪念碑"，在厄瓜多尔首都基多城北赤道线上建造的"新赤道纪念碑"。

（二）纪念性公园的规划设计

1. 纪念性公园规划设计的原则

① 纪念性公园的布局形式宜采用规则式，不论地形高低起伏或平坦，都应有明显的轴线和干道，主体建筑、纪念形象、雕塑等应布置在主轴线的制高点上或视线的焦点上，以利突出主体，其他附属设施对称布置在轴线两侧。

② 以纪念性活动和游览休息等不同的功能特点来划分不同的空间。在纪念区，地形为规则式的平地或台地，除纪念区外，还应该有一般园林所应有的园林区，但要求两区之间必须以建筑、山体或树木分开，二者以互不通视为好。

③ 在树种规划上，纪念区应以具有某些象征意义的树种为主，如松柏等，休息区则应创造一种轻松的环境。

2. 纪念性公园的功能分区

纪念性公园在分区上不同于综合公园，根据公园主题及内容，一般分为两个区。

（1）纪念区

一般位于大门正前方，游人数量相对较多，通常应有集散广场，并应与纪念物周围广场用规整的树木、绿篱隔开。一般也要根据纪念的内容不同而有不同的建筑和设施，如为纪念碑，则纪念碑应为建筑中最高大的，且位于纪念广场的几何中心，且纪念碑基座应高于广场平面，同时在纪念碑碑体周围应有一定的空间作为纪念活动使用，例如摆放花圈、鲜花等。纪念馆应布置在广场一侧，馆前应留出足够场地为人们集散所用，特别是遇逢具有纪念意义的日期，群众活动会增多。

对于以纪念性墓地为主的纪念性公园，一般墓地本身不会过于高大，因此，为了使其在构图中突出，墓地周围应避免设置高大建筑物，同时还应使墓地三面具有良好的通视性，而另一面则应布置松柏等常绿树种。

（2）园林区

该区主要是为游人创造良好的游览、观赏内容，为游人休息和开展游乐活动服务。全区地形处理、平面布局都要因地制宜、自然布置，亭、廊等建筑小品的造型均宜采用不对称的构图手法，以创造活泼、愉快的游乐气氛。

3. 纪念性公园的道路系统规划

（1）纪念区道路

该区的道路一般所占比例相对较小，因为本区常把宽大的广场作为道路的一部分。结合规则式的总体布局，道路应以直线为主，特别是在出入口，主路轴线应与纪念区的中轴线重合。道路两侧应采用规则式种植方式，常以绿篱、常绿行道树为主，使游人视线集中在纪念碑、雕塑上。

（2）园林区道路

该区道路宜自由式布置，关键是本区与纪念区道路连接处的位置选择，应选择在纪念区的后方或纪念区与出入口之间的某一位置，最好不要选择在纪念区的纪念广场边缘，那样一是会破坏纪念区的布局风格，二是会影响纪念区庄严、肃穆的气氛。

4. 纪念性公园的种植设计

纪念性公园的植物配置应与公园特色相适应，既要有严肃的纪念性活动区，又要有活泼的园林休息活动部分，种植设计要与各区的功能特性相适应。

（1）入口处植物设计

纪念性公园的入口在城市主干道一侧，一般在门口两侧用规则式的种植方式来强调公园的特殊性，还可以做适当的修剪整形，以与园内规则式布局协调一致。出入口广场中心的雕塑或纪念形象周围可以花坛来衬托。主干道两旁多配置排列整齐的常绿乔灌木来创造庄严肃穆的气氛。

（2）纪念区植物设计

纪念区包括碑、馆、雕塑及墓地等。在布局上，以规则的平台式建筑为主，纪念碑一般位于广场几何中心，其周围宜以草坪为主，可以适当种植具有规则形状的常绿树种，如桧柏、黄杨球等，并以松柏等常绿树种做背景，适当点缀红色花卉，以与绿色形成强烈对比，也寓意先烈用鲜血换来今天的幸福生活，激发游人的爱国热情。

纪念馆前多用庭院绿化形式来布置，与纪念主题一致，用常绿树按规则式种植，树形可适当增大。在常绿树前可种植大面积草坪，以达到突出主体建筑的作用，并可考虑配置一些花灌木。

（3）园林区植物设计

园林区在种植上要结合地形按自然式布局，树木花卉种类的选择要丰富多彩，注意季相变化。该区树种的选择要与纪念区有所区别，应多选择观赏价值高、开花艳丽、树形树姿富于变化的树种。丰富的色彩可以创造欢快的气氛，自然式种植的植物群落可以调节人们紧张、低沉的心情，创造四季不同的景观。如广州起义烈士陵园大量使用了凤凰木、木棉、刺桐、扶桑、红桑等，南京雨花台烈士陵园多用红枫、榉木、茶花等，体现了游览、休息、观赏的功能需要。

（三）优秀纪念公园设计实例介绍

1. 唐山地震遗址纪念公园概念设计

1976 年 7 月 28 日凌晨发生在唐山的里氏 7.8 级地震是 20 世纪世界十大灾难之一。为了铭记这场人间浩劫，纪念地震中遇难的同胞，中国建筑学会和唐山市规划局于 2007 年 5～8 月共同举办唐山地震遗址纪念公园国际设计竞赛。竞赛地位于唐山市南湖区域，原为百年老矿——唐山矿的采煤沉陷区。竞赛中需要保护的地震遗址——唐山机车车辆厂铸钢车间建于1959年，在唐山地震中几乎全部倒塌。遗址位于约40hm²公园基地西侧，紧邻铁路。基地南侧为岳各庄，北侧为民房，东侧为几十家工厂的临时厂房和苗圃。设计内容即是对这个约40hm²范围的用地进行概念设计。

（1）引入遇难者纪念墙和纪念之路

一条通向地震遗址的"纪念之路"和总长近400m的纪念墙（图4-52、图4-53）把水体和树林分开。这条新的线性元素与旧的线性元素——废弃铁轨分别贯穿基地南北和东西两个方向，并在交叉节点设纪念馆和科普馆，从而把整个基地分为四个部分：遗址区、水区、林区、铁轨区。设计师希望通过不同类型的景观并置和强烈对比实现空间以及场景的戏剧性变换，并在此基础上体现纪念性。

墙的一侧，大面积的水体和坡地呈水平开阔的形态，凸显纪念墙在高度和长度上的巨大尺度。纪念路尽端的遗址废墟在宁静水面的倒影中突出了它在整个公园的核心地位。墙的另一侧是树的海洋。四排高大的杨树和墙体平行种植，强化了这条主轴，并形成高耸深远的空间透视感。刻满名字的黑色花岗岩墙体"切割"了整个基地，以最"暴力"的手段强化了墓地东西方向纵深的特征，正确地定义了出入口的位置，并给公园的纪念活动以明确的方向感。同样，这也是最"不暴力"的手段，最大限度保持基地的原有特征和完整性。纪念墙的景观屏蔽作用，纯化了墙体两侧的景观元素，一面开阔辽远，一面密不透风，通过墙体之间的缝隙渗透少量景观和人流。当人站在纪念主路上仰视纪念墙上的名字时，能从墙体顶部看到后面高大杨树的树梢，风掠过，沙沙的声音，仿佛呜咽。

图4-52　纪念之路

图4-53　刻满遇难者姓名的碑墙

（2）景观的隐喻和陌生化

"一沙一世界""一草一木皆有情"。在这样一个需要表达丰富情感的场所里，除了通过仪式性的尺度和空间处理体现纪念性外，景观的隐喻和陌生化也是绝对不能忽视的。隐喻是无法言说的，一棵树的力量往往令任何语言望尘莫及（图4-54）。通过隐喻和陌生化，一些景观细节上的微妙处理能让人感到心灵的震撼，这种纪念性更意味深长，让人在惊鸿一瞥中体会生命与自然的本质。

（3）建立建筑与景观的对话

地震纪念馆与科普馆是地震公园中的关键建筑，由于其位置紧邻遗址，如何处理其与遗址和周围景观的关系成为设计的重点。过于自我的形态会与废墟的形态发生冲突，过于谦卑也会减弱该建筑自身应有的特征。于是设计师规定了以下原则：①建筑不应高于废墟的平均高度；②形态应单纯有力，符合整个公园的纪念性特征；③在功能上与纪念墙和纪念路统一考虑；④在空间和视觉上与景观发生对话。在此基础上，纪念馆和科普馆被设计成两个长方

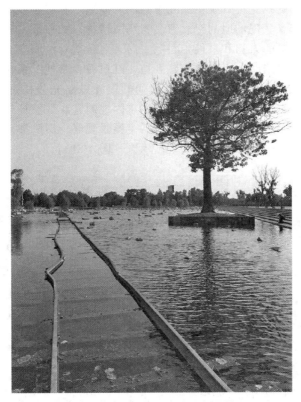

图 4-54 景观隐喻——一棵树的力量

形的盒子，一个"埋藏"在地下，一个"飘浮"在空中，两个馆在地下连通。纪念馆紧邻纪念墙，在纪念路下方，顺纪念墙沿坡道向下进入纪念馆。科普馆底层通透，使得其北侧铁轨区和南侧广场在空间和视觉上贯通，当参观者从铁轨区穿过低矮幽暗的架空层向充满阳光的遗址广场走去，视觉上渐渐明亮开阔，当走出架空层，废墟、广场、水面和天空以完全不同的尺度突然呈现，会使人的情绪在压抑多时后瞬间得到释放。在这个过程中，建筑和景观都不是孤立的，而是在对话中建立了统一的空间系统。看似对立的建筑与景观通过戏剧化的方式展现了一种张力，互为因借，相得益彰，纪念性的主题因此而升华。

2. 留村毛主席路居地文化园

留村毛主席路居地文化园（图 4-55）是红军东征时毛主席的路居地和千古绝句《沁园

图 4-55 留村毛主席路居地文化园航拍顶视图

春·雪》的创作地，也是我党抗日统一战线思想的发源地，具有重要的革命教育意义和历史文化价值。项目改造重点呈现场地的纪念意义和场所精神，如东征主题形象墙用浮雕艺术的形式讲述东征历史中重要的人物和事件，将毛主席著名诗篇《沁园春·雪》以景观展墙的方式呈现出来，同时关联"纪念公园、展示陈列馆、红色教育基地"系统主题化营造，聚焦提升红色主题文化概念，在原项目基础上通过现代的设计思路充分挖掘塑造本地红色主题文化。园区改造更新以尊重和再现历史为原则，注重因地制宜、发掘场地现有条件，根据空间功能划分为六个片区：入口形象区、沁园春·雪主题景观区、展陈展示区、主席路居地风貌还原区、会议接待及配套区和历史风貌场景展示区（图4-56）。

图4-56　空间功能分析图

入口处利用之字形流线弱化高差的同时，增加进入场地的隐蔽性和纪念性（图4-57）；之字形路与主题景观大道交点设置东征主题形象墙（图4-58）。与主题形象墙遥相呼应的圆形广场中心，放置原场地保留下来的毛主席雕像，两处雕塑节点之间以大地艺术的形式，营造"千里冰封，万里雪飘"的景观意境；主席路居地院落入口区域利用现状大树，配合毛石矮墙、座凳、树池以及大面积砾石铺地塑造院外过渡景观的休闲空间。落地结合西北地区传统夯土挡墙的形式，将夯土技术应用在景观挡土墙及景观空间的分割，同耐候钢板及石材等现代材料结合，既体现出现代文化品质，又达到回归自然、重塑本源的设计效果（图4-59），绝大部分工程依靠当地原生农民完成，以低成本的方式满足乡村改造的诉求。

图4-57　入口处利用之字形流线弱化高差

图4-58　东征主题形象墙

留村毛主席路居地文化园的规划落地，完善了原址的硬件服务，加强了原址的纪念性，丰富了原址的教育内容，可以充分发挥革命原址及革命文物在开展爱国主义教育、培育社会主义核心价值观、实现中华民族伟大复兴中国梦中的重要作用，为红军东征历史的研究提供了更多的内容与不同的视角。留村毛主席路居地文化园项目以文化扶持的方式，对原有留村客栈人文风貌和景观环境进行全方位的挖掘提升，因地制宜，通过原生场地材料的结合再现，实现乡村文旅主题化、低成本的改造更新模式，带动区域旅游产业和教育产业的双向发展。

图 4-59　夯土技术的景观挡土墙

五、儿童公园

1. 概述

儿童公园是单独或组合设置的，拥有部分或完善的儿童活动设施，为儿童创造和提供以户外活动为主的、适宜儿童娱乐、运动和开展科普活动的环境，使他们能在其中得到锻炼，学习科学文化知识，具有完善、科学、安全的设施的专类公园。其作用是使儿童在有益健康的自然环境中进行游戏、娱乐和体育活动、文化教育活动。儿童公园必须保证具备较好的条件来扩大儿童的眼界，通过儿童科普教育内容、游戏设施的设立、多种业余小组活动的开展，向儿童介绍科学、技术和艺术等各个领域的知识。

（1）儿童公园的产生和发展

在工业化革命以前，农业人口居多，城镇以外的儿童主要游乐环境是大自然，而城镇中的儿童活动主要集中在城镇中的院落里，大街小巷也是儿童结伴游憩的场所。

随着工业革命的来临，城市化进程加快，城市中儿童游乐场所缺失的问题逐渐显现出来。院落的狭小、街道的不安全性等因素，使得儿童游乐空间逐渐变小。应运而生的、最早的儿童公园以城市综合公园里的一部分——儿童游戏场的形式出现，深受广大家长和儿童的喜欢，也使得这种形式的儿童公园得到了快速的发展。城市的快速发展，带动着居住区的发展，多层及高层住宅的普及，居住密度增加，在居住区内部建设儿童游乐场所成为必需。1933 年在国际建筑师大会上通过的雅典宪章《城市规划大纲》中写道："在新建居住区，应该预先留出空地作为建造公园、运动及儿童游戏场之用。"这是首次在国际学术界提出在居住区建设儿童游戏场。

许多发达国家很早就开始重视儿童游戏场的建设。美国于 1906 年成立了"全美儿童游园协会"，推动了儿童游园的发展。英国自由团体"儿童救济基金会"发起大城市和工业区的"游戏班"运动，并于 1962 年成立了全国组织——"游戏班联合会"。

我国自 1949 年以来在一些城市中相继建成了儿童游戏场、儿童乐园，尤其是近几十年，我国城市化进程加快，居住区扩大，居住处及其附近出现了更多的适合儿童就近游玩的场所。

（2）儿童公园的分类

① 综合性儿童公园　综合性儿童公园是为全市或较大区域内儿童提供休息、游戏、娱

乐、体育活动及科普教育的专类公园，如深圳坪山儿童公园、福州市儿童公园（图 4-60、图 4-61）。综合性儿童公园一般占地较大，园区内风景优美，设备齐全，其中包含游戏场、戏水池、球场、游戏器械场所、阅览室、展览馆、科技馆、餐饮服务中心等组成部分。

图 4-60　深圳坪山儿童公园导览图

② 特色性儿童公园　特色性儿童公园是在儿童娱乐、运动、学习等方面，突出一项活动内容，并加入其他儿童公园相应设施的专类公园。如 2006 年在日本东京开设的 Kidzania 职场体验儿童公园，公园旨在为 2～15 岁的孩子提供十分逼真的工作环境，让其身临其境地体验 80 多种成人职业，从而培养儿童的社会技能，形成正确的金钱观念。

③ 儿童乐园　儿童乐园通常占地面积较小，仅能满足较小区域内儿童游憩的需求，可以是综合公园中的一部分，也可以是具有部分儿童设施的小型游乐场。设施简单，可以在居住区内安设相应的场所。

2. 儿童公园总体规划设计

（1）儿童户外活动的特点

对儿童公园进行规划设计，首先要了解儿童户外活动的特点，只有掌握了这些，才能有针对性地对儿童公园进行规划设计。儿童户外活动特点主要体现在以下几个方面。

① 年龄聚集性　儿童户外活动往往以年龄为分组依据，年龄相仿的儿童多在一起游戏。游戏内容也因年龄不同而不同，3～6 岁的儿童多喜欢玩秋千、跷跷板、沙坑等，但由于年龄小，独立活动能力弱，常需家长伴随；7～12 岁，以在户外较宽阔的地方活动为主，如跳格、跳绳（或橡皮筋）、小型球类游戏（如足球、板球、羽毛球、乒乓球等），他们独立活动的能力较强，有群聚性；12～15 岁，该年龄段的孩子德、智、体已较全面发展，爱好体育活动和科技活动。

② 季节性　春、夏、秋、冬四季和气候的变化对儿童户外活动有很大的影响。一般春、秋两季儿童户外活动人数较多，冬季和夏季相对较少。同一季节中，晴天活动人数多于阴雨天。

③ 时间性　儿童游玩大多利用节假日，且多集中在上午 9 点到 11 点，下午 3 点到 5 点。小区内儿童活动场地，一天当中午饭和晚饭后人数最多。

④ 自我中心性　2～7 岁的儿童，活动时注意力不受环境的制约和影响，表现出一种不注意周围环境的"自我中心"的思维状态。

绿化景观带

次入口片区

设施娱乐区

高乐缓冲区

游施娱乐区

设施娱乐区

亲子交友活动区

康体健身区

中心戏水区

综合管理及卡通主题区

感知体验区

主入口片区

创意娱乐区

绿化景观带

停车区

次入口片区

图 4-61　福州市儿童公园平面图

（2）规划布置要点

根据以上儿童活动的行为特征，在规划设计时应注意以下要点：

① 按照不同年龄儿童使用比例划分用地。

② 为创造良好的自然环境，绿化用地面积应占 50% 左右，绿化覆盖率宜占全园的 70% 以上。

③ 儿童公园内的导游线和道路网宜简单明确，便于儿童辨别方向，寻找活动场所。道路设计应尽量少用台阶，以便幼儿行走和童车的推行。

④ 儿童公园中的建筑和小品应形象生动，颜色鲜明，并可适当运用易为儿童接受的民间传说故事和童话寓言故事为主题。

⑤ 儿童玩具和游戏器械是儿童公园活动的主要内容，必须按一定的分区组合布置。

⑥ 各活动场地中应设置必要的座椅和休息亭廊等，供带孩子来园游玩的成年人使用。

（3）功能分区

儿童是尚处于成长阶段的群体，在每个年龄段都有其独特的心理特点，各阶段之间特点差异较大，呈现不同的游戏行为方式（表 4-5）。

表 4-5　不同年龄组的游戏行为

年龄	游戏种类	结伙游戏	组群内的场地		
			游戏范围	自立度	攀、爬、登
1.5 岁以下	在椅子、草坪、广场处玩的游戏	单独玩耍，或与成年人在住宅附近玩耍	必须有保护者陪伴	不能自立	不能
1.5～3.5 岁	在沙坑、广场、草坪、椅子等处玩的游戏	单独玩耍，偶尔和别的孩子一起玩，和熟悉的人在住宅附近玩耍	在住地附近，亲人能照顾到	在分散游戏场，有半数可自立，集中游戏场可自立	不能
3.5～5.5 岁	秋千经常玩，喜欢变化多样的器具，4 岁后玩沙坑时间较多	参加结伙游戏，同伴人逐渐增多，往往是邻里孩子	游戏中心在住房周围	分散游戏场可以自立，集中游戏完全能自立	部分能
小学一、二年级	开始出现性别差异，女孩利用游戏器具玩，男孩子以捉迷藏、球类运动等为主	同伴人多，有邻居、有同学、朋友，组成逐渐多样，结伙游戏较多	可在住房看不见的距离处玩	有一定自立能力	能
小学三、四年级	女孩利用器具玩较多，如跳橡皮筋、跳房子等等。男孩子喜欢运动性强的运动	同伴人多，有邻居、有同学、朋友，组成逐渐多样，结伙游戏较多	以同伴为中心玩，会选择游戏场地及多种游戏品种	能自立	完全能

注：资料来源于《城市园林绿地规划与设计（第二版）》（李铮生，2006）。

通过以上的分析，儿童公园内的分区一般如下：

① 学龄前儿童区　以学龄前儿童为主，注重引导儿童的创造力，并注重儿童活动的安全性。

② 学龄儿童区　学龄儿童以结伙游戏为主，应提供较为宽阔的场地，并在其中引导儿童做出正确的游戏选择。

③ 体育娱乐活动区　以器械为主，在运动竞技的理念下，培养儿童加强身体锻炼的良好生活方式。

④ 少年科普活动区　区域内多提供能培养学习科普知识的活动，并适当准备一些可以让儿童自己动手的实践活动室（区），以满足儿童对知识的渴求。

⑤ 办公管理区　配合儿童公园进行相关管理的行政办公设施区域。

⑥ 公共辅助设施区　为儿童及家长提供在园内游乐时其他的辅助设施，包含卫生间、休息室、紧急医疗站、快餐店、商店等。

公园分区设施和场地的名目和数量，取决于儿童公园的规模。儿童公园的规模平均 3～20hm²，公园面积在 10hm² 以上时，才有划分功能分区的可能。

3. 儿童公园设施规划设计

（1）游戏场地规划设计

① 尽可能按不同年龄儿童使用比例、心理及活动特点进行空间划分。

根据儿童年龄大小，合理对儿童游戏活动进行分类，安排不同的场地。学龄前儿童多安排运动量小、安全、便于管理的室内外游戏活动，如游戏小屋、室内玩具、电瓶车、转盘、跷跷板、摇马、沙坑、戏水池等简单的游戏活动项目。学龄儿童处在结伴游戏年龄，是对知识探索和运动偏好的时期，应多安排少年科技馆、阅览室、展览馆、障碍活动等集体性强的活动项目。

学龄前儿童游戏场，多为单一空间，多用小水池、沙坑、铺装、绿化、绿篱或矮墙围合，减少出入口，场内避免大量的视线遮挡。可设置一些成品器械，简单、安全，还可设置一些模拟材料器械，供儿童营造、拆卸。

学龄儿童游戏场一般也应分区设计，可划分为运动区、器械区、科学园区、休息区等，其间可以通过一些绿篱来分隔，并通过区域铺装的改变形成各区域特点。

构成儿童游戏场空间的要素是周围的建筑、小径、铺装、绿地、篱笆、矮墙、游戏器械、雕塑小品等。其中绿地是儿童游戏场空间的重点要素，设计需要突出游戏场的个性和趣味。

② 注意创造优良的自然环境，要求有较高的绿地面积及绿地覆盖率，并有良好的通风、日照条件。

③ 儿童公园内的建筑及各种景观小品应根据儿童的喜好和特点，选择造型新颖、色彩鲜艳的作品。

④ 在植物种植上，选择无毒、无刺、无异味的树木和花草。

（2）道路与广场规划设计

儿童公园道路通常为环状，按照公园大小和人流的方向可设置一个主入口和相应的多个次入口。入口应稍加处理，以增加公园的吸引力，但要简单明了。园内道路分为主路和次路，其中主要道路要能通行汽车，次要道路为游憩小路，应平坦，以方便步行，避免用卵石式毛面铺装，以免儿童跌倒。此外，园路还应考虑童车推行以及小三轮车骑行的需要，一般不设置台阶和踏步。

广场分为集散广场和游憩广场两种。集散广场多设在大门入口和主要交通节点、主要建筑物附近，一般多为硬质铺地，供游人集散、停车。游憩广场主要供儿童或家长休息，应多设置绿化、座椅等。

（3）建筑设施规划设计

园区内建筑是不可少的，建筑与器械、绿化共同组成了儿童的景观视野，所以建筑的多样、美观等都直接对儿童在园中游戏的感觉起到重要的作用。园中建筑的功能多样性包含游乐、服务、管理、休息等，必须结合各种功能和场地的大小来整体规划这些特色用房。园内的建筑以它特定的环境和对象，限定了它所应有的建筑风格和特点——体型活泼多样，色彩对比鲜明，易于儿童识别和记忆，富有想象力，尺度适当，安全设施齐备等。可灵活采用多种结构形式和材料的建（构）筑物。

① 游艺性建筑　指内含游戏器械，使游戏项目不致暴露在室外而建的建筑，也包括那

些本身极富游戏性、空间有趣味、样式别致的建筑。这类建筑一般体量较大，多用钢结构、钢筋混凝土结构修建，并提供较大的活动空间。

② 服务性建筑　指为儿童、游客提供商业、饮食业、卫生等服务的建筑，如商店、冷热饮店、小吃店及卫生间等，建筑规模一般属中小型。

③ 管理用房　指儿童公园管理、营业、服务、维修人员的办公用房，其中也包括与管理有关的维护建筑物，如围墙、办公室、值班室、售票室、仓库等。

④ 休息建筑　指为儿童、游客提供休息场所的建（构）筑物，如亭、廊等。

⑤ 综合性建筑　指具有以上几种功能的多功能建筑。

（4）儿童公园游戏设施规划设计

1）游戏设施类型与设计

① 草坪与铺面　柔软的草坪是儿童进行各种活动的良好场所，同时还需设置砖、石、沥青、玻璃、棉砖等铺装材料的硬地面。

② 沙土　在儿童游戏中，沙土游戏是最简单的一种，学龄前儿童踏进沙坑立即会感到轻松愉快。沙土的深度以 30cm 为宜，每个儿童 1m² 左右。沙坑最好置于向阳的地方，这样既有利于学龄前儿童的健康，又能给沙土消毒，要经常保持沙土的松软和清洁，定期更换沙土。

③ 水　在较大的儿童游戏场常常设置涉水池（图 4-62、图 4-63），在炎热的夏季不仅能吸引儿童嬉戏，同时也可以改善局部小气候。水深以 15～30cm 为宜，可设计成各种形状，也可用喷泉、雕塑加以装饰。池水要常换，冬天可改作沙坑使用。

图 4-62　与喷泉结合的涉水设施　　　　图 4-63　成都云朵乐园涉水池

④ 游戏墙　游戏墙、各种"迷宫"以及专用地面是儿童游戏场常见的设施。游戏墙可以设计成不同形状，便于儿童钻、爬、攀登，锻炼儿童的识别、记忆、判断能力。墙体可设计成带有抽象图案的断开的几组墙面，也可以设计成连成一体的长墙，还可以做成能在上面画画的墙面。游戏墙的尺度要适合儿童的活动，宜设在主要迎风面或噪声对住宅扩散的主要方向上（图 4-64）。

图 4-64　具有抽象图案的游戏墙

2）器械设施类型与设计

① 摇荡式器械　摇荡式器械以秋千和浪木为代表。秋千是在木制或金属架上系两根绳索，下面拴上一块木板，儿童利用脚蹬板的力量在空中前后摆动（图4-65）。浪木也称浪桥，将一根长方木两端设铁链，平悬在木架上，儿童站在长方木上来回摆荡。

图4-65　摇荡式器械

② 滑行式器械　这类器械中最有代表性的是滑梯。高1.5m左右的小滑梯可放在室内，供3~4岁学龄前儿童使用；高3m左右的可供10岁左右的少年使用；跨度比较大的可供几个儿童并行滑下。波浪形、曲线形、螺旋形等滑梯由于上下起伏或改变滑行方向更能增加儿童的游玩乐趣。制作材料可用木材、金属或钢筋混凝土等。形状上可塑造不同形态的动物或神话传说故事中的人物图案（图4-66）。

图4-66　滑行式器械

③ 回转式器械　如转椅，它是用金属或木材制作圆盘，中心设立轴可以旋转，盘上设小椅4~10个，儿童坐在椅上，由成人施力旋转，使乘坐的儿童产生前进感，是学龄前儿童喜爱的器械。如果转动的主轴设在较高的立柱上端，可做成转伞或转环；以球状为主题则形成转球（图4-67）。

图4-67　回转式器械

④ 攀登式器械　一般常用木杆或钢管组接而成，儿童可攀登上下并在架上做各种活动，是锻炼全身的良好器材。传统的攀登架每段高 50～60cm，由 4～5 段组成框架，总高约 2.5m。攀登架可设计成梯子形、圆锥形、圆柱形或动物造型，可设计成能组接的元件，方便安装和拆卸，是游戏器械中形式最多的一种（图 4-68）。

图 4-68　攀登式器械

图 4-69　起落式器械

⑤ 起落式器械　压板是最常见的起落式器械，用木或金属支架支撑于一块长木板的中心，儿童对坐两端，轮流用脚蹬地，使身体随木板上下起落。压板的水平高度约 60cm，起高约 90cm，落高约 80cm，每端可乘坐单人或双人。如果将支点提高，则成旋梯，儿童可站立手握梯把上下起落。其他如旋转式压板、悬吊式压板则是起落式器械与其他类型器械的组合（图 4-69）。

⑥ 组合式器械　将以上几种器械组合起来，联合制作，既可以节省空间和材料，也可以丰富器械的功能。通常的组合有直线、十字和方形组合等。

4. 儿童公园绿化规划设计

城市中的儿童公园以给儿童活动空间和阻挡城市喧嚣、使儿童回归大自然为目的，所以公园应创造良好的自然环境。园内各分区宜以绿化分隔，且需要特别注意儿童在活动区中的安全。

（1）绿化配置要点

① 儿童游戏场周围应种植浓密乔灌木，减少游戏场出入口数量，使其成为安全的封闭空间。

② 整个公园中的绿化面积应大于 65%。

③ 在游戏场中应有一定的遮阳区、草坪和花卉，但应不阻碍场内视线，并使儿童便于记忆。

④ 绿化布置方面应适合儿童心理，应多采用体态活泼、色彩鲜艳的植物，以引起儿童的兴趣。

（2）树种选择要点

① 在树种选择上尽量选择生长健壮、便于管理的乡土树种。它们少病虫害，耐干耐寒，

耐贫瘠土壤，便于管理，具有地方特色。

②乔木宜选用高大荫浓的树种，夏季庇荫面积应大于游戏活动的50%，树木的分枝点不宜低于1.8m，以避免儿童攀爬发生危险；灌木宜选用萌发力强，直立生长的中、高型树种，这些树种生存能力强，占地面积小，不会影响儿童的游戏活动。

③在植物的配置上要有完整的主调和基调，以形成全园既有变化但又完整统一的绿色环境。

④在植物的选择方面尽量避免选用有毒、有刺、有絮、有刺激性气味的植物。

5.优秀设计实例介绍

（1）杭州儿童公园

杭州儿童公园位于西湖东岸，旧址是涌金公园，面积3.2hm²。该公园面临西湖，临近市区，交通方便，适于儿童游览、活动。1977年改建成为儿童公园（图4-70）。

图4-70 杭州市儿童公园平面图

①内容和分区

a.园前区 宽阔的主园路两边布置20多米的带形花坛，前端有雷锋塑像，后端小广场上有圆形喷水池。

b.少年活动区 公园北部，以设有露天演出台的大草坪为中心，东边是由独木桥、铁索桥、雪山、滑索等游具组成的"万水千山"活动场地，北边是舞台、游船码头、休息亭廊；西南边是秋千、浪船及大型电动游具。东南部是游戏场。

c.幼儿活动区 以原有的亭、廊、楼建筑为主体，设有游艺室、阅览室、陈列室等，室外场地上布置有降落伞、滑梯、风车、转椅等10多种游具200多件。还设有儿童戏水池及童车场。

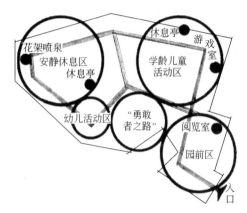

图 4-71 上海爱思儿童公园平面分区示意图

② 布局特点

从活动内容到空间组织，力求丰富多彩、生动活泼。原前区布置的形象显示其公园性质。原规划中拟建小火车，因此园路建有数个立体交叉和隧道，高低起伏，丰富了空间景观，迎合儿童兴趣。

（2）上海爱思儿童公园

爱思儿童公园（图 4-71、图 4-72）建自 1954 年，面积仅有 2hm²，1965 年改建后增加了"勇敢者之路"、休息廊等，活动内容丰富，成为当时较为完善的全市性儿童活动园地。

① 内容和分区

a. 学龄儿童活动场地 是公园的主体部分，设有螺旋滑梯、秋千、跷跷板、攀登架等游具。场地北侧有儿童游戏室及花架休息廊，西侧有休息亭廊。

图 4-72 上海爱思儿童公园平面图

b. 勇敢者之路 由爬网、高架滑梯、溜索、独木桥、越水、越障、战车、索桥等 15 种游具组合成的游戏场，有固定的游戏路线。

c. 幼儿活动场地 设有转椅、跷跷板、动物造型滑梯等游具，场地邻接安静休息区。

d. 安静休息区 公园南端堆筑大假山（结合人防工程），山上小径盘曲，山边建休息亭。

② 布局特点

以环形路组织不同年龄组的活动场地，分区明确。"勇敢者之路"布局紧凑，充分利用园地，游具组合生动。安静休息区可设置园景，改变活动场地的单一感。

思 考 题

1. 儿童公园有哪几种类型？
2. 儿童公园规划时应考虑哪些问题？
3. 如何从儿童公园的心理及行为特征进行儿童公园的规划设计？
4. 儿童公园绿化应注意哪些方面？
5. 如何进行儿童游戏设施的规划设计？
6. 动物园有哪几种类型？
7. 动物园选址时应考虑哪些问题？
8. 动物园展馆与环境设计有哪些特点？
9. 动物园绿化应注意哪些方面？
10. 如何进行动物园笼舍的规划设计？
11. 植物园的分区有哪些内容？
12. 植物园选址时应考虑哪些问题？
13. 植物园规划设计要注意哪些问题？
14. 如何进行植物园分区规划设计？
15. 历史名园的概念是什么？
16. 历史名园有哪些特征？
17. 历史名园的现代景观意义是什么？
18. 风景名胜公园的概念是什么？
19. 游乐公园是如何分类的？
20. 游乐公园的规划设计应该注意什么？
21. 试举出几个游乐公园的实例。
22. 工业遗址公园的概念是什么？
23. 试举出几个工业遗址公园的实例。
24. 雕塑公园的类型有哪些？

第五章 其他类型的城市公园

第一节 郊野公园

一、郊野公园的概念

《城市绿地分类标准》（CJJ/T 85—2017）中对郊野公园（Country Park）的定义是：位于城市边缘，有一定规模、以郊野自然景观为主，具有清静自然、游憩、休闲、科普教育等功能，具备必要服务设施的绿地。

二、郊野公园的历史

1. 国外郊野公园的起源

郊野公园（Country Park）这一名称起源于英国。1929 年，英国阿迪森委员会（AddISON Committee）预设了两种国家公园的形式，一种是全世界普遍认同的国家公园形式，即有显著意义的自然资源和文化遗产地区，另一种是城市周边的乡村自然资源区，即郊野公园。1968 年，英国乡村法（Countryside Act）再次提出了设立郊野公园，由此，英国政府开始了最早的郊野公园建设。至今，英国充分利用林地、草地、丘陵、湖泊、河岸等自然资源，建立的郊野公园超过 400 个，每年接待 7000 多万游客。

2. 我国郊野公园的起源

我国郊野公园的起源可追溯到古代王公贵族为野游射猎而在郊外修建的苑囿，如周文王的灵囿，囿里树繁草茂、水秀鱼丰，野兽众多，具有郊野公园的雏形。此后，东汉时期近郊的宅第、园池、郊野的庄园也融入了一定分量的园林化经营，表现出一定程度的郊野园林特征。魏晋南北朝时期，文人名流经常在新亭、兰亭这样的近郊风景游览地聚会游玩、诗酒唱和，这些风景游览地具有最初的郊野公共园林的性质。唐朝盛世时期，长安城外利用凹地开挖池沼，辟为游览区供人们游玩，如曲江池。宋代的郊野公共园林逐渐成熟，最有名的数临安的西湖，历经晋、隋、唐、宋的开发整治、建设之后，成为城郊风景名胜游览地——开放性的天然山水园林。

我国内地郊野公园的发展借鉴于香港。在香港 1000 多平方公里的土地上，郊野公园的面积占 40%，有效地保护了当地的自然环境，至 2013 年，香港共有 24 个郊野公园和 22 个特别地区、5 个海岸公园及海岸保护区，占香港总面积的 40%。郊野公园遍及香港海岛水畔、山坡峰顶以及一些自然地带之中，有效地保护了郊野资源的完整性，同时深受香港市民以及游客的喜爱。

三、郊野公园的功能与作用

郊野公园属于城市园林绿地分类"区域绿地"中的"风景游憩绿地"，对城市生态环境质量、居民休闲生活、城市景观和生物多样性保护有着直接的影响，其主要功能如下：

1.抑制城市蔓延

随着我国城市化进程的不断加快、城市人口的增长、城市职能的多样化，在规划的城市建设用地外围建设郊野公园，形成防护隔离绿带，可有效防止城市用地无限向外蔓延，从而有效保持城市的合理规模与人口数量，保证城市合理的格局与形态的形成，使城市成为组团式或中心城加卫星城镇的形态，协调城市与周边地区的土地利用关系，确保城市健康有序发展（图5-1）。

图5-1　郊野公园与城市的关系图

图例：■ 建成区　■ 城市公园　■ 郊野公园

2.休闲游憩

休闲游憩是人们的基本生活需要。郊野公园能为人们提供一个生机盎然、清新纯净、充满野趣的自然环境，人们可以在其中开展多种游憩休闲娱乐活动，如远足、骑马、烧烤、露营、观鸟等，再加上郊野公园通常距城区较近，交通便捷，更是人们紧张工作、身心俱疲之后休闲游憩的首选地。

3.生态环境保护

郊野公园往往成为城市生态系统中的较大斑块，或者多个公园形成环形绿带作为城市生态的一个环形廊道，可以明显地改善城市大气环境与水环境，有助于生态系统的恢复与稳定，涵养水源，减少城市周围地区的裸露地面和水土流失，调节城市小气候，增强城市的生态调控能力，并可以为野生动植物提供生境与栖息地，从而提高城市的生物多样性。

4.美化城市景观

郊野公园的建设能传承自然和历史文化，保护郊野和乡村特色以丰富城市景观，尤其是本土的动植物和特有的自然景观地形地貌。以自然景观为主体的郊野公园环绕着城市，形成自然与人工、城市与乡村、历史与人文相结合的城市边界。

5.社会自然科普教育

郊野公园本身就是一个大自然的博物馆，是自然教育和环境保护教育的理想场所。在公园内，以不同形式为人们开展自然的科普教育，比如通过动植物解说牌，各种树木、鸟类等自然教育读本的提供，游客中心、科普展览馆、植物园等各种形式向人们展示郊野公园的历史、地理特征、特色动植物资源等知识，提高居民对郊野的认识，寓教于游，培养居民热爱自然、保护自然的情操。

四、郊野公园的特点

郊野公园是城市绿地系统的一部分，其主要目标是为了保护城市生态用地，同时又能为市民提供休闲、娱乐、游憩的户外场地，拥有着自身的特点。

1.景观生态自然

郊野公园自然度较高、面积大、设施少、生物资源丰富，以保护为目的，主要开展探险穿越、露营、爬山登顶、探访乡村、欣赏田园、拓展健身、烧烤野营等活动，不规定特定的游线，不对游客有太多的限制，使游览更加自由。

2.保护为主，利用为辅

郊野公园的建设，主要目的就是为了保护自然景观区域，控制城市无限扩张，因此，郊野公园的建设侧重生态效益和社会效益，旨在保护自然资源，改善城市生态环境，保护生物多样性，为城市居民提供科普教育和游览休闲的户外场所。

3. 郊野公园与其他类型城市绿地的区别

郊野公园与国家公园、森林公园、城市公园、自然保护区、风景名胜区在很多方面存在差别，见表 5-1。

表 5-1 郊野公园与其他公园的比较

类别	功能	景观特色	规模	包含内容	地理位置
郊野公园	自然保育、游憩、观赏、康乐和科普教育	自然景观为主	规模不等	自然景观、人文化景观的观赏与保护	城市边缘、近郊
森林公园	旅游度假、休憩、疗养、科学教育及文化娱乐	森林景观为主	较大	自然景观、人文景观的观赏、娱乐、休疗养、森林经营	城郊
城市公园	公众日常休憩、娱乐	人工景物	较小	日常娱乐、休息	城市建成区
自然保护区	自然资源保护、科研	自然景观	较大	典型特征的自然资源保护	远郊
风景名胜区	自然景观、人文景观的保护、科研	人文景观为主或人文与自然景观共存	规模不等	自然景观、人文景观的观赏、娱乐	近郊、远郊
国家公园	自然、人文资源的保护、科学考察与科普	自然景观、人文景观	较大	自然景观、人文景观的观赏与保护	远郊

五、郊野公园的定位

1. 性质定位

郊野公园是以保护生态用地为目标，以郊野自然景观为特色，营造开展户外活动、游览休闲、运动健身和科普教育等功能的开放性公园。

2. 风格定位

郊野公园一般选择在山地、湿地、山川、田园、河流、溪谷、水塘、湖泊、海岸等自然风光区域，所营造的景观应是自然的、具有野趣的，人工添加的园林建（构）筑物的外观、颜色朴实、大方，与周边的自然景观融为一体。

3. 生态功能定位

郊野公园处于城市郊区，这里包含有更丰富的多样性生物，但也是最容易受影响的区域。因此，郊野公园的建设必须从系统的角度来考虑，本着保护优先的原则，保护自然和半自然的生态系统，维护自然演替过程，为各种野生生物提供良好的生存空间。

六、郊野公园规划设计

1. 规划设计原则

郊野公园以自然环境为主，即使是人工景观也要达到"虽由人作，宛自天开"的效果，因此，其规划设计应遵循如下原则：

① 自然性原则　从公园的整体来说，要充分体现公园的自然景观，规划设计应以恢复自然活力、促进自然更新为根本目标。将地下水、土壤结构、土壤表层、地表水、地面植被、动物鸟类以及人的活动作为一个整体，营造各类元素之间的良性循环机制。植物的种植以自然式为主；园路的铺装也应古朴、自然，与周边环境融为一体；娱乐设施，应避免安装大型的设备，可以结合地形环境布置一些趣味性的项目，少用钢架、机械类设备，以免破坏自然环境和影响景观。

② 地域性原则　地域具有差异性和特殊性，即使同一区域的不同场地也具有不同的自然与人文历史特性，郊野公园的规划设计应充分利用现有景观资源和建设材料，突出自然、社会与人文条件的景观类型，以形成典型的地方风格。

③ 朴实性原则　郊野公园不同于城市公园有过多人工雕琢的景观，也不同于风景旅游胜地的秀丽景观，相反，它应体现自然景观的质朴美，人工的园林建筑更要注意色彩的朴素，以突出天然野趣的主角景观。

④ 野趣性原则　人们离开城市公园而融入郊野公园，主要目的是追寻郊野公园的野趣、自然、不加雕饰，因此，郊野公园规划设计时应根据游人的心理需求来处理营造各类郊野特色景观。

2. 郊野公园规划设计的要求

① 用地选择　以山林地最好，选择地形比较复杂多样、景观层次多和绿化基础好的地方。

② 景点布局　根据景点的自然分布情况，在景观优美的地点设置休息、眺望、观赏鸟类和植物的景点，开展远足、露营等野外活动。

③ 地形设计　顺应自然，避免大量土石方工程和地形的大开大挖。

④ 重视水景的应用　利用自然的河、湖、水库、瀑布、涌泉等形态和资源，并于水岸斜坡铺草皮或以自然块石护岸。

⑤ 道路和游览路线的设计　要遵循赏景要求，随地形高低曲折、自然走向，联系各个景点。遇到绝涧、山岩等险阻，可以架设桥梁、栈道；铺装材料除主要防火干道用柏油外，多用碎石路面或土路、自然块石路面等。

⑥ 绿化设计　根据自然生物群落的原理营造混交林或封山育林，恢复自然植被，保护珍稀濒危植物和古树名木，形成有地方特色的生态植物群落。

⑦ 建筑物的设置　要少而精，既有休息避暑的功能，又可起到点景点缀的作用，如在山巅、水边建亭台、楼阁。建筑饰面宜用当地石材、木材、砖等材料，表现自然、朴素，与环境协调。

3. 功能分区与游憩项目的设置

郊野公园具有游憩与保护的双重功能，因此，其功能分区应保持整个生态系统的完整性和旅游开发的有序进行，一般可划分为核心区、缓冲区和游憩区三个功能区。

① 核心区　核心区是将具有风景特色的区域作为郊野公园景观的框架来加以保存，如天然林带、有典型地貌特征的植被区域等。在郊野公园中划定核心区，目的是更好地保护该区域的生态和景观特色，严禁砍伐捕猎和毁林开荒，防止自然资源遭受破坏，保持原始生态环境面貌。

② 缓冲区　缓冲区通常是原始生态环境被人为毁坏或被毁林种果的区域，该区域应进行森林的恢复改造，以提高生物多样性和达到森林的景观效果。

③ 游憩区　游憩区设置在生态系统敏感度相对较低的区域，但应防止景观退化，尽量减少对自然环境的破坏，建筑形式以简朴为宜，其他构筑物或小品风格、颜色应与周边环境相协调。

郊野公园的游憩项目一般分为观光型、参与型和专业型三类，包括观光、散步、烧烤、野餐、采摘、远足、骑马、自行车越野、登山等。游憩项目的设置要根据公园的实际情况，在保护环境的前提下设置不同类型、难度的游乐项目。要尽量体现科普性，充分利用郊野公园的资源，直观而全面地使游人了解本地的地理气候、自然生态、生物种类及其栖息特征等，提升对自然的认识。

4. 旅游项目和游览线路

（1）旅游活动项目规划

在郊野公园里安排合适的旅游项目很重要。首先，有利于生态的保护、旅游资源的合理利用和可持续发展。在郊野公园内，生态保护是主要的，景观和旅游是从属的，但生态、景观、旅游是相辅相成的，在规划旅游活动时必须考虑自然环境的承载能力，减少由于超量而造成生态破坏，确保景观开发的可持续；其次，必须考虑到人与自然的共同发展，注意确定功能分区、测定环境容量、游人量、游览方式、路线和内容；第三，规划设计时注意景观的营造，讲究动态游览的步移景异，也要讲究静态观赏的构图美和文化内涵的意境美。郊野公园一般可以规划如下旅游活动：

① 登山、健身和教育活动　以路径为主要游览单元来开展登山、健身和教育活动，如自然教育径、康乐径、健身路径等。这些路径既满足了游览的需要，又因为是小道而对生态环境破坏较小，起到保护自然生态的目的。

② 休息、聚会活动　结合动态游览的路径设置平台进行静态观赏，开展休息、聚会活动。平台的建设，为游人提供驻足休息、静态观景的方便，也可以提供多人聚会的场所。

③ 植物观赏和自然教育活动　开设专类园开展植物观赏和自然教育活动。通过规划和展示，成为很好的植物观赏和自然教育、生态教育的场所。

④ 生态体验活动　良好的生态环境有利于进行生态体验活动，如露营、垂钓、登山、野战、体能训练和植树活动等，让游客尽情享受生态的野趣。

⑤ 森林保健活动　植物能挥发植物精气，产生空气负离子，吸收有害气体净化空气，因此，森林具有较高的疗养保健价值，是现代人康体健身、休闲放松、进行森林浴活动的场所。

（2）旅游线路的组织

郊野公园一般面积较大，地形复杂。根据公园各景区内容和游线长短，应规划数条游览路线，供游人选择。

5.基础设施和管理服务设施规划

（1）基础设施规划

① 引导游览的设施　主园道、消防道、登山道、游步径、观景台等。登山道尽量采用山石、原木等自然材料，尽量避免对生态环境的破坏，减少使用钢筋、水泥等现代建筑材料。

② 导游标识设施　导游牌、标识牌、环保宣传牌等。

③ 安全救助设施　结合游憩安全规划，修建专门消防通道，沿途布置消防蓄水池、消防栓，配套求救、呼救系统设施，如救助瞭望塔、无线电中转台、对讲机等，形成完整的消防及安全工程。

④ 卫生环保设施　环保公厕、垃圾桶、垃圾收集站等。

⑤ 休息设施　根据不同地点和游赏内容设置休息台、凳、椅、桌、凉亭等，控制数量与规模，整体风貌与郊野特征相协调。

⑥ 停车场　在入口处设置环保型停车场。

（2）服务管理设施规划

公园服务管理设施即服务中心和综合管理建筑。公园服务中心主要是为游客提供服务，包括游客游览时出现意外的应急处理；综合管理建筑主要是管理用房，结合展览用房，具有管理和科普教育的作用。服务中心的选址宜在郊游道路的起始点上，在服务设施方面，园区内不能规划建设宾馆、酒店，对于野炊、烧烤区也应尽量控制规模。

七、优秀设计实例介绍——昆明郊野公园

昆明郊野公园（图5-2）位于北郊玉案山，距昆明市中心15km，游览面积62.5hm²，森林面积180余公顷，1990年建成并对外开放，主要功能区包括公园入口、公园管理处、青少年活动中心、三碗水景区、郊野度假区、文化活动区、放风筝区、森林野趣及周边森林绿化区。建筑风格以云南省少数民族民居建筑形式为主，依山势构筑，野趣横生，形成浓郁的山寨田野风光。

图 5-2　昆明郊野公园平面图

1. 主要景点

郊野公园内的主要景点有桃花径、晴岚桥、三碗水景区、驼峰飞行纪念碑等。

2. 游憩项目

① 蒙古包与跑马场　蒙古包位于公园北面跑马场附近，仿蒙古族民居建筑，包内可供游人露营、野炊、休闲、娱乐；跑马场位于公园北端，椭圆形跑道 300m，可供游客骑马、赛马等活动。

② 驼峰飞行纪念碑　为纪念抗日战争驼峰航线这一航空史上的壮举和中美人民反法西斯并肩战斗的友谊，缅怀先烈，表彰生者，铭记世界和平来之不易而建。纪念碑占地 50m^2，高 15m，呈飞机起飞流线型，为郊野公园增添了一处历史事件纪念景点，也是进行爱国主义教育的场所。

③ 服务中心　公园西面建有茶室、棋牌室，驼峰飞行纪念碑旁是餐饮服务中心。建筑为傣族风格，一泓碧水倒映着周围葱郁的树影，池旁桃红柳绿，设有众多石桌凳，是游人活动、休息的集中地（图 5-3）。

④ 晴岚桥与铁索桥　晴岚桥：飞越犀牛箐，跨度 100 余米，倒张弓式铁索吊桥，把筇竹寺和郊野公园连为一体。铁索小桥：位于园中部的沟壑间，两根直径 5cm 的铁索为"网"，其间铺有沥青煮过的厚木板桥面，游人行走其上，犹如荡起秋千。

图 5-3　昆明郊野公园服务中心

⑤ 休息亭　有蘑菇亭、草廊、园草亭、惠然亭等。分布于林间 2000 多米的游路边上，采用云南少数民族建筑风格，分别用竹、木、草、棕、树皮等山林素材设景造园，突出山林野趣，给人以古朴自然之感。

第二节　森林公园

我国森林公园体系始建于 20 世纪 80 年代初，第一个国家级森林公园于 1982 年在湖南张家界建成。根据《中国林业和草原统计年鉴 2020》统计，我国共拥有森林公园 3571 处，总面积 1857.55 万公顷，其中国家级森林公园 906 处，1277.26 万公顷。森林公园遍布除台港澳以外的 31 个省区市，以国家级森林公园为骨干，国家级、省级、市（县）级森林公园相结合的森林风景资源保护利用和森林公园建设发展框架日益完善。

一、森林公园概述

（一）森林公园的定义

国家标准《中国森林公园风景资源质量等级评定》（GB/T 18005—1999）指出，森林公园是"具有一定规模和质量的森林风景资源和环境条件，可以开展森林旅游，并按法定程序申报批准的森林地域"。该定义明确了森林公园必须具备以下条件：首先，森林公园是具有一定面积和界线的区域范围；其次，森林公园以森林景观为背景或依托是这一区域的特点；第三，该区域必须具有旅游开发价值，要有一定数量和质量的自然景观或人文景观，区域内可为人们提供游憩、健身、科学研究和文化教育等活动；第四，森林公园必须经由法定程序申报和批准。凡达不到上述要求的，都不能称为森林公园。

（二）森林公园与其他类型绿地的区别

森林公园是以森林为主体，具有地形、地貌特征和良好生态环境，融自然景观与人文景观于一体，经科学保护和适度开发，为人们提供原野娱乐、科学考察及普及、度假、休疗养服务，位于城市郊区的区域。以森林为主体，是指森林公园的景观主体是森林植被，多为自然和半自然状态的森林生态系统，拥有丰富的生物多样性，以森林所包含的资源为观赏和娱乐内容，强调森林的功能，没有形成良好生态环境和缺乏地形地貌特征的区域不应算在其中。而其中的文化娱乐、科学考察及普及、休疗养等内容都和森林及其环境紧密联系，这是普通的公园所不具备的。

1. 森林公园与国家公园

对于国家公园，欧美国家一般多称国家公园、原野公园，日本称国立公园、国家公园，还有一些国家叫自然公园。美国的国家公园（National Park）有广义与狭义两种含义，广义上，包括国家历史公园、国家自然和历史纪念物、国家游乐胜地在内；狭义上，指国家天然公园，简称为国家公园。我国的森林公园大多是在国有林场或自然保护区基础上发展而来，类似于国外的国家公园。国家公园是一类保护区的总称，拥有多种景观类型，除森林公园外，还包括地质公园、海洋公园、草地公园、荒漠公园、湿地公园等。森林公园的景观特征是森林植被，它仅为国家公园体系中的一种景观类型。

2. 森林公园与城市公园

城市公园常指城市中供居民娱乐消遣的公共设施，以人工景观为主体。而森林公园的主体是天然的森林植被，拥有丰富的生物多样性，强调森林的功能，园中的内容都和森林及其环境紧密联系。

3. 森林公园与自然保护区、风景名胜区

森林公园、自然保护区、风景名胜区是目前我国就地保护设施的三大体系，在保护自然

环境的生物多样性方面，三个体系相辅相成，各有特点，见上节表 5-1。

二、森林公园的分类与功能作用

（一）森林公园的分类

在森林公园开发过程中，通过对森林公园进行分类，围绕明确的景观特征来确定开发主题，有利于突出特色，进行有针对性的开发。森林公园的分类，依据不同目的，可以有不同的分类标准，如按景观特色、地貌形态、主要旅游功能、经营规模、管理级别等进行不同角度的划分（表 5-2）。

表 5-2　我国森林公园的类型划分

分类标准	主要类型	基 本 特 点
按经营规模分类	特大型森林公园	面积 6 万公顷以上，如千岛湖国家森林公园
	大型森林公园	面积 2 万~6 万公顷，如黑龙江乌龙国家森林公园
	中型森林公园	面积 0.6 万~2 万公顷，如陕西太白山国家森林公园
	小型森林公园	面积 0.6 万公顷以下，如湖南张家界国家森林公园
按地貌景观分类	山岳型	以奇峰怪石等山体景观为主，如安徽黄山国家森林公园
	江湖型	以江河、湖泊等水体景观为主，如河南南湾国家森林公园
	海岸、岛屿型	以海岸、岛屿风光为主，如河北秦皇岛海滨国家森林公园
	沙漠型	以沙地、沙漠景观为主，如陕西定边沙地国家森林公园
	火山型	以火山遗迹为主，如内蒙古阿尔山国家森林公园
	冰川型	以冰川景观为特色，如四川海螺沟国家森林公园
	洞穴型	以溶洞或岩洞型景观为特色，如浙江双龙洞国家森林公园
	草原型	以草原景观为主，如河北木兰围场国家森林公园
	瀑布型	以瀑布风光为特色，如黄果树瀑布国家森林公园
	温泉型	以温泉为特色，如广西龙胜温泉国家森林公园
按主要旅游功能分类	游览观光型森林公园	以风光游览、景物观赏为主要功能，如昆明西山森林公园
	休闲度假型森林公园	地处城郊、海滨、湖泊附近，以休闲娱乐、消夏避暑、周末度假为主要功能，如陕西终南山国家森林公园
	游憩娱乐型森林公园	地处城市市区、环城或近郊，以郊野游憩、娱乐健身为主要功能，如黑龙江牡丹峰国家森林公园
	疗养保健型森林公园	以温泉、海滨疗养和森林保健为主要功能，如重庆南温泉森林公园
	探险狩猎型森林公园	以探险寻秘、森林狩猎为主要功能，如黑龙江乌龙国家森林公园
	科普教育型森林公园	以科学考察、教学实习、科普旅游为主要功能，如陕西天华山国家森林公园
按管理级别分类	国家级森林公园	森林景观特别优美，人文景物比较集中，观赏、科学、文化价值高，地理位置特殊，具有一定的区域代表性，旅游服务设施齐全，有较高的知名度，并经国家林业和草原局批准
	省级森林公园	森林景观优美，人文景物相对集中，观赏、科学、文化价值较高，在本行政区内具有代表性，具备必要的旅游服务设施，有一定的知名度，并经省级林业行政主管部门批准
	市、县级森林公园	森林景观有特色，景点景物有一定的观赏、科学、文化价值，在当地有一定知名度，并经市、县级林业行政主管部门批准
按区位特征分类	城市型森林公园	位于城市的市区或其边缘的森林公园，如上海共青森林公园
	近郊型森林公园	位于城市近郊区，一般距离市中心 20km 以内，如苏州市上方山森林公园
	郊野型森林公园	位于城市远郊县区，一般距离市区 20~50km，如南京老山森林公园
	山野型森林公园	地理位置远离市区，如湖北神农架国家森林公园

（二）森林公园的功能与作用

森林公园的发展已有 100 多年的历史，其建设与发展在保护与改善生态环境，挽救濒危物种，保护自然历史遗产等诸多方面发挥了重要作用，具备了游憩、健康、环保、科研、教育以及经济方面的多种功能。

1. 生态功能

① 维护生态平衡，保持物种多样性　森林是陆地生态系统的主体和人类赖以生存的重要自然资源，是地球上功能最完善、结构最复杂、生物产量最大的生物库、基因库和绿色水库。

② 减轻环境污染，保护生态环境　森林公园建成后，可以加大对林区森林资源养护的力度。森林可以保护环境、吸收 CO_2、释放 O_2、吸收有毒有害气体、净化空气、杀菌消音、防止有害辐射、净化水源水质等，人们进入森林后感到清新、舒畅。

③ 调节气候，美化环境　森林内能形成冬暖夏凉，空气清新的生态环境。树木的隔声效果会使人感到特有的宁静，绿色的环境能给人以安谧舒适的感觉。森林公园作为一座大型的绿色水库，不仅能形成一个独特的小气候环境，还能调节和影响周边地区气候。

2. 社会意义

一般来说，森林公园既是活的自然博物馆，又是人向往的旅游胜地，是发展科学旅游的理想场所。旅游者通过野外实地考察，室内观看森林公园录像、电影和动植物标本陈列等，达到普及生态学等自然学科知识的目的。

① 满足市民郊野旅游需求　到环境优美、空气清新、安谧恬静的大自然中去旅游度假、疗养健身，成为越来越多的城里人的追求。森林公园是基于自然保护前提下的以森林环境为依托的生态旅游地，是以森林游憩为主要内容的户外游乐场所。

② 科研教育功能　森林公园丰富的动植物资源对研究古地理、古气候以及森林生态系统的形成与演化过程具有重要的科研价值，不仅可作为地理学、环境学、生态学、生物学等学科的天然实验室，还可作为大中专院校相关专业学生理想的实习基地。

③ 普及科学文化知识，促进人们身心健康　森林公园丰富的森林生物资源不仅为生物科学研究提供了对象，同时也为游人探索科学知识提供了良好的场所。

3. 经济效益

① 有效利用森林资源，开拓新的旅游市场　我国森林公园主要来源于原来的国有林场，是自然森林的替补主力。森林是森林公园的最大特色，森林公园旅游开发是对原国有林场森林资源的有利利用，节约城市土地，改善自然环境，集休闲、娱乐、探险、求知、健身等多种功效于一身，是旅游业发展的一条新路。

② 木材、食品、药材的资源库　在森林公园良好的生态环境中生长的乔木、灌木、藤本和草本植物是一个巨大的资源库，蕴藏着国民经济建设和人民日常生活需要的绝大多数原材料，是木材、食品、药用植物的主要来源。

三、森林公园设计要点与内容

（一）环境容量与游客规模预测

1. 环境容量估算

环境容量的确定，目的在于确定森林公园的合理游憩承载力，即一定时期，一定条件下，森林公园的最佳环境容量。确定环境容量既能对风景资源提供最佳保护，又能使尽量多的游人得到最大效益的满足。按照《森林公园总体设计规范》（LY/T 5132—1995），森林公园环境容量的测算可采用面积法、卡口法、游路法三种。可以根据森林公园的具体情况，因地制宜地选用或综合运用。

（1）面积法　以游人可进入的、可游览的区域面积进行计算。

$$C = A / a \times D$$

式中　C——日环境容量，人次；

　　A——可游览面积，m^2；

　　a——每位游客应占有的合理面积，m^2；

　　D——周转率，其值为景点开放时间/游完景点所需时间)。

（2）卡口法　多适用于溶洞类及通往景区、景点必须经过并对游客量具有限制因素的卡口要道。

$$C = D \times A = (t_1/t_3) \times A = (H - t_2) \times A/t_3$$

式中　C——日环境容量，人次；

　　D——日游客批数；

　　A——每批游客人数，人；

　　t_1——每天游览时间，h；

　　t_3——每批游客相距时间，h；

　　H——每天开放时间，h；

　　t_2——游完全程所需时间，h。

（3）游路法　游人仅能沿山路步行游览观赏风景的地段，可采用此法计算。

完全游道：$C = M/m \times D$

不完全游道：$C = M \times D/[m + (m \times E/F)]$

式中　C——日环境容量，人次；

　　M——游道全长，m；

　　m——每位游客占用合理游道长度，m；

　　D——周转率（D＝游道全天开放时间/游完全游道所需时间）；

　　E——沿游道返回所需时间，h；

　　F——游完全游道所需时间，h。

2. 游客容量估算

在环境容量估算基础上，分别按森林公园、景区、景点测算日、年游客容量。

$$G = t \times C/T$$

式中　G——日游客容量，人；

　　t——游完某景区或游道所需时间，h；

　　T——游客每天游览最舒适合理的时间，h；

　　C——日环境容量，人次。

3. 游客规模预测

（1）总体规划前，应对可行性研究提出的游客规模进行核实。

（2）根据森林公园所处地理位置、景观吸引能力、森林公园改善后的旅游条件及客源市场需求程度，按年度分别预测国际与国内游客规模。

（3）应进行必要的市场调查，掌握有关游客规模的资料。

（4）已开展旅游的森林公园游客规模，可在充分分析旅游现状及发展趋势的基础上，按游人增长速度变化规律进行推算，也可根据与游客规模紧密相关的因素的发展变化趋势预测游客规模。

（5）在可能的情况下，对旅游高峰期游客规模做出预测。

（6）游客容量计算采用以下指标

① 线路法　以每个游客所占的平均道路面积计，取值 $5 \sim 10 m^2$/人。

② 面积法　以每个游客所占平均游览面积计。其中，主要景点，$50 \sim 100 m^2$/人（景点

面积); 一般景点, $100 \sim 400 \text{m}^2 / \text{人}$ (景点面积); 浴场海域, $10 \sim 20 \text{m}^2 / \text{人}$ (海拔 $0 \sim -2\text{m}$ 水面); 浴场沙滩, $5 \sim 10 \text{m}^2 / \text{人}$ (海拔 $0 \sim 2\text{m}$ 沙滩)。

③ 卡口法: 实测卡口处单位时间内通过的合理游人数,单位以"人次/h"表示。

(二) 功能布局

1. 功能区规划布局原则

各功能区划分应遵循的原则有: ①有利于保护和改善生态环境,妥善处理开发利用与保护之间、游览与生产和服务及生活等诸多方面之间的关系; ②维持现有地域单元的相对独立性,维护现有森林景观的完整性,保持历史文化、社会与区域的连续性,保护、利用、管理的必要性与可行性; ③注重景观效果的构造,注重统一性、差异性和协调性; ④功能分区主体鲜明,特色显著,在充分分析各种功能特点及其相互关系的基础上,以游览区为核心,合理组织各种功能系统,既要突出各功能区特点,又要注意总体的协调,使各功能区之间相互配合、协调发展,构成一个有机整体; ⑤便于游览路线组织和基础服务设施设置,有利于森林公园的长远发展和功能区的合理开发; ⑥有利于森林公园行政及管理的便捷高效。

2. 功能分区

根据森林公园综合发展需要,结合地域特点,因地制宜设置不同功能区。

① 游览区　为游客游览观光区域,主要用于景区、景点建设。在不降低景观质量的条件下,为方便游客及充实活动内容,可根据需要适当设置一定规模的饮食、购物、照相等服务与游艺项目,且公园主要的景观点应布置在游览主线上,以便于游客在尽可能短的时间内观赏到景观精华。

② 游乐区　对于距城市 50km 之内的近郊森林公园,为添补景观不足、吸引游客,在条件允许的情况下,需建设大型游乐与体育活动项目时,应单独划分区域。

③ 狩猎区　为狩猎场建设用地。

④ 野营区　为开展野营、露宿、野炊等活动用地。

⑤ 休疗养区　主要用于游客较长时间的休憩疗养、增进身心健康之用。

⑥ 接待服务区　相对集中建设宾馆、饭店、购物、娱乐、医疗等接待服务项目及配套设施。

⑦ 生态保护区　以涵养水源、保持水土、维护公园生态环境为主要功能的区域。

⑧ 生产经营区　从事木材生产、林副产品等非森林旅游业的各种林业生产区域。

⑨ 行政管理区　为行政管理建设用地,主要建设项目有办公楼、仓库、车库、停车场等。

⑩ 居民生活区　为森林公园职工及公园境内居民集中建设住宅及其配套设施的用地。

(三) 环境保护规划

森林公园保护工程规划的原则: ①坚持"保护、改造、开发、利用"相结合的原则,在保护好现有景观资源的同时,以生态经济理论为指导,根据各景区、景点的特点,制定不同的经营保护措施,做好森林防火、病虫害防治、水资源保护、水土保持等工作,确保自然生态环境的良性循环; ②加强景区内旅游服务设施的"三废"治理,坚持保护工程与景点开发同时施工、同时使用的原则; ③对于公园内一切景物和空间环境必须保持其自然完整性,建设项目必须与景观相协调。对环境有影响的单项工程根据基本建设程序要事先进行环境影响评价,编制《环境影响报告书》。

(四) 植物景观规划

1. 植物景观规划原则

① 地域特色原则　要满足植物的生态要求,首先要做到适地适树,最大限度地体现出

地方特色和风格。其次是要规划好植物群落的合理结构，即以天然植物群落为主，最大限度地保护自然环境；以地带性植被，即顶极植物群落为发展目标。

② 生态恢复优先原则　以保护境内山地土壤、河流周围植被、现有林木资源及恢复生态脆弱地带的防护能力为基本前提。对境内的宜林荒山、荒地、退耕地应优先进行营林，采用适宜本地生态环境生长的生态型及经济型乔灌林木，美化森林公园环境。

③ 合理布局原则　对已经建设和正在建设中的景观、景区周围优先绿化。

④ 局部服从整体原则　生态效益差、树种结构不合理的植物群体，根据林地条件、生态习性，以生态效益为前提，以宜乔则乔、宜灌则灌、宜草则草为原则，突出生态植物景观。

⑤ 适地适树原则。适地适树是指树种特性，尤其是绿化所采用的树种的生物学特性、生态学特性和绿化地的立地条件相一致，与造林地的立地条件相适应，以充分发挥林地生产力，达到该立地在当前技术经济条件下的高产水平。

2. 植物景观规划

① 风景林地景观规划　对现状良好的森林景观进行严格保护，同时结合造林和森林抚育工程，加强林地景观营造，以乔灌草相结合、针叶阔叶树相结合、规则式与自然式种植相结合为原则，做到植物群落多样、层次错落、季相丰富，林缘线与天际线起伏变化，形成富有魅力的景观效果。

② 游览路线植物景观规划　一般来说，主要游线、景点附近生长的植物群落，处于游客视线范围内，应要求其在植物形态、色彩或质地上具有特殊观赏效果。

③ 滨水植物景观规划　森林公园内一般会有多条自然溪流，特别在两岸坡度较大的地段，应规划 20m 宽水源涵养林木，起到固坡、防止沟壑横向侵蚀、抑制地表径流、减少山洪灾害的作用，同时选择栽植枝叶柔美的喜湿性乔灌木，在水流平缓的河段岸边种植观赏性强的耐水湿植物。

④ 接待服务中心区植物景观规划　接待服务中心区人流量较大、建筑较为密集，为了与本区用地特征相适应，应选择观赏性强的植物种类，对主要广场和建筑周围的绿地要做精心的种植规划，并保证接待服务中心区绿地率达到 65% 以上。

⑤ 公园入口区段植物景观规划　应将公园入口区作为公园植物景观建设重点地段之一，配置反映公园主题的代表性植物和珍稀濒危保护植物及一些具有观赏价值的特色花卉，使游客一进入森林公园就感到置身于美景之中，从而增加游赏的乐趣。

⑥ 苗木、花卉供应规划　在园内应规划建设苗圃和花圃，占地面积视具体情况而定。以本地乡土树种为主，同时做好引种栽培试验，使苗圃为公园造林美化服务。

（五）建筑规划

任何旅游接待建筑所处的自然环境都是某种层次的生态系统。建筑及其人为环境作为加入该生态系统的一个新成员，自然会受到各种自然因子的作用和约束。森林公园内旅游接待建筑大多为中小型规模，以单体或群体的形式出现在森林公园中。其布局应能有效地组织风景环境，完善和发展公园整体的功能结构。

1. 单体建筑设计要点

① 传统民族建筑的应用　在森林公园中可以适当考虑应用本区域的民族传统建筑，以形成地域特色。

② 色彩与自然融合　色彩理论及实践证明，在自然环境中，青绿色、黄褐色等是最为常见的颜色。因此，青、褐、灰等色调容易与环境取得协调，而红、紫等鲜艳刺眼的颜色不易与环境相协调。植物的青绿色、土壤的黄褐色、水流的通明色以及其他特殊地段的色彩是融于环境的色彩。

③ 体量高度控制　建筑应横向发展勿向高度发展是传统建筑取得与自然相适应的秘诀，这在东方建筑及西方的土著建筑中得以很好的体现。在森林公园中，建筑体量、高度以适度为宜。

④ 将树木结合于建筑及墙体绿化之中　将建筑隐入自然山林之中，和自然融为一体，更显自然特色。通过墙体的绿化，最低程度地降低对游人视觉的刺激，将自然留给游客。墙体绿化采用藤本攀缘植物，还可以有效地降低建筑的温度。

2. 群体建筑设计要点

① 院落式布局　中国传统的布局形式，从南到北，"四合院"式的布局是中国劳动人民长期适应地域环境而形成的聚居模式。因此，在森林公园的自然空间中，使用院落式布局能更好地满足人们的怀旧情结，其在空间布局、景观多样性上均适合于中国人的审美特点，且院落式布局用地紧凑，可提高使用效率，减少"硬质"的比例。

② 跌落式布局　在地形多变的森林公园地区，群体建筑呈跌落式布局更加符合山地的特点。这种布局模式在景观观赏以及对于各种生态因素的利用上均做到利用最大化。"因山就势，随曲合方"，将不利因素转化为有利因素，不仅减少建筑工程量，又很好地解决了建筑通风、采光的问题，还可以增加建筑的可观赏性，从而形成多样性的建筑景观。

③ 连续式布局　在森林公园中的服务销售区域等地，可视具体地形采用中国传统街巷或村镇聚落的布局形式，这样可以形成连续的空间和丰富的景观，但应尽量顺应等高线的方向自由布局。

④ 严格控制建筑及建筑群的体量　我国的风景建筑有"山水为主，建筑是从"的传统，即建筑在体量上与自然相比处于绝对"弱势"。我国许多森林公园内的建筑，特别是接待建筑，为了追求经济利益或将其定位于作为"招揽顾客"的亮点而未控制建筑的高度，对自然风景构成了极大的破坏。

⑤ 严格控制建筑的数量，讲求质量　建筑的建设必须满足"可建可不建者不建，需建者建好"的原则。森林公园中的建筑是服务于必要的功能的，绝不可重视建筑而忽略了自然本底，应严格控制建筑的数量，提高建筑的质量，由此提高建筑的"可观性"。

⑥ 隐蔽于林木之中　天然林木是最好的屏障，森林公园的林木是森林公园景观的主要构成部分。"藏而不露""犹抱琵琶半遮面"是中国传统园林意境的表现，除形成的意境深远以外，就视觉感官上，其对自然景观的破坏也是很小的。

⑦ 建筑风格的统一性　森林公园中具有当地特色或自然特色的建筑，再加上统一的建筑风格，可以使游客获得对于当地"乡土"的认同感。

3. 能源利用方面的生态设计要点

目前我国能源相对缺乏，为了节约能源，降低森林公园的经营成本，可以从以下几个方面实现对自然能源的利用。

① 风能收集　利用风车等工具将风能转化为其他人类可以直接使用的能源形式。风能在森林公园中的应用主要为发电，可以解决分散用电点的电源供给问题。同时，建设的风车在景观上亦具有强烈的吸引力，对游客是一种生态教育。

② 光能转化　光能是清洁卫生的能源。我国南方地区阳光充足，将屋面设置为太阳能板或采用太阳能热水器等设备，将太阳能转化为热能或电能，夏季可以发电制冷，冬季可以提高温度，还可以减少线路的铺设。同时先进技术的应用对于旅游者爱护环境也起到教育的作用。

③ 雨水收集及利用　森林公园中，由于许多单体建筑及游憩活动用水点分散，采用雨水收集的方式是解决森林公园缺水的良好途径。既方便使用，又利用了清洁的自然能源；既保护了环境，又可以对游客进行生态环保教育。

④ 沼气能源的利用　利用森林公园地区丰富的生物能源以及集中排放的生活废水、废渣、粪便等生产沼气，变废为宝，不仅成本低廉，原料集中而丰富，而且可以解决环境污染、回收能源、控制疾病等问题，一举多得，前景极为广阔。

（六）基础设施规划

1. 道路交通规划

森林公园道路交通系统主要由各级公路、游步道、停车场以及桥梁、索道等辅助基础设施构成。森林公园的游道不仅起到连接各景点的作用，而且也是其环境容量确定的重要依据。

（1）道路系统规划依据

森林公园道路系统规划的依据主要源于森林公园自然环境、旅游者和旅游管理需要三个方面。具体而言，表现在森林公园功能区分析、旅游资源的分布状况、自然地理状况、游客心理因素、生态环境保护、旅游活动方式、旅游管理、区域交通网络分析及某些森林公园的生产需要等几个方面。

（2）道路系统规划原则

旅游道路可以被定义为通达和联系旅游景点，主要供旅游车辆和行人通行的工程设施，按其作用不同，可以分为游览干线、游览支线、游览步道。它既含有与公路和城市道路的共性，也具有其单独的特殊性。为此，旅游道路的规划必须坚持以下原则：

① 在园内道路所经之处，两侧尽可能做到有景可观，使游人有步移景异之感，防止单调平淡；

② 各功能区间及各景点内部的游览道路要尽量形成环路，可加速游客流动，增加景区游客量，避免客流干扰，减轻景区客流压力，并避免走回头路，保持游览的新鲜感；

③ 根据景观资源特点和环境承受能力安排不同的旅游路线，创造不同的游憩、体验和游览主题，规划各级道路与各级景点相互呼应；

④ 在出入口处设置大型停车场，并在每个度假村设置自己的对外停车场、风景林道，通向建筑集中地区的园路应有环行路或回车场。

（3）地形坡度对道路系统规划的影响

森林公园规划中的道路规划要考虑许多因素，如旅途中可见的风景、空间序列的组织、与已有道路网的联系、最佳的交叉地点等。良好的道路布局应利用自然地形，与原有地形融合。沿着等高线的路线最容易与景观调和，且对车辆和行人使用来说最省力，工程上难度也较低，但其长度及弯曲都会相应增大。在实际工作中，道路通常需要与等高线相交于一定角度，这时就要综合考虑道路纵坡坡度及各种道路形式的坡度要求。

（4）山脊对道路系统规划的影响

山脊线总体呈线状，具有一定的导向性和动势感，并对山脊两侧的空间有分割作用，具有两个或三个方向的景观空间，视野开阔。从视觉角度而言，脊地具有摄取视线并沿其长度引导视线的功能，因此，规划应充分利用脊地将视线有目的地引向某一特殊焦点；从功能角度而言，车行或步行只要位于脊线或至少平行于脊线行驶，则移动是最方便的，若垂直于脊线，步行则会相当吃力。因此，由于脊地具备良好的视野和易于排水、易于移动的优点，在规划中，游览次路应沿山脊布局，而位于其间的谷地和洼地应保留开阔空间，这样既有效地利用了地形，又兼顾了施工中难以处置的地带，但同时要注意对山地天际线的保护。

2. 其他服务性基础设施规划

（1）其他服务性基础设施规划的内容

森林公园内水、电、通信、供暖、燃气等称为基础设施。由于其技术含量要求很高，故需有专业人员作具体的技术规划，而作为规划师应从总体规划的角度，将其布局在适宜的位置，不仅要满足其服务功能的要求，还要避免其对景观视觉的冲击。

（2）服务性基础设施规划要求

基础设施的线路布置不得破坏景观，同时应符合安全、卫生、节约和便于维修的要求，电器、上下水工程的配套设施应设在隐蔽的地带。不宜设置架空线路，必须设置时，应满足服务功能，同时要避免景观视觉污染。森林公园中有很多景色迷人的景点，如果有一些基础设施在其周围建设，则会大大影响其景观效果。因此，应避免在中心景区、主要景点等区域和游人密集活动区设置基础设施。同时再根据视觉敏感度评价结果进行分析，避免在敏感度较高的地方修建基础设施。

（3）服务性基础设施规划的有关措施

① 水利设施　给排水布局应尽可能将水利设施布置在景区以外，避免破坏景观，在旅游村镇可以采用集中给排水系统。

② 电力设施　景区内不应安装高压电缆和架空电线，也不应布置大型供电设施，主要供电设施宜布设于城镇附近，建议埋设地下电缆，室内走暗线。

③ 通信设施　旅游景区内应当配备足够的通信设施来保障游客与外界的联系，但从整体景观效果来考虑，不应安排架空的通信线路穿过，宜采用隐蔽工程，以减少视觉景观污染。

④ 供暖设施　冬季气温较低的北方地区需要配备供暖设施，通常选择电力供热或燃油供热，以避免烟尘污染环境，同时可减少森林火灾隐患。在管理生活区修建集中供热系统和燃煤锅炉房一座。

各类服务设施所产生的废水、废渣和烟尘必须按国家有关规定进行处理后方可排放。

四、优秀设计实例介绍——北京奥林匹克森林公园

1. 概况

奥林匹克森林公园（图5-4）位于北京中轴延长线的最北端，是亚洲最大的城市绿化景观，占地约680hm^2，于2003年开始建设，2008年7月3日正式落成。北五环路横穿公园中部，将公园分为南北两园，中间以一座横跨五环路、种满植物的生态桥连接。南园以大型自然山水景观为主，北园则以小型溪涧景观及自然野趣密林为主，是北京城区当之无愧的"绿肺"。

图 5-4　奥林匹克森林公园总平面图

南园占地 380hm², 定位为生态森林公园，山环水抱，创造自然、诗意、大气的空间意境，兼顾群众休闲娱乐功能，设置各种服务设施和景观景点，为市民百姓提供良好的生态休闲环境。重要景观景点包括仰山、奥海、天境、天元观景平台、林泉高致、湿地及溢水花台、垂钓区、南入口、露天剧场、生态廊道等。北园占地 300hm²，定位为自然野趣密林，将成为乡土植物种源库，以生态保护和生态恢复功能为主，尽量保留现状自然地貌、植被，形成微地形起伏及小型溪涧景观，尽量减少设施，限制游人量，为动植物的生长、繁育创造良好环境。

2. 公园特色

南区的"主山主湖"是森林公园的标志性工程。主山体以 398 万立方米土方堆砌填筑而成，与北京西北屏障——燕山山脉遥相呼应，既符合中国园林建造的传统，又与周边大环境相得益彰。主湖区"奥海"和景观河道构成了奥林匹克森林公园中的"龙"形水系，122hm² 的水面超过了 1/2 个颐和园昆明湖。在这条水系中，龙的身体蜿蜒穿越森林公园，张开的龙嘴对着清河，而其尾巴则环绕着国家体育场。在中国的神话与传统文化中，龙是最为尊贵与神圣的图腾，总是与水结合在一起。如此巧妙的设计，正是暗合了中国传统文化中的方位学和神话寓意（图 5-5）。

图 5-5　奥林匹克森林公园功能分区图

3. 公园主要景点

仰山：是奥林匹克森林公园内的主山，位于公园中心五环南侧，是公园的核心景区，主峰海拔有 86.5m。之所以命名"仰山"，既因为《诗经》"高山仰止，景行行止"的诗句，还因为当地恰有"仰山桥"而得名。仰山与景山同在中轴线上，南北呼应。

天境：位于仰山峰顶，为森林公园最高点。一块高 5.7m、重达 63t 的泰山石引人注目，这块被称为"泰山石敢当"的巨石，将作为平安祥和的象征成为森林公园的标志性景观。登临天境可以看到奥海全景，可以俯瞰鸟巢、水立方，远眺燕山山脉，是全园的最佳观景地点。

奥海：位于仰山南端，是极具中国特色的山水景观，是奥运场馆中心区龙形水系的"龙头"，面积 24hm²，是公园中最自然灵动之所。奥海露天演艺广场位于公园南入口北侧，主湖"奥海"南岸，与奥林匹克景观大道连为一体，面积约 4hm²，可同时容纳 2 万名观众。在露天演艺广场的北侧，主湖内有一套大型的音乐激光喷泉，主喷高 80m，壮观的喷泉水景、独一无二的山水舞台将使这里成为北京最为壮观的户外表演场所。这个露天演艺广场距离地铁奥运支线步行仅 5min。

朝花·夕拾："朝花台"和"夕拾台"分别位于天境的东西两侧，两个平台面积都有百余平方米，站在平台上可以俯瞰主湖和奥运中心区景观。两个景观取名自鲁迅先生的散文集《朝花夕拾》。

艺术中心：在奥林匹克森林公园南区东部的原生林中还设计了一组造型别致浪漫的建筑——森林艺术中心。建筑处于树林掩映之中，人、建筑、环境三者相依相融，以光影、色彩和层次感觉的艺术创造一个崭新的休憩天地。在这里，人们不仅能看到郁郁葱葱的洼里原生林，而且还能在呼吸新鲜空气、品味绿色好心情的同时，欣赏森林艺术中心里各种小型画廊、展览、沙龙所带来的艺术。

第三节　野生动物园

一、野生动物园概述

1. 概念

野生动物园是指利用自然环境或人工模拟野生动物栖息环境，以开放展出为主要方式，融动物繁育、物种保护与救护、宣传教育、科学研究为一体，为公众提供游览观光、休憩娱乐的综合场所。

2. 野生动物园的分类

根据野生动物园放养动物的类别和类群以及放养区的生境类型，将野生动物园划分为综合型野生动物园和专类野生动物园；根据开放的主要时间，又可将其划分为夜间动物园和日间动物园。

综合型野生动物园的园区自然环境面积较大，动物栖息生境相对完整，具有一定的景观特色，放养两种以上类别或类群的野生动物，并且各种野生动物均具有一定的种群规模，如深圳和秦皇岛的野生动物园。专类野生动物园泛指放养单一类别动物的野生动物园，如东北虎林园、百鸟园等。

3. 野生动物园的基本要求

（1）野生动物自身的要求

野生动物园既然是作为野生物种保护的重要场所，无论是就地保护还是迁地保护，其中的野生动物就必须强调一个"野"字，主要指的是保持野生动物的自然天性，即野生动物在自然界中的正常生活状态，包括生态、行为、生理和遗传等都保持野生的状态，不受人为因素的影响。

（2）野生动物园园区的要求

野生动物园作为物种保护的重要场所，要求园区具有自然的属性。与城市动物园相比，野生动物园园区强调自然栖息地的特征。野生动物在长期的进化历程中，已经与生存环境之间形成了特定的关系，即使是在被破坏的生境基础上修建野生动物园，也应该尽力恢复其自然面貌，以满足动物自然生活的需要。

二、野生动物园的功能及作用

1. 野生动物园具有鲜活的科普教育功能

野生动物园可以提供针对学生和教师的知识讲座及专业化的动物学课程，使学生在游乐中认识自然界的动物，也可以进行一些趣味劳动实践，例如饲喂动物、清理场地等；另一方面，通过文字图片以及声像资料，了解正在被污染的世界和保护生物多样性的意义的科普教育是动物园历来的主要职能，也是吸引观众的重要手段。特别是儿童，在去过动物园以后，脑子里才会有动物鲜活的形象。在许多人的记忆中，都会有幼时和父母或同伴畅游动物园的美好回忆。因此，野生动物园的定位也包括亲子游与青少年科普教育。

2. 野生动物园的科学研究价值

动物迁地保护和自然生态景观的重建则把野生动物园推到动物生态保护的第一线，成为动物种群迁地保存的主要承担者。这是历史赋予野生动物园的新任务，也成为生态旅游业发展的新领域。例如，北京野生动物园就承担着国家林业和草原局濒危物种救护的任务，重庆野生动物世界是我国西部地区最大的野生动物物种基因库和动物繁育中心。

3. 野生动物园的旅游价值

在一些旅游资源相对欠缺的城市，野生动物园更成为吸引客源、推动都市旅游发展的龙头项目，例如，深圳野生动物园就曾经极大地增强了深圳旅游的吸引力，使得深圳成为中国第二旅游城市。在生活节奏大为加快的今天，都市旅游和短线旅游均快速发展，野生动物园必将成为其所在城市旅游目的地网络中不可或缺的重要内容。

4. 野生动物园综合效益较高

无论是国家森林公园还是野生动物园，经营效益一般都是以生态效益、社会效益和经济效益的形式体现出来的。经济效益可以通过旅游收入、营业外收入、营业外支出、流动资金、利润与税金等经济指标衡量。但是野生动物园的游客明显多于森林公园，旅游收入因此也优于森林公园。而其社会效益主要表现在以下几个方面：①为居民提供旅游场所；②提供就业机会，促进地方经济发展；③促进对外交流，加快信息传播；④为生态环境质量监测提供工具。

三、野生动物园设计程序及内容

野生动物园的规划设计是一项多学科交叉的复杂工作，涉及城市规划、园林、建筑、动物学、植物学、生态、环保、给排水、电气、暖通等专业，其规划设计程序与城市公园、植物园等大致相似，都需要经过前期策划、资料搜集到总体规划、详细设计等一系列步骤。

1. 前期基础资料搜集

（1）外围资料　指在规划设计前必须了解的一系列先决条件，主要包括以下6个方面：

① 充分与甲方及相关主管领导沟通，了解他们对动物园项目建设的意图和设想，往往这些想法和建议能对以后的规划设计起到方向性的指导作用。还包括项目的投资额度、设计标准和建设周期等，最好拿到前期有关野生动物园的会议文件，作为后续规划设计的依据。如果有野生动物园的项目可行性研究报告、项目建议书或项目策划报告等资料，一定要认真阅读，了解项目的来龙去脉、定位定性、游览方式、投资匡算等信息。

② 要从城市总体角度了解动物园与城市的关系，查看城市总体规划及其绿地系统规划编制文件，研究动物园选址与周边城区及城市绿地的关系，比如是否靠近居住区、河流、高压走廊等，注意总体规划对野生动物园的设计有无特别要求，并要获取动物园的城市区位图（1∶5000～1∶10000）。

③ 动物园周边的市政交通条件，车流、人流集散方向，这对确定动物园的出入口有决定性作用。

④ 动物园基址的水电条件，包括给水、雨、污水排放设施，电力条件。

⑤ 动物园用地的水文、气象、地质、地形、土壤等条件，设计阶段还需要地质勘探

报告。

⑥ 当地的植物状况。要了解该地区原生植被的类型、生态群落组成、植物的观赏特性等，注意乡土树种的应用，当地苗木市场的苗源情况，避免将来施工过程中因缺苗而变更设计。

（2）设计资料　指与野生动物园规划设计有直接关系的基础资料，以文字、技术图纸为主。

① 首先必备的是基址现状地形图，或数字化地形图，规划阶段一般需要 1∶500～1∶2000 的地形图，设计阶段需要比例不小于 1∶500 的地形图。地形图上应明确显示以下内容：野生动物园红线范围及相应坐标；园内地形、标高及现状物体（建筑、水体、构筑物、山体、道路、高压线走向等）；周边情况（市政道路的名称、宽度、标高、走向等；周围居住区、单位机关等的名称、范围及今后发展状况等）；基址内的现状与植物分布图（1∶200～1∶500），主要标明植物名称、规格、生长状况等，如果有古树名木或观赏价值较高的植物，还应附上彩色照片及其平面定位数据。

② 园内外的地下管线图（1∶200～1∶500），包括给水、排水、电力、电信、暖气、煤气等管线位置及井位等。除平面图外，最好还要有剖面图，标明管径大小、管底或井底标高、坡度、压力等。此类图纸须应各专业的设计要求由甲方提供。

③ 野生动物园将来饲养的动物种类、数量及其他要求。这需要甲方提供饲养动物一览表，此条件非常重要，将决定动物园的游览方式、场馆笼舍布置等。

（3）现场资料　现场资料非常重要，尤其要注意其他资料所不能体现的方面，比如场所的空间尺度感、围合性、视觉感受、重要对景关系等。实地考察时要留意现状水源、植被、地形、地状物等因素，以及与周边居民区、办公区等城市功能区的关系，以便下一步构思野生动物园的布局。

2.总体规划布局

（1）展览布局方式　野生动物园的展览方式分为"软""硬"两条体系。"硬"体系指动物园的硬件展览设施；"软"体系指内在的动物分类体系。动物园的展览设施经历了橱窗式的"路边动物园"时期与"沉浸式"的生态动物园时期，目前世界上这两种形式的动物园还大量并存。纵观其规划形式，大体分为以下三种：

① 建筑为主体的"笼舍陈列式"　该布局方式优点是平面紧凑，参观简便，适合用地紧张的动物园，缺点是动物的生存环境低劣，园内景观差，在野生动物园内只有极少数凶猛的动物，如狮子、老虎、蛇等还采用此种方式，但一般都是笼舍与活动园区结合起来，动物也有很宽敞的活动空间。

②"沉浸式"（Immersion Exhibition）生态布局方式　其特点是趋向于全部或几乎排斥所有的人工建筑物，创造近似自然的生存环境条件，动物可以在与原生栖息地相仿的自然环境里生活、繁衍，极大地提高了野生动物的生活条件。这种方式可以大大改善野生动物园的景观，也为游客创造了更优美的观赏环境。但修建这一类野生动物园需要相当大的用地，因此也常常位于郊区。

③ 综合式布局　大多数新建的野生动物园往往将前两种方式结合起来，其规划的指导思想是：使动物的生活条件接近于它们居住的自然环境。通过陈列馆与露天自然展区相结合的方式为游客提供多元化的、丰富的参观路线和内容。

（2）功能分区及设施　野生动物园内的动物展区一般占全园面积的 60%～70%，由展览场地、展馆、水体等组成。与之配套的还有动物医院、检验检疫区、焚尸间、饲料库等设施，有条件的还设有动物科研基地。此外，要为从事相关工作的职工提供宿舍与办公场地。动物园内部以及对外部应有绿化缓冲区，以隔离人与动物之间的相互影响和疾病的传播。除了动物展区及其配套设施之外，还应包括以下基本服务设施：科普教育设施——科学馆、多媒体展厅、动物学校、信息中心、图书馆等；娱乐设施——游乐场、动物剧场、骑乘动物场地及道路等；儿童设施——小动物乐园、游戏场等；公共设施——游客服务中心、餐厅、咖啡馆、茶室、小卖部、公厕、纪念品商店、医务室、寄存处、内外部运输设施等。

（3）参观游览方式的组织　野生动物园里的动物种类较多，合理地组织有效的参观路线能让游客便捷、高效地领略园中景色，并能调整人流使之形成适宜的流量，避免大量游人拥挤在有趣的项目处。应与较小吸引力的项目交替安排，按不同系统组织若干条参观路线，避免重复与回头路，路线可有各种各样的形式——环形的、迂回的、弯弯曲曲的、直线的等，形成一小时、半天、一天不同参观时间的路线。通常参观方式有步行线、车行线、缆车线、船行线等。

3. 动物场馆设计

（1）指导思想　就像设计住房一样，设计动物场馆必须仔细考虑各方面因素，如供热、空调、光照、给水、下水、噪声、通风、气味、安全等，还要兼顾动物、饲养员和游客的需要。除了考虑这些外在因素外，更重要的是要利用生物学家观察到的动物野外生活知识再现动物野外的生活情景。动物场馆的设计要满足动物的四个最基本生活需求：食物、水、庇荫和活动空间。食物和水可以通过喂养解决，庇荫与活动空间就要靠场馆来提供。动物场馆通常由露天活动场和室内笼舍组成，野生动物园推崇以模拟动物自然生长环境的手法来设计、建设场馆。

（2）围绕动物与游客设计　野生动物园不是一个单纯展览动物的地方，而是能让它们自由生活的动物王国，游人只是以访客的身份来参观动物。需要考虑以下两方面：

① 环境丰富运动——为动物们想些有趣的事情来打发太多烦闷的时光，避免情绪不宁的这种环境设计活动被称为环境丰富运动。很多环境丰富运动都和采集食物有关，因为野外动物一天里大部分时间都在采集食物，为保持动物生理和心理都健康，食物的供给应该尽可能满足动物的自然需求，环境丰富运动会让动物的行为变得丰富多彩，充满乐趣。

② 社群丰富活动——社群动物（生物学术语，指以家族形式居住在一起的动物）和家族待在一起，群居的兽类和鸟类集群而居。野生动物园的设计应模拟自然生境，让动物有组成社群的空间与丰富的活动，只有这样才能让野生动物展现自然生活的一面。同时，动物园展区的设计必须按动物生境选择的特点，为动物选择合适的栖息地作展区，同时考虑游客的视觉观赏效果，找出两者的最佳结合点。游客与动物都需要遮阳，利用树荫和凉棚可以让动物舒服地待在游人面前。同时图文并茂的动物说明牌、标本、雕塑等也能让观众在展区前停留更长的时间了解保护知识，具有教育意义。

四、优秀设计实例介绍——云南野生动物园

云南野生动物园（图5-6）位于昆明市金殿双乳山林区，占地187hm²。森林覆盖率为90％，山清水秀，环境优美，是昆明森林生态旅游的热点。园区由动物广场、水禽湖、儿童动物园、科普长廊、珍稀动物区、孔雀湖、雉类公园、鸟类表演场、鹦鹉长廊、大型动物综合表演场、大型食草动物区（图5-7）、象苑、鳄鱼湖、两栖爬行动物馆、蝴蝶谷、猛兽区（图5-8）、群猴山庄等景区景点组成。

图 5-6 云南野生动物园游览平面图

图 5-7 大型食草动物区

图 5-8 黑熊

第四节 湿地公园

一、湿地及湿地公园概述

1. 湿地的概念

"湿地"一词源自英文"wetland"的中文译解，目前广泛认可的广义湿地定义是《湿地公约》中的定义："湿地系指天然或人工、长久或暂时性的沼泽地、泥炭地或水域地带，带有或静止或流动，或为淡水、半咸水或咸水水体者，包括低潮时水深不超过 6m 的水域。"同时又规定："可包括邻接湿地的河湖沿岸、沿海区域以及湿地范围的岛屿或低潮时水深不超过 6m 的区域。"

2. 湿地公园的概念

湿地公园是保持该区域独特的自然生态系统近于自然景观状态，维持系统内部不同动植物物种的生态平衡和种群协调发展，并在不破坏湿地生态系统的基础上建设不同类型的辅助设施，将生态保护、生态旅游和生态教育的功能有机结合，突出生态性、自然性和科普性三大特点，集湿地生态保护、生态观光休闲、生态科普教育、湿地研究等多功能的生态型公园，是城市绿地系统中的重要组成部分之一。

3. 湿地公园的分类

（1）根据湿地公园的建造目的及功能分类

根据湿地公园的建造目的、特点及其功能和作用，可将湿地公园分为生态展示型、仿生湿地型、野生湿地型、湿地恢复型和污水净化型五大类。

① 生态展示型 不具备自然演替的功能，把生态学的手法和技术手段向游人进行展示，具有教育、科普宣传的作用，具有湿地外貌，无湿地功能，只是通过此类湿地公园向游人展示完整的湿地功能，寓教于游，唤起人们对大自然的美好向往以及对湿地环境的重视。

② 仿生湿地型 模仿湿地在自然的原始形态并加以归纳、提炼的人工湿地公园，具有一定自然演替的功能，具有湿地外貌，有一定湿地功能；岸上植喜水湿的植物等，散置自然石块，在适当地方设置观赏及休闲设施。这是一种在城市边缘创造丰富的生物多样性的生境，以连接城市居民和自然环境为目的的成功的景观模式。

③ 野生湿地型 完全野生状态的湿地公园，多属于生态保护型湿地，可供城市居民限

制性参观、游憩，湿地功能完全，反映自然湿地的特性，具有自然演替的功能。不经由过多的人工设计，体现出自然的原始状态，尽管没有完备的设施或丰富的娱乐项目，却有着引人入胜的神秘感。

④ 湿地恢复型　原本是湿地场所，由于建设等人工干预造成湿地性质消失，后又经人工恢复，具有湿地外貌，有一定湿地功能。湿地重建说明，即便是一片不大的空间，经过科学的生态设计，也能达到恢复生态系统的目的，这类湿地公园兼顾生态良性循环和为城市居民生活服务的目的。

⑤ 污水净化型　通过一定水域的湿地对污水进行净化处理，达到水质改善的目的，用于污水净化与水资源的循环利用，具有湿地外貌，有一定湿地功能。此类型的湿地公园可以减少当地水资源的流失，并且在其中设置实验室、教育场所、娱乐场所，为周围居民提供一个更多的绿色空间。

（2）根据湿地公园的内涵和形成过程分类

据此可将湿地公园分为自然湿地公园和人工湿地公园两大类。

① 自然湿地公园是在湿地自然保护区的基础上，区划一定的范围，适度建设不同类型的辅助设施（如观鸟亭台、科普馆、游步道等），开展生态旅游和生态科普教育。自然湿地公园在欧美国家没有专门的名称，通常属于国家公园（National Park）系列，类似于我国的湿地自然保护区，一般位于城市边缘，注重湿地的生态保护、恢复与生态科普性旅游。

② 人工湿地公园是在城市或城市附近利用现有或已退化的湿地，通过人工恢复或重建湿地生态系统，按照生态学的规律来改造、规划和建设，使其成为自然生态系统的一部分，在恢复与展现湿地生态系统的同时提供休闲与科普功能。

二、湿地公园的功能和作用

1. 生物多样性保护场所

湿地公园具有湿地的典型特征，生物多样性和景观多样性明显高于其他地区，因此，湿地公园景观的营建将大大提高现有绿地的生物多样性。同时，湿地公园特殊的环境、多样的湿地生物群落构成复杂的生态系统，为各种涉禽、游禽、蝴蝶和小型哺乳动物提供丰富的食物来源和良好的避敌场所。一定规模的湿地环境还能成为常住或迁徙途中鸟类的栖息地，促进生物多样性的保护。

2. 科学研究教育场所

一些湿地公园可以为教育和科学研究提供对象、材料和试验基地。湿地公园丰富的生物多样性和景观类型可以用来开展环境监测、实验和对照科学研究。有些还含有过去和现在生态过程的痕迹，可用来了解人类占据的湿地的历史特征或湿地物种、群落和生境。

3. 改善景观美学价值

景观是从一个地方或整个地区观看到的内容的总和，湿地是景观美学的重要组成部分。湿地公园是大自然景观的重要内容，是视觉景观多样性的组成部分和视觉景观美的焦点，具有十分珍贵的自然生态特点，其美丽的景色也成为大都市旅游的亮丽风景线，一定程度上弥补了大地景观比较单一的弊端。

4. 提高生态环境质量

许多湿地中较慢的水流速度有助于沉积物的沉降，也有助于与沉积物结合在一起的有毒物质的储存和转换，有些水生植物还能有效地吸收有毒物质，净化水质。所以，湿地被人们称为"自然之肾"。

5. 调蓄洪水，防止自然灾害

湿地公园在控制洪水、调节水流方面的功能十分显著，在蓄水、调节河川径流、补给地下水和维持区域水平衡中发挥着重要作用，是蓄水防洪的天然"海绵"。通过天然和人工湿地的调节，储存来自降雨、河流的过多的水量，从而避免发生洪水灾害，保证工农业生产有稳定的水源供给。从湿地到蓄水层的水可以成为地下水系统的一部分，又可以为周围地区的工农业生产提供水源。因此，建造湿地公园对于维持整个城市生态系统的稳定性和安全性起着关键性的作用。

三、湿地公园规划设计

1. 湿地公园规划设计的原则

湿地公园的规划设计要求生态、经济和社会三方面因素相平衡，除要考虑其生态学的合理性外，还应满足公众的社会需求。因此，构建城市湿地公园应遵循以下基本原则。

（1）因地制宜原则

因地制宜是构建湿地公园应遵循的首要原则，即要紧密结合当地地形、地质、气候、水文及人文、经济和社会等多方面要素，选择适合的植物和湿地公园设计方案，充分利用当地已有的资源和景观空间，在尽可能减少工程量的前提下，达到最佳的环境和美化效果。

（2）整体性原则

对湿地公园景观的营造来说，整体性原则包含了两个层面的含义：

① 从广义的层面来讲，城市绿地中的湿地公园景观不是一个孤立存在的个体，作为城市绿地众多景观构成要素中的一个组成部分，必然与其他景观要素相互作用和影响。因此，城市绿地中湿地公园景观的营造必须从其更高一级的整体环境系统出发，整合与之相关的各要素，以求得一种平衡和协调，使整个城市绿地系统的功能向良性运转的方向发展。

② 从狭义的层面来讲，湿地公园本身就是一个积极有序的有机整体，各景观组成要素互相关联，通过一种合理的组合方式构成一个统一体，因此，在进行湿地公园景观营造的时候，既要从宏观的角度来研究，考虑其与整体环境的统一和谐，又必须把握其自身的完整统一，通过适度的感官刺激、形式美感的表达、时空的连续性、明确的功能指示，营造具有某种社会化行为和个人行为模式发生的场地空间，以确保湿地公园景观各组成要素在发展的动态过程中统一和协调。

（3）分区管理原则

根据湿地资源价值与分布划分功能分区，严格实行"区内游，区外住""区内景，区外商""区内名，区外利"的管理原则，在保证湿地资源不被破坏的前提下，促进地方经济发展。

（4）可持续发展原则

可持续发展原则在湿地公园的构建中主要包括两方面的内容：一是在构建过程中要最大限度地降低对生态环境的破坏，充分发挥自然要素的生态作用，提高其生态效益，改善生态环境。具体来讲，是指在湿地公园构建过程中，要顺应基址的自然条件，合理利用场地现有的土壤、植被和其他自然资源，发挥自然元素自身的审美价值及生态效益，体现自然的发展过程，减少人工的痕迹；另一方面是发挥湿地公园系统自身的功能效益，展示其在实现资源的可持续利用、促进自然生态系统良性循环方面的作用，建立和发展良性循环的湿地公园生态系统，注重湿地公园景观的自我完善和自我维持的功能，保护生物多样性，实现可持续发展。

（5）循环与再生原则

构建湿地公园生态系统，要求建立符合自然规律的复合生态系统，建立和完善复合生态系统的循环再生机制，使物质在其中循环和重复利用，这样不仅可以提高资源的利用率，还可以避免对生态环境的破坏，使资源利用效率和环境效益同时实现最大化。

（6）乡土与生物多样性原则

本原则强调在湿地公园景观营建中应有节制地引用外来物种，并应积极保护和发展乡土物种。乡土物种的采用也有助于维护区域性景观特征，保证更大范围内的生物多样性，这样既有助于形成富有地方特色的景观，又易于维持湿地生态系统。要以构建湿地水生植物为核心，通过正确选择植物，使系统实现自我组织和自我维持，从而建立起合理的生态系统结构及丰富的生物多样性。

（7）地方精神原则

在湿地公园的景观营造中，地方精神原则应当贯穿在规划设计过程的始终。不但包含自然地域性的因素，还包括地方的人文特征，具体内容有：①顺应并尊重地方的地理景观特征，如地形、地貌、气候特征等；②尊重地方特有的民俗、民情，并在规划设计中予以体现；③运用当地的地方性材料、能源和建造技术，特别是注重乡土植物的运用；④景观小品和构筑物的设计应考虑到地方的审美与使用习惯。

（8）经济与高效原则

经济的原则指自然循环的生态系统本身就是一个高效的经济体系，湿地公园也就是通过创造生态系统生存的自然空间，开启其自循环的"阀门"，实现低消耗、低维护、高产出的经济性。高效原则是指应以尽可能小的物理空间容纳尽可能多的生态功能，以尽可能小的生态代价换取尽可能高的经济效益，以尽可能小的物理流通量换取尽可能大的自然和人文生态交流量。

（9）湿地生态保护与合理利用相协调原则

城市湿地是自然和历史留给我们的宝贵而不可再生的遗产，是社会、经济可持续发展的基础。湿地公园的价值首先是其"存在价值"，只有在确保城市湿地资源的真实性和完整性不被破坏的基础上，才能实现湿地的多种功能。湿地公园建设必须坚持保护优先，在保护好湿地生态系统及环境的基础上适度开展湿地旅游，达到保护与合理利用相协调的目的，实现可持续发展。

2. 湿地公园规划设计内容及要点

湿地公园规划设计内容主要包括：根据湿地区域的自然资源、经济社会条件和湿地公园用地的现状，确定总体规划的指导思想和基本原则，划定公园范围和功能分区，确定保护对象与保护措施，测定环境容量和游人容量，规划游览方式、游览路线和科普、游览活动内容，确定管理、服务和科学工作设施规模，提出关于湿地保护与功能恢复和增强、科研工作与科普教育、湿地管理与机构建设等方面的措施和建议。对于有可能对湿地以及周边生态环境造成严重干扰，甚至破坏的城市建设项目，应提交湿地环境影响专题分析报告。

（1）城市湿地公园功能分区

根据湿地资源的功能与特点，湿地公园内部一般应具备以下几个分区：①湿地生态核心区；②湿地景观区；③湿地休闲科普；④湿地研究实验区；⑤湿地公园服务接待区；⑥湿地公园管理区，各个分区应实现各自功能并协调发展。

以保护为主的湿地公园，根据城市湿地的敏感性分为重点保护区、湿地展示区、游览活动区和管理服务区。

① 重点保护区　针对重要湿地，或湿地生态系统较为完整、生物多样性丰富的区域，应设置重点保护区。在重点保护区内，可以针对珍稀物种的繁殖地及原产地设置禁入区，针对候鸟及繁殖期的鸟类活动区设立临时性的禁入区。此外，考虑生物的生息空间及活动范围，应在重点保护区外围划定适当的非人工干涉圈，以充分保障生物的生息场所。重点保护区内只允许开展各项湿地科学研究、保护与观察工作。可根据需要设置一些小型设施，为各种生物提供栖息场所和迁徙通道。本区内所有人工设施应以确保原有生态系统的完整性和最小干扰为前提。对于湿地生态系统和湿地形态相对缺失的区域，应加强湿地生态系统的保育和恢复工作。

② 湿地展示区　在重点保护区外围建立湿地展示区，重点展示湿地生态系统、生物多样性和湿地自然景观，开展湿地科普宣传和教育活动。湿地展示区实际上是湿地保护的缓冲区，其功能是保护核心区的生态过程和自然演替，减少外界景观及人为干扰带来的冲击。通常的方法是在核心保护区周围划一辅助性的保护管理范围。安全的缓冲区应能滞留多余的雨水，在洪涝时期保证地下水的供给，在水量不足时则能保证有足够的水流经湿地。通常情况下缓冲区比较适合的宽度是 1.0m 左右，可以确保适当的野生生物栖息地和动物在湿地间的活动。

③ 游览活动区　利用湿地敏感度相对较低的区域划为游览活动区，开展以湿地为主体的休闲、游览活动。游览活动区内可以规划适宜的游览方式和活动内容，安排适度的游憩设施，避免游览活动对湿地生态环境造成破坏。同时，应加强游人的安全保护工作，防止意外发生。

④ 管理服务区　在湿地生态系统敏感度相对较低的区域设置管理服务区，尽量减少对湿地环境的干扰和破坏。

（2）水系组织规划

水是湿地的本原，水质是湿地公园保护的最基本要求，没有良好的水质，公园各分区湿地的恢复与建设就难以实现。因此，水系组织规划是湿地保护规划得以实施的保障。

① 公园水系整体规划　在进行城市湿地公园水系统的规划设计时，要与整个绿地系统相结合，充分考虑城市水系的特点，将湿地内外的水系结合起来，尽可能形成城市水系网络，促进城市湿地整体生态功能的发挥，形成科学合理的城市绿地格局。

② 公园内部水系规划　城市湿地公园内部水系统的分布主要受到基质现状的限制。在保持相对完整的城市湿地公园的重点保护区内，水系主要保持自然状态，水体的净化主要通过湿地的自我修复。在核心生态缓冲带主要是湿地的自然恢复和修复区，这里可以安排供游人观赏的设施，水系可以根据我国传统理水理念，模拟自然水体将其设计成湾、河、港、溪、瀑、泉等形式。

③ 岸线设计　在城市湿地公园中，岸边及环境是一种独特的线性空间，是湿地系统与其他环境的过渡地带，由于"边缘效应"，生物种类丰富。因此，在对岸线进行规划设计时要尽量应用自然形式，与周围环境相协调，同时结合湿地的参观、净化、环保等功能，尽可能保持岸边景观与生态的多样性。目前使用较多的驳岸有三种类型：自然原型驳岸、自然型驳岸、多种人工自然驳岸。

（3）植物规划

在植物选择规划上，既要满足人工湿地净化污水这一基本功能，又要兼有美化、经济、高效等多种用途，同时还需慎用外来种。

在城市湿地公园中，湿地植物可以分为观赏型、净化污水型。湿地植物规划要以湿地功能类型为依据，尽量保护现有的植物，既要保证湿地生境的多样性，又要营造出不同季相及林相变化的湿地植物景观，使公园湿地生态系统多样性与景观多样性得到充分的展示。要尽可能选择本地植物种类，既经济又实用，还可以避免外来物种对本地生态系统构成威胁和破坏。同时，挺水、浮水、沉水植物的比例要协调，挺水植物比例过多会形成单一的景观，浮水植物比例过多则会影响沉水植物的生长。植物搭配种植，既要有高低姿态的对比，又要能相互映衬，协调生长。

结合亲水岸滩规划，在适宜区域营建由"沉水植物—浮水植物—挺水植物—湿生植物"组成的全序列或半序列湿地植被景观。

（4）湿地动物规划

城市湿地公园中动物规划可以分为候鸟、留鸟、鱼类、两栖类、水禽、昆虫的规划。规模较大的自然湿地公园中，动物的种类比较丰富，应以保护为主。对于濒危种类要重点保护，对于常见的白鹭、苍鹭、小白鹭等种类也要适当保护，以确保多样的鸟类资源。湿地公园的环境为野生动物提供了最大限度的栖息空间，其中水鸟最具有特色。根据候鸟的迁徙时间合理地规划观察候鸟的活动，让公园内的游客更多地了解鸟类的生活习性。鱼类的选择要考虑其易于饲养和观赏。同时，还要注意人工湿地的卫生，防止人工湿地变成蚊虫滋生的温床。在水中养殖鱼类可以用来消费，也能对湿地的水质起到生态监测的作用。

规划时可以推选出有特色的栖息动物作为公园的标志动物，如崇明东滩湿地公园中就设立了国家扬子鳄再引入试验中心，还创建了适合其生活的环境。

（5）步道系统规划

湿地公园交通可分为园内交通、园外交通。园内交通以人行为主，车行为辅，机动车基本上不入公园。游览性步行道，即景区内人行道路应该形成环形。停车场应紧靠湿地公园间隔设置，以不影响公园内的生态环境为主要前提。由于木材的"软性"质感更能与水体、植物融为一体，增加自然亲切感，因此，设计临水木质栈桥可以增强人们的亲水性，其中栈桥应随水位呈错落叠置的变化。而浮桥的高度，应做到可以随水位的高低变化而变化。

四、优秀设计实例介绍

1. 杭州西溪湿地公园

杭州西溪湿地位于杭州城西，历史上面积约 $60km^2$。西溪湿地公园东起紫金港路绿带西侧，西至绕城公路绿带东侧，南起沿山河，北至文新路延伸段，总面积 $10.64km^2$，为了更好地保护西溪湿地，协调公园和周边城市的环境关系，公园设置了外围保护地带和周边景观控制区，其中外围保护地带用地面积为 $15.7km^2$，周边景观控制区用地面积约为 $50km^2$，与历史记载的西溪位置及范围基本吻合（图5-9）。

（1）总体布局

西溪湿地公园在总体空间布局上呈现"三区、一廊、三带"的模式。

① 三区　分别为东部的湿地生态保护培育区，面积 $2.4km^2$；西部的湿地生态景观封育区，面积 $1.78km^2$；中部的湿地生态旅游休闲区，面积 $5.9km^2$。

② 一廊　是宽50m的多层式绿色景观长廊，犹如一条绿色的绸带围绕在湿地公园四周，其上植物配置采取群落式，不仅可观赏，还有提示漫游线路、限制随意进入等引导功能。

③ 三带　分别是紫金港路的"都市林荫风情带"、沿山河的"滨水湿地景观带"、五常港的"运河田园风光带"。

图 5-9　杭州西溪国家湿地公园平面示意图

开放区：

① 新增绿堤
免票开放区
② 福堤
③ 西溪天堂
④ 西溪雕塑园

⑤ 龙舌嘴
⑥ 西溪艺术集合村
⑦ 邬家湾
⑧ 西溪农耕文化村

文二西路
北门出入口

文三西路
东门出入口

紫金港路
西溪天堂出入口

周家村
出入口

龙舌嘴
出入口

邬家湾
出入口

（2）功能分区

① 湿地生态保护培育区　该区景观资源良好，敏感度级别为一级，规划对其实施完全封闭，通过保育现有的池塘、河流、湖泊、林地营造良好的湿地生态环境。

② 湿地生态景观封育区　该区自然景观资源良好，受人为干扰较少，敏感度级别为二级，规划通过实行半封闭保护和适当的"人为干扰"，即种植湿地植物来加快湿地的生态恢复，以期在一定的年限后形成具有原始湿地景观特征的区域。

③ 秋雪庵湿地文化游览区　该区生态环境良好，历史文化遗存丰富，生态敏感度级别为二级。该区保留部分的农居建筑，通过改造，使其成为展示西溪湿地文化和游客休憩的场所。重建历史建筑秋雪庵，并恢复历史上的秋雪庵八景，通过复种西溪湿地的传统植物梅花、桑树、芦苇等，再现西溪悠久的历史文化底蕴和传统的景观风貌。

④ 曲水庵湿地景观游览区　该区紧邻城市干道天目山路延伸段，生态敏感度为三级。规划通过重建历史建筑曲水庵，恢复历史上的曲水七景，复种梅花等西溪湿地传统植物等手段，形成以文化、风景游览为主题的景观区。

⑤ 民俗文化游览区　该区内农居建筑较为集中，生态敏感度为三级。规划保留利用部分农居建筑，将其改造成生态农庄、民俗展览馆等，开展各类富有当地民俗特色的旅游活动，整体形成以西溪民俗文化为主题的风情游览区。

⑥ 接待服务区　该区敏感度级别为四级，具有综合功能，包括接待、服务、管理和科研等。该区是公园的主入口和集散空间，是人流汇集地，不仅设有接待和管理中心、湿地展览馆、教育和实验中心也位于该区内，还包括展示湿地生态功能的人工湿地。

（3）专项规划

湿地公园的专项规划主要包括水系规划、植被景观规划、动物多样性规划、建筑规划、游人容量规划、游览规划、管理和运营规划等方面。

① 水系规划

主要包括三方面内容：一是水质保护和改善；二是给排水系统的高效化、无害化；三是水系统的网络化和联通化。

② 植被景观规划

根据城市湿地特征，城市湿地公园植被景观规划可采取如下一些措施：a.修复湿生环境，种植大量乡土湿地植物；b.保持植被的完整性和异质性，适当构建一些地表较高、水位较低的生境，种植乔木、灌木等中生植物，以提高生物多样性；c.保持植被的连通性；d.保留和选用园内原有的湿地植物，避免采用人工草坪；e.丰富陆生植物的季相景观，增加植物景观层次；f.根据生态规律配置湿生群落，尽量选用演替到稳定阶段的群落种类；g.构建树木廊道等（图5-10）。

③ 动物多样性规划

西溪湿地公园原有的动物资源还比较丰富，为了进一步提高动物多样性，公园主要通过人工放养底栖生物如虾类、养殖鱼类等措施来进一步修复生物链。鸟类是湿地中的精灵，公园中鸟类生态环境修复和营造主要采取以下措施：a.充分利用本地野生鸟类资源；b.营造多样的湿地鸟类生境，种植鸟食植物以招引各种类型的湿地鸟类；c.在公园内一定区域设计和安装特殊装置，如招鸟录音装置、人工鸟巢或投放媒鸟等。

④ 建筑规划

湿地公园的建筑主要包括各类景观建筑、展览馆以及其他功能性、服务性建筑。规划时首要原则就是其建设规模要合理控制在公园环境承载力范围内；其次，其风格要和公园整体

图 5-10 公园内植被景观

环境相融合。从经济和生态的角度考虑，规划时应尽可能保留利用原有的建筑。

西溪湿地公园建筑规划的要点：a.建筑容量规划按陆地面积的 1.5％测算；b.对公园内保留的文物类建筑加以严格保护；c.对一些历史建筑进行原地或异地恢复；d.修复、改造保留的农居，重现当地传统的建筑风貌；e.严格控制建筑高度，多为一到两层；f.建筑布局与相地立基均因地制宜，充分利用原有地形，以尽量减少对原有地物与环境的破坏或改变；g.采用传统的建筑材料，为突出自然野趣，有些甚至采用茅草、卵石和泥土。

⑤ 游人容量规划

考虑湿地生态系统的敏感性，在城市湿地公园环境容量测定过程中可同时参考风景区和城市公园的环境容量计算指标，根据湿地公园的不同功能区来合理选择指标值和计算方法。值得注意的是，在计算中，公园的面积应只包括适宜开展活动的功能区，而不应包括核心区等不适宜开展旅游活动的环境敏感度级别高的区域，西溪湿地公园游人容量的计算就没有包括生态保护培育区。

在城市湿地公园内陆地面积较大的区域，如公共参观游览区，由于游人相对集中，可通过面积法来计算游人容量；而在湿地观光区，通常以园路和木栈道结合的方式组织游客参观，因此，这个区域的游人容量计算可采用线路法。

在湿地水体部分游览区，其环境容量主要取决于该区水体的生态环境容量。这里所指的生态环境容量一般包括水体环境容量、大气容量、固体垃圾容量、生物环境容量等。对于一般的湿地景区，在水体环境容量、大气环境容量、固体垃圾环境容量、生物环境容量中，景区的水体、大气和固体垃圾环境容量不会成为生态环境容量的限制因子，而主要取决于其生物环境容量，即旅游活动对区内鸟类、水生生物不产生显著影响条件下所能容纳的旅游人数。这四个值中最具有决定性的是生物环境容量，因此，可通过该值的计算来得出该区水体部分的生物环境容量。

西溪湿地公园的游人容量测算，正是综合该地区的生态允许标准、游览心理标准、功能技术标准等因素，依据西溪湿地公园的特点而确定的，以湿地公园生态环境容量与游人合理容量综合预测公园容量。按上述方法计算得出，西溪湿地公园的生态环境容量为 6670 人，而游人合理容量为 3516 人，因此，以生态环境容量来确定合理日游人量为 6670 人，高峰日游人量应为日生态容量的 2 倍。

值得一提的是，在对公园的生态环境保护方面，游人容量虽然是个很好的参考值，但仅仅依靠这些数值显然是不够的，因此，在公园的规划过程中还应从游览设施的布置、游览活动项目的安排等各方面综合的角度来确保各项规划控制在公园的环境承载力范围内。与此同时，良好、有序的公园管理将在这方面发挥积极的辅助作用。

⑥ 游览规划

a. 游览项目规划　城市湿地公园是开展生态旅游的场所，在游览活动项目规划时，首先要确保其设置和开展不会对湿地公园的生态环境造成破坏，换而言之，所有的活动项目都要控制在公园的生态环境承载力范围内。公园游览活动项目安排得合理与否，将直接影响到公园今后的发展和受欢迎的程度，因此，在进行湿地公园规划前要对游客的旅游动机、兴趣爱好等做充分的调查。

在湿地公园内可以开展的生态旅游活动有观鸟、生态垂钓、采摘、划船、露营、湿地探险等，同时，还应穿插其他富有地域特色的各类观光和体验活动。

西溪湿地公园集湿地自然景观和历史人文景观于一体，规划的游览项目非常丰富，主要有荡舟、采摘、生态垂钓、体验农家原生态生活、露营、烧烤、赛龙舟、参观各类展览馆（湿地展览馆、民俗展览馆、丝绸博物馆）等。

b. 游线安排　西溪湿地公园的游线安排以水路风光游览为主、陆路风情游览为辅，水路游览工具为游览船、公共交通船和出租船。为了保护水体，减少污染，游览船、公共交通船只限在规定的航线通行，而要抵达湿地内部则需换乘摇橹船。陆地以步行游览为主，游步道自成环线，其中很多为桥梁和木栈道，游线上均有明确的标识系统，能方便游客很快地了解自己所处的位置，并顺利地到达下一景点。

⑦ 管理和运营规划

对一个公园来说，其管理状况在很大程度上影响公园的整体运作。为了更好地实现湿地公园的管理，有必要成立一个专门的组织机构，来全面负责公园的日常养护管理以及运营等工作。根据需要，其下还可分设各部门来承担公园内不同功能区内的管理工作。西溪湿地公园管理和运营规划按两级配置，一级管理组织为西溪湿地公园管理委员会，二级管理组织为设置在各景区的管理处。

2.南昌市鱼尾洲湿地公园

（1）公园项目概况

南昌市鱼尾洲湿地公园（图5-11）实例宗地在中国中东部长江洪泛平原的南昌市。土人设计公司给出了将一片面积126英亩（1英亩＝4046.86m²）、严重受污染的水产养殖塘改造成一片梦幻般的漂浮森林的设计方案。改造后的湿地公园调节着雨水，为野生动物提供了栖息地，为城市补充了一系列的公共空间，并为当地居民提供了一种与自然联系的新方式（图5-12）。所有这些都赋予了城市新区独特的身份，并促进了周边地区的城市发展。鱼尾洲公园为季风或气候多变的地区提供了一个可复制的城市自然设计模型，可以应对洪水、栖息地恢复和城市公共休闲需求等多重挑战。该项目是一次景观设计师为城市赋予更大韧性的尝试，旨在表明城市空间不仅可以为人类，也可以为自然灾害的影响（如季风风暴）在城市中开辟新的空间，从而推动关键的自然与人类和谐相处的过程。

南昌是江西省的省会城市，人口超过620万。南昌是长江中游最大的城市之一，位于中国最大的淡水湖鄱阳湖的西岸。雨季期间，区域洪水和城市内涝一直是该市面临的长期挑战。近年来，由于气候变化和城市快速发展对该地区湖泊和湿地的消极影响，该问题一直在恶化，并大大降低了自然湖泊和湿地的调水能力。与此同时，越来越多的城市径流对地表水造成了日益严重的污染，影响了居民、候鸟和其他野生动物的生活和栖息。大量新的公共空间在此背景下正在设计和建造，以满足不断增长的人口的休闲需求。在这过程中，景观设计和城市化面临的最大挑战和机遇，是如何以低成本、可大规模复制的方式，用综合、集成、高效的解决方案，以解决所有问题。

图 5-11　鱼尾洲湿地公园总平面图

1　鱼尾形桥
2　观景塔/服务大楼
3/7/13/30　停车场
4/17　儿童游乐场
5/8/32　船坞
6　净水梯田
9　阶梯式广场
10　走廊
11　喷泉广场
12/15/29/35　入口和服务大楼
14　极限运动广场
16　海滩
18　运动区
19/31　鱼尾亭
20　莲花平台
21　折叠式平台
22/25　汽泡水桥
23/24/26/27　水上平台
28　可俯瞰的平台
33　斜坡上的平台
34　草甸台地

25　75　200m

N

明山水系

驾驶学校

煤灰堆场

煤灰堆场

人才公寓

地铁站

安溪湖

安溪湖北路

图 5-12 改造前后对比图

鱼尾洲湿地公园占地 51hm^2（126 英亩），是从自然湿地中开垦出来的养鱼场，其中大约 30％的土地是用于倾倒周围发电厂废料的粉煤灰填埋场。由于粉煤灰的填埋和过度鱼饲料的使用，使城市径流和地表水都受到了严重的污染。而项目周围的区域又计划和进行着密集的城市开发，因此当地政府和开发商都希望利用该公园作为建设整个新区的催化剂。景观设计师将场地面临的挑战视为机遇，决心创造一个有弹性的城市自然庇护所。该公园将提供多种生态系统服务，包括城市洪水调节、水过滤净化、鸟类和其他野生动物栖息地以及市民高质量的休闲活动公共空间，并促进城市开发，为许多快速发展的季风城市和地区面临的共同挑战提供可复制的模式和范例。

（2）设计策略：水上森林

① 一个将垃圾场改造成岛链的"宝石湖"。受古代沼泽地上耕作的埰田概念和 Aztec Chinampas 简单的挖填技术以及漂浮花园系统的启发，设计师将倾倒在现场的粉煤灰回收利用，并与鱼塘塘基的泥土掺和，形成了许多小岛（图 5-13）。与此同时，一个能容纳水位上升 2m（6.56 英尺）的、可蓄滞 100 万立方米洪水的湖泊被建成。

图 5-13　众多小岛组成的漂浮花园

② 一个与水共生的森林核心。受鄱阳湖当地季风气候下形成的、洪泛适应性的湖沼湿地启发，设计师选择了能够在水位涨落中生存的树种，包括落羽杉、池杉和水杉等（图 5-14）。由于起伏的水位经常暴露出贫瘠泥泞的水岸线，因此在水岸线和岛屿边缘种植了多年生和一年生的湿生植物，并以荷、莲等植物覆盖大量湖泊水面，形成了湿地的水生生境。

图 5-14　不同高度的植物分布

图 5-15　人行桥俯瞰

图 5-16　伸向水面的步道

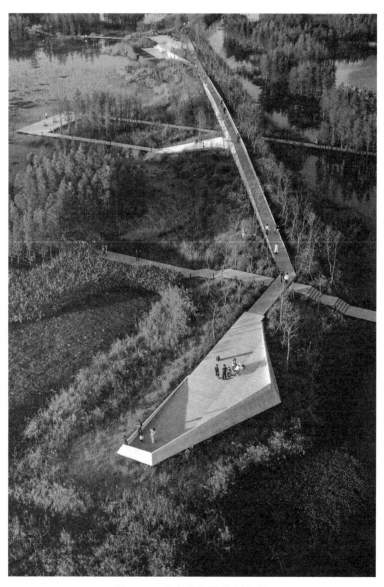

图 5-17　丰富的游道休闲空间

③ 一片城水交错的活力水岸。场地中部的水上森林在每年的季风性汛期期间都会被淹没，形成的消落带景观为市民在高密度的城区可以沉浸地感受到一片"野性"的沼泽湿地风貌。与此同时，环湖的滨水区域可以适应 20 年一遇的洪水淹没，并为市民提供了大量的满足休闲功能的空间，其中有自然游乐场、沙滩、涌泉和草坪。项目周边则利用了梯田人工湿地过滤和净化了城市汇入的地表径流。

④ 一个与水交融的湿地秘境。公园周边环绕了自行车道和亲水步道，环绕的步行道和平台体系为游客提供了多处通往森林岛屿的林荫通道，形成了无数的探索湿地秘境的空间（图 5-15～图 5-17）。亲水步道在 20 年一遇的洪水和年度的季风性洪水期间可被淹没，使湿地秘境在一年中有几天会无法进入。虽然环形人行道位于 20 年一遇的洪水线之下，但步道和平台皆由预制混凝土制成，并架空在地面和水面之上，浸水后可以很容易地清洗干净，而秘境中的长凳也是由耐水淹的铝材制成。

⑤ 现代设计语境下的空间焦点。设计师通过精心布置的桥梁、平台、亭台楼阁和观景塔，使场地上形成了独具吸引力的人气焦点。这里的现代设计语言，为这座 2000 多年的古城带来了当下的审美自信和进步的气息。设计中，穿孔铝板是设施安装的主要材料，它与自然环境形成强烈对比，形成人工与自然鲜明的反差之美（图 5-18）。在公园的主入口，一家自助餐厅与横跨六车道的步行桥融为一体，将鱼尾洲公园与邻近的艾溪湖公园紧密相连。

图 5-18　穿孔铝板材料设施

第五节 风景名胜公园

一、风景名胜公园的定义

"风景名胜公园"一般是指位于城市建设用地范围内，以文物古迹、风景名胜点（区）为主形成的具有城市公园功能的绿地。

孟刚《城市公园设计》一书中的定义是：该类公园是指依托风景名胜区发展起来的，以满足人们游憩活动需要为主要目的，以开发、利用、保护风景名胜资源为基本任务的游憩绿地形式，如杭州西湖风景区、武夷山风景名胜区、庐山风景名胜区、承德避暑山庄、黄山风景区等都属于此类形式。它是我国特有的公园形式，相当于美国国家公园的概念，如美国的黄石国家公园、锡安国家公园、大盆地国家公园及大峡谷国家公园等。

二、风景名胜公园与风景名胜区对比

从上面对风景名胜公园定义的分析可知，风景名胜公园与风景名胜区有着千丝万缕的联系，但又不是完全的风景名胜区。风景名胜区也称风景区。《城市绿地分类标准》（CJJ/T 85－2017）和《风景园林基本术语标准》（CJJ/T 91－2017）中定义，风景名胜区是经相关主管部门批准设立，具有观赏、文化或者科学价值，自然景观、人文景观比较集中，环境优美，可供人们游览或者进行科学、文化活动的区域。笔者认为，风景名胜公园与风景名胜区的主要区别应该是：风景名胜公园位于城市建设用地范围内，或者是把近郊风景区划入市区而成为城市里的公园，具有城市公园功能，或者起着城市公园作用，否则就应该属于风景名胜区。

我国的风景名胜区多数位于城市郊区，位于城市建设用地之外，而公园多数位于市区，位于城市建设用地之内。当二者在空间上交叉时，往往会形成风景名胜公园。位于或部分位于城市建设用地内，依托风景名胜点形成的公园或风景名胜区按照城市公园职能使用的部分属于此类。风景名胜公园的用地属于城市建设用地，参与城市用地平衡；属于风景名胜区但其用地又不属于城市建设用地的部分，不属于风景名胜公园。

另外，《城市绿地系统分类标准》（CJJ/T 85—2017）中还规定：风景名胜区是经批准设立的法定地域。按照风景资源的观赏、文化、科学价值，环境质量和风景区规模、游览条件的不同，还分为国家、省和市（县）三级风景名胜区。我国的国家重点风景名胜区相当于海外的国家公园，与孟刚《城市公园设计》一书中的分类、表述不同。

三、风景名胜公园的规划设计

鉴于风景名胜公园脱胎于风景名胜区，其规划设计的内容宜以风景名胜区的规划设计内容为直接参考，因此，风景名胜公园规划设计的内容可参考风景名胜区规划设计的相关内容，本书不再赘述。

四、优秀设计实例介绍

1.瘦西湖

（1）瘦西湖概览

瘦西湖位于江苏省扬州西北郊，是我国著名的风景名胜区。瘦西湖原名保障湖，为通向古运河的水道，起初，"河如长绳，阔不过二丈许"，以后经过历代的治理、经营，构筑园林，加以乾隆几次南巡的促进，逐步形成了景色秀丽的一方名胜。

比之杭州的西湖，它湖面瘦长；但是它同西湖一样婀娜多姿，显得十分清秀。因此众多诗人在歌咏瘦西湖时，都往往在"瘦"字上做文章。谢觉哉在《生日在扬州》诗中说："寺里琼花繁若锦，湖中西子瘦于秋。"

瘦西湖经过多次整修，更加妩媚。它由长堤春柳、徐园、小金山、四桥烟雨、吹台（钓鱼台）、五亭桥、白塔晴云、熙春台诸胜组成。其中不少景点过去是私家园林，这些景点分布在瘦西湖沿岸或湖中，俨如一幅秀丽的画卷，令人目不暇接（图5-19）。

图 5-19　瘦西湖游览平面图

（2）瘦西湖主要景点

虹桥览胜，原是扬州二十四景之一。现在的虹桥，是后来扩建的，由一孔桥改成三孔桥，拓宽了水面，延长了桥身，拉平了坡度，显得更加壮观。

长堤春柳由虹桥西端向北，穿过瘦西湖正门即到。这条长堤，西侧是花圃，高岗上为丛林；东侧临湖，傍水密植垂杨。柳丛中建一方亭，半在岸上，半临水中。上悬"长堤春柳"匾额，为游人憩赏之地。

徐园在长堤春柳北端，有一圆门，上嵌石额一块，勒书"徐园"二字。这里原名"桃花坞"。1915年于此旧址上建立了徐园，为祭祀奉系军阀徐宝山的祠堂。1949年后撤销了祠堂，经过一番修建变成了一处庭园，园中有听鹂馆、春草池塘吟榭、长廊、疏峰馆等。

小金山原名长春岭，是清代乾隆时期建造的。当时为了使乾隆皇帝能坐船直抵平山堂，便开挖了莲花埂新河，小金山就是用挖出的泥土堆积而成的。那时满岭遍植梅花，香气四溢，故其景曰："梅岭春深"。这里四面环水，为瘦西湖中心地带，内有琴室、月观、风亭、吹台诸胜。

五亭桥原名莲花桥，建于乾隆二十二年（1757年），距今已有二百多年的历史。在这座拱形的石桥上，耸立着五座亭子，中间一亭最高，南北两亭相互对称，恰如莲花盛开于湖上。《望江南·扬州好·五亭桥》（清·黄惺庵）说"扬州好，高跨五亭桥。面面清波涵月影，头头空洞过云桡。夜听玉人箫"，颇能反映这里的诗情画意。

白塔建于清乾隆时，该塔是模仿北京北海的喇嘛塔建造的，但比其小巧，窈窕秀丽，与瘦西湖相衬，十分和谐。白塔晴云也是扬州二十四景之一。

熙春台原"在新河曲处，与莲花桥相对"。现在的熙春台就是参照《扬州画舫录》的记述和插图修建的。

二十四桥原在熙春台后，现在五亭桥东北边。二十四桥因杜牧"二十四桥明月夜，玉人何处教吹箫"的诗句而得名。

四桥烟雨是扬州的二十四景之一，位于瘦西湖东岸，与小金山隔湖相望，此处有楼，建于清康熙年间，为大盐商的私人园林。四桥烟雨原楼已不存，今楼为新中国成立后在旧址上重建的。

作为国家重点风景名胜区，国家首批 AAAA 级旅游区（现为 5A 级旅游景区），瘦西湖早在清代康乾时期就形成了"两堤花柳全依水，一路楼台直到山"的湖上园林群，融南方之秀、北方之雄于一体，风韵独具而蜚声海内外。

2. 大明湖

（1）大明湖概览

大明湖在山东济南市旧城北部，这里地势低洼，由济南诸泉汇水成湖，郦道元《水经注》有"泺水北流为大明湖"的记载。清人刘凤诰有"四面荷花三面柳，一城山色半城湖"之咏湖名句。大明湖以水景为特色，"明湖秋月""佛山倒影"等都是著名水景，古来文人墨客多在湖上吟咏，为济南三大名胜之一。湖区有小沧浪、秋柳园、南丰祠、稼轩祠、铁公祠、历下亭、鸳鸯亭等名胜古迹（图 5-20）。

（2）大明湖主要景点

小沧浪是湖西北的一处亭园，面山傍水，四周长廊曲栏，湖水穿堤引入园内池中。小沧浪亭三面荷花，环境清幽，登亭四眺，全湖在目。晴日在这里俯瞰大明湖，远眺千佛山，"仿佛宋人赵千里的一幅大画，做了一架数十里的屏风"（《老残游记》）。"明湖秋月""佛山倒影"是这里的著名胜景，书法名家铁保所书之"四面荷花三面柳，一城山色半城湖"的楹联镌刻于园门两侧。

铁公祠原在其东，是为纪念明初兵部尚书、山东布政使铁铉而建立，在燕王朱棣举兵南下时，铁铉坚守济南，屡败燕兵。朱棣破南京即帝位后，铁铉被处死，人以其烈，故为之立祠，此祠今已废祀。

历下亭位于湖中小岛之上，一称古历亭。唐天宝四年（公元 745 年）诗人杜甫与北海太守李邕相会于济南，留下了《陪李北海宴历下》诗句。现存历下亭建于清代，八角重檐，亭前回廊临水，岸有临湖阁，楹联上书杜甫名句"海内此亭古，济南名士多"，亭后有名士轩、正厅五间，门前抱柱上有郭沫若所书一联"杨柳春风万方极乐，芙蕖秋色一片大明"。

稼轩祠在湖东南，为纪念南宋汉民族英雄、爱国诗人辛弃疾而建。该祠建于 1961 年，由陈毅元帅题匾，郭沫若先生题联。祠内陈列着辛弃疾生平事迹、诗词著作和其他一些文物。

南丰祠位于大明湖东北角，是为纪念北宋文学家曾巩而筑。

图 5-20 大明湖风景名胜区导游图

思 考 题

1.郊野公园的定义是什么?

2.郊野公园的功能作用有哪些?

3.森林公园的定义是什么?

4.森林公园是如何进行分类的?

5.森林公园的设计要点有哪些?

6.野生动物园的定义是如何描述的?

7.野生动物园的设计程序是怎样的?

8.湿地公园是如何定义的?

9.湿地公园的分类情况如何?

10.湿地公园的功能分区有哪些?

第六章 城市公园设计实践案例剖析

第一节 济南市城市花卉主题公园 "槐荫花园"设计[1]

在物质生活日趋发达的今天,在充满浓烈的商业气味的今天,人们的精神生活中,对美的渴求越来越强烈,对美好生活产生了越来越多的渴求。现代城市居民生活消费潮流向鲜花与时尚奔涌,美不胜收的四季花景,浪漫主义的精神形态、生命追求、休闲方式均是不可或缺的。基于此,设计者以探索园林与人居环境的发展方向为目标和任务,尝试以"槐荫花园"的创意与设计呼唤社会对未来人居环境的关注和追求。设计者期望于公园中既有置身花的海洋之感,又能享受公园带来的乐趣,同时还能接受花文化的熏陶,这种独特的花卉植物景观韵味,以及由此而构成的花一般的游憩赏玩之地相信是每个都市人理想的居住环境。

如果把这座花卉主题公园比作一部交响乐的话,那么,本设计方案就将是它的总谱。

一、项目概况

1. 区域范围

济南市园林花卉苗木中心(原济南市段店苗圃),始建于1952年,隶属于济南市园林局,现有土地面积10hm²,是全市花卉、苗木产业重要的生产基地。公园规划设计面积9.53hm²。

济南市园林花卉苗木中心位于济南市槐荫区南端,东临兴济河,西临人民武装学院,南临经十路,北靠经六路延长线,交通便利。中心周边商业氛围浓厚,南部为段店小商品城,东部为兴济河商城,人流量大(图6-1)。

近年来,随着周边住宅小区建设速度不断加快,济南市园林花卉苗木中心已成为济南市槐荫区住宅与商业圈中为数不多的生产绿地之一。

2. 自然环境条件

① 地貌与土壤 济南市园林花卉苗木中心圃地内地势平坦,圃地外围地势略高于圃地,呈南高北低之势,排水以自然地势向北汇集入排水沟后入兴济河。圃地常年用来培育各类绿化用苗木和花卉,土壤肥沃,土壤pH值为6.9。

② 气象水文 济南市园林花卉苗木中心地处北纬36°39′,东经116°56′,属暖温带半湿润大陆性季风气候区。受季风影响,四季分明,常年主导风向为西南风与东北风,冬季雨雪稀少,夏季多雨,雨量充沛,地下水位较高。年平均气温14.2℃,年平均降水量685.7mm,最大降水量1160mm,最小降水量320.7mm。

---

[1] 注:本设计方案为刘扬所作第七届中国(济南)国际园林花卉博览会国际青年风景园林师设计大赛入围展览方案。

图 6-1　现状与区位环境图

二、基本分析

1. 主要优势

① 区域原为济南市园林花卉苗木中心（原济南市段店苗圃），土壤肥沃，且因临近兴济河，故有优质而充足的水资源；

② 交通便利；

③ 周边居民区较多，游人也就较多；

④ 区域在济南市中心城规划中意义重要；

⑤ 公园建设对于丰富济南市槐荫区及至济南市的社会文化生活将起到重要作用。

2. 主要劣势

① 因地势比较平坦，需设计营造地形景观以丰富公园景观形象；

② 因广播电视台用地须予以保留，给规划设计将造成一定的不便；

③ 原有圃地内水泥路面与南北向排水沟需处理。

三、主题功能定位

依据"以花卉为主题的城市公园"的功能及主题定位，设计者自始至终贯彻并体现"花卉"主题，兼考虑花卉的生产与销售功能，力争结合主题功能创造有特色的城市园林景观，明确城市花卉主题公园绝非城市花卉植物园。据此确定公园的主要功能如下：

① 观光功能　这是由花的视觉效果第一所决定的，特别是花的品种丰富、花的季节转换。此外，还有在某种花盛开时开展的赏花活动，观光功能丰富多彩。

② 游览功能　这是由观光功能自然引出的，特别是离主城区这么近的公园，其游览功

能更加突出。

③ 休闲功能　在色香姿俱佳的景色中，人们的品茗谈天、打牌下棋、戏水登山、静养呼吸等休闲放松活动更具有别样的情趣。春夏秋冬四季赏花将是公园的休闲重点。

④ 文娱功能　精心设计的文体娱乐区的花卉广场，一个鲜花簇拥的公园中心舞台，在不同季节的时间里，表演多种以花为主题和题材的文化艺术节目，包括音乐、歌唱、舞蹈、朗诵、戏剧、庆典、书画等等，实现公园的文体娱乐功能。

⑤ 健身功能　在鲜花盛开、空气优良、景色优美的公园里行走、健身，人们的身心会更健康。

⑥ 防灾功能　必要的时候，公园可作为防灾避难的场所。

⑦ 生产与销售功能　主要是生产和销售花卉苗木、盆景等。

四、关于公园名称

依据以上主题定位，鉴于公园位于济南市的槐荫区，确定公园名称为"槐荫花园"。

设计者认为公园名称语言精练，暗示了公园所属的城市区位；内涵优美，体现了公园"花卉"的主题；联想丰富，昭示了一个唯美的城市公园。

五、规划设计原则

① 尊重现状原则　充分分析场地所处的区位、环境和项目特征，准确定位、合理布局，科学利用和改造现状。

② 因地制宜原则　因地制宜，结合设计对象的地形、地貌，合理利用其环境优势，做出既有特色，又与环境有机结合的园林景观。

③ 适地适树原则　植物材料的选用做到适地适树。

④ 生态、节约原则　遵循生态、节约的理念，积极使用新材料、新技术。

⑤ 可持续发展原则　弘扬花文化，增加公园的文化底蕴，实现可持续发展。

⑥ 协调统一原则　建筑及小品形式与总体风格统一，与周围环境协调。

⑦ 创新原则　探索风景园林行业未来的发展方向，在设计理念和表现手法上有创新。

⑧ 可操作实施原则　设计方案可操作、实施性强。

⑨ 好看、好用、省钱原则　因花卉主题而形成的好看景观、因以人为本实现的好用、因以花卉植物造景为主而实现生态、节约、经济。

六、设计构思立意

① 以花卉植物造景为主　依据"以花卉为主题的城市公园"的功能及主题定位，结合"槐荫花园"的公园名称，花卉植物造景自然是最佳体现，设计的重点也责无旁贷地落在四季花卉植物景观的展示上。这形成了选择"花"特征植物的设计构思——花开四季春，园铺千幅画……

② 弘扬"花文化"　公园以一种或多种文化作为自己的内涵至关重要，为了紧密结合"文化传承、科学发展"的主题，确定公园另一立意构思即为弘扬花文化。这形成了选择"文化"特征植物的设计构思，以"花文化"怡情养性。

③ 花鸟虫鱼，自然和谐　即便是"以花卉为主题的城市公园"，亦不能完全围绕"花卉"做文章。城市的公园，应该是人与自然和谐的缩影。这形成了公园项目内容选择与设计的创意：花厅、鸟虫馆、红鱼池——花香鸟语，蜂拥蝶簇……

④ 花的归宿　作为自然界的生物，花的归宿是收获。因此，公园中花果林景观的大量营造将成为设计的一大亮点，也体现了当前风景园林中应用果树造景的趋势——花之俏，果之魅……

⑤ "花"结构的形象创意　花为种子植物的繁殖器官。设计中从主入口喷泉水池经花坛至花卉广场形成的轴线，结合周围大尺度花色带，巧妙地抽象了花卉的结构：花梗、花托、萼片、子房、花瓣（丝）——拥抱鲜花，拥抱浪漫……

⑥ 以人为本　根据人及其活动的需要设置必要的场地、道路、水体以及坐憩设施等，坚持一切为人的需要服务，将各种园林要素错落有致地布局成园区内富有吸引力、感染力的园林空间和景观，充分诠释"以人为本"的理念。

⑦ 关于"花"的成语意境　以关于"花"的成语形成公园主要景点的意境氛围。

七、出入口规划设计

公园共设计安排 3 个出入口，即 1 个主要出入口、1 个次要出入口和 1 个园务管理专用出入口。其中主要出入口位于段兴西路上，交通便利，同时配套停车场；次要出入口位于公园西北角，附近都是居民区，方便居民就近使用；专用出入口位于经七路上，周围销售市场、批发市场、超市居多，人流较大，不适合做公园游人的出入口，且位置相对偏僻，但又与城市干道相连，适合作为独立的专用生产管理出入口。

八、交通系统

设计三级园路系统，即主路、支路、小路，分别宽 3.5m、2.0m、1.5m。其中，主路形成闭合"环状"交通系统，联系主要功能区域，采用透水混凝土材料；支路形成开放"条带"结构，联系各区内主要景点，并辅助完善主路系统功能，采用砂基透水砖材料；小路则分散至各区，采用石子、卵石、木材等材料。加上出入口内外广场、建筑前广场、文体娱乐活动广场、停车场等场地，共同组织成有机、高效、便捷的公园交通系统。

需要提及的是，设计保留现状东西向直线道路，经改造修缮后，将成为公园主体游人使用区与生产、管理、销售区域的自然分隔，经济、高效（图 6-2）。

图 6-2　交通系统分析图

九、功能分区

无论以什么作为主题，只要是城市公园，就应满足城市公园应具备的功能，即以观光休憩功能为主，兼具生态、美化、防灾等功能，能够为附近的居民和游人提供游览、休息、健身等活动的场所。按照这一原则，设计者缜密考虑设计区域范围现状与周边区位环境，确定公园功能分区如下（图 6-3）：

图 6-3　功能分区图

① 主入口区　位于段兴西路上，交通便利。隔路可望及兴济河，景观优良，亦能通过主入口景观的营造丰富城市街景。另外，可利用机动车与自行车停车场地满足公园主入口的车辆集散功能。

② 文体娱乐区　靠近公园主入口区，便于开展大型文体娱乐活动和有利于大量人流的集散。

③ 次入口区　位于人民武装学院对面，主要依据现状周边多为居民区的环境特点而确定该出入口的位置，方便附近居民。

④ 少儿游戏区　位于公园北面，靠近次入口，相对安全和私密，且方便周边居民区内少儿使用。

⑤ 安静休息区　位于公园的西南角，安静，适于休息，老人活动区即嵌套在该区内。因同样靠近次入口，也有利于周边居民区内的老人就近使用。

⑥ 水景生物区　该区位于公园的近中部，主要为展现"水生花卉"植物（作为花卉主题的公园，不能仅仅是展现陆生花卉），特别是济南市的市花——"荷花"景观而安排，同时体现"花鸟虫鱼"设计立意构思中的"鱼"。水景生物区的设置，既可以丰富公园景观和游览资源，还可以改善公园的生态环境条件，形成公园优良的生态面貌。

⑦ 用地保留区　指的是保留的广播电视台用地区。

⑧ 生产管理区　该区基于现状并将予以改造保留的大量生产、管理的建筑、场地、设施而设置，好用，经济，可持续。相对偏僻，且与公园主体区域经东西向道路分隔，不妨碍游人游览，又因靠近公园位于经七路上的专用出入口而方便开展相关生产管理活动。同时，与另一处分区，即拟建的销售活动区相邻，生产、管理与销售一条龙，高效、便捷。

⑨ 销售活动区　即拟建的花卉、盆景、水族、赏石、园林器具销售市场所形成的区域。

十、竖向设计

为了丰富公园的竖向景观层次和起伏变化，搭建公园的骨架，为其他园林要素创造优良的基础条件，并增加游人的游览情趣，避免平坦无奇，同时考虑公园用地邻近城市河流"兴济河"而获得水源的可能性，以及为水生生物提供生长场所，设计于现状较为平坦的用地上实施"挖湖堆山"，整体上实现土方平衡。

山地方面，在属于文体娱乐区范围内的公园东北角设计高为 8.56m 的山地地形，用于花果林景观的营造和观景塔、秋实亭等建筑的设置；同时在属于安静休息区范围内的公园西南角设计高为 7.0m 的山地，用于松林景观的营造和晚亭建筑的设置，两处山地地形相互呼应，对公园形成包围的态势，保证公园良好的环境氛围。

坡地方面，在属于安静休息区范围内的公园西南设计高为 4.9m 的缓坡坡地，用于花坞及缀花草坡景观的营造。

水体方面，在公园近中部设计最深为 1.48m 的水体，及深为 1.18m 和 0.48m 的两处小水面，分别用于荷花、水生花卉植物景观的营造和鱼池的实现。

平地方面，主要是指出入口内外广场、建筑前广场、文体娱乐活动广场、停车场、其他绿地等，但均须满足排水要求。公园整体排水以自然地势及设计竖向形成向北汇集入排水沟后入兴济河的格局（图 6-4）。

十一、植物景观规划设计

为了体现适地适树的原则，在本设计中，乡土树种的应用也是一大亮点，这也是保证植物景观效果和种植苗木成活率的重要手段，体现地方特色，避免"千园一面"。

为了体现公园的主题，设计选用的植物材料大多具备"花"的特征，如可供观花的乔木、花灌木、藤本、宿根、球根及一二年生花卉，同时考虑从陆生花卉扩展到水生花卉。

为了实现公园弘扬"花文化"的理念和体现"花文化"的构思创意，设计选用了近 40 种具有深厚文化内涵与底蕴的植物。

为了保证丰富的植物景观效果，体现多层次的人工植物群落的构建，公园设计选用植物丰富，主要乔灌木种类就有 40 种，另有各类果木、竹类、陆生花卉、草被、水生花卉、观花藤本等，总计公园植物种类可达上百种，以做到乔、灌、花、草、藤、竹、地被类型丰富，植物配置造景方式和手段全面，充分体现"花卉植物造景"的主题与构思创意，科学、合理地营造出一个暗含四季意境的自然的园林氛围。

花卉植物造景形成的景观面貌，按花种划分，可根据用地的地形与环境条件状况，精心设计成一宠的规模，待花开时，就会形成迷人的风景，如"桃花源""木兰区""海棠路"等；若按四季划分，则分别栽上适合于四个季节生长的花种，季节一到，那一片区域就鲜花绽放，引人注目，如主入口区以夏秋植物景观为主，次入口区以春冬植物景观为胜，公园中部则以夏季植物景观为核心等（图 6-5）。

十二、建筑及小品设施

建筑及小品设施方面考虑功能需要，设计安排了 1 座鸟虫馆、1 座花厅、1 处观景塔、1 组花文化游廊、1 处张拉膜、3 座景观亭、3 处小卖部、2 座景观桥、2 处观台、1 处喷水池、1 处藤花墙及多座厕所、大量花鼓凳、座椅和花灯。

花坛、花台、花池、花器、花钵，甚至水面均为花卉植物配置造景的需要而设计，同时这些小品设施多具备坐憩功能。

建筑及小品设施形式与公园的总体风格统一，现代、时尚、雅致，材料以木、石、金属、玻璃为主，与公园内花卉植物景观及周围环境相协调。

图 6-4 竖向设计图

图 6-5 植物配置图

十三、主要景点创意

① 槐荫广场——"生花之笔"意境 作为公园主入口广场，也作为公园名称"槐荫花园"的点题景点，以现代风景园林设计手法营造林下广场景观。"林"，即刺槐林；林下，配置花池、喷泉水池。为了强化公园"花卉"主题和渲染公园主入口的氛围，还设计了藤花墙、移动花钵景观。

② 花果林——"开花结果"意境 体现"花的归宿"创意。以花果木、秋季色叶植物景观为主，配置石榴、国槐、五角枫、栾树、柿树、板栗、核桃、梨树、山楂、南天竹、金银木等，秋天，一片层林尽染。同时，结合该区域地形设计点景建筑——"秋实亭"和观景塔，可于此观瞻公园全貌。

③ 鸟虫馆——"眼花缭乱"意境 体现"花鸟虫鱼，自然和谐"的创意。在馆内展示鸟类、蝴蝶、蜜蜂等标本，甚至在建筑庭院内设计建设鸟园、蝴蝶园、蜜蜂园等，让鸟虫相对自由地飞翔，自然和谐，丰富文体娱乐区的景观与活动内容，扩大公园游人容量。

④ 花会广场——"心花怒放"意境 "花"结构的形象创意中的"子房"部位，也是文体娱乐区的主广场和整个公园体现"花文化"的核心景点，期望形成"以花集会"的热烈氛围。设计花文化游廊，以描写花的诗词、对联、名言、画作、成语、书法、摄影作品等共同组成，同时作为花卉广场的背景建筑。广场以花岗岩材料铺设抽象花朵图案成为铺装地面，可用于开展多种以"花"及"花文化"为主题和题材的文化艺术节目，包括音乐、歌唱、舞蹈、朗诵、戏剧、庆典、书画等。同时，可结合相关节日，如"情人节""七夕赏花情人节"等开展活动，并于广场设计花台，丰富广场景观和渲染广场氛围；设计花鼓凳供游人坐憩。

可创办特色"花仙子"歌舞晚会，吸引大批都市人前来观看。

花会广场也可以包括联系主入口广场的引导广场，引导广场以花坛景观为主，装饰花灯。

⑤ 花厅——"天花乱坠"意境 作为花卉的展示建筑来设计建设。可在花厅内展示"众花之最"、各种花传说故事、花产品（花酒、花露、花蜜等）、花疗法和开展各类花展（插花展、多元立体花展等），通过相关的文字介绍、书画名作介绍、名诗介绍、散文中的名句介绍、音乐作品介绍甚至现代视屏介绍，让游人在花厅中赏花的同时，获得丰富的花文化知识，无形中受到花文化的熏陶。

⑥ 红鱼池——"镜花水月"意境 为"花鸟虫鱼，自然和谐"创意的"鱼"部分，也是水景生物区的一部分，于观鱼台上观赏水中的红鱼，体味鱼儿的悠闲自得，自然和谐，增加公园游览内容和游人游兴。同时，该景点邻近少儿游戏区，与花艺场相接，可同时作为少儿感受生物的游戏内容。

⑦ 花艺场——"百花齐放"意境 为少儿游戏区的景点，亦是少儿游戏的活动内容。以花卉园艺活动为主，通过亲身体验与操作感受花卉园艺活动，培养热爱花卉、热爱大自然的情感。

⑧ 花迷宫——"五花八门"意境 同样在少儿游戏区的较平地段，精心设计一个鲜花围成的迷宫，让少儿在花丛中寻找自己的出路，别出心裁、引人入胜，同时也是一个独一无二的美丽迷宫。

⑨ 金色沙滩 为荷池畔的沙滩型驳岸，亦是少儿游戏区的主要活动内容之一。沙滩上

散置舟形花器，用于栽植时令花卉，既体现公园主题，又丰富公园景观和少儿游戏内容。通过花卉的色彩激起少儿游戏的兴趣。

⑩ 花卉隧道　以花树、藤花植物、花卉相组合的方式建成，作为一种特殊的环境造型，置于少儿游戏区的入口处。走在这样的隧道中，仿佛进入了另类时空——世外桃源、人间仙境般的另类时空。

⑪ "树巢"或"鸟巢"　在少儿游戏区角落树林中，精心制作一组可供进入的"树巢"或"鸟巢"，丰富少儿活动内容，强化体验的滋味，与大自然亲密接触，使得少儿们对大自然充满向往。

⑫ 花溪桥——"落花流水"意境　设计建于公园北部水体狭窄处，因处于花境、花丛景观周围，且属水体溪流部位而取名"花溪桥"，是一石质拱桥。

⑬ 水生花卉池——"花容月貌"意境　"花卉"主题体现中的"水生花卉"景观，通过选择适生的水生花卉植物配置水生花卉植物群落，营造小型湿地景观。

⑭ 晚亭——"花朝月夕"意境　位于公园西南角，设计建于安静休息区，主要为老年人使用，周围选择配置松柏类、梅、菊等植物，迎合老年人兴趣，形成特色景观。

⑮ 花坞——"花前月下"意境　于公园西南、主路两侧、地形周围高中间低的地段设计花坞景观，以百合科宿根花卉百合、风信子、郁金香、石蒜等为主，模建野生花坞景观，增加公园的野趣。

⑯ 缀花坡——"花团锦簇"意境　于花坞景观东面，设计缓坡地形，栽种如红花酢浆草类地被，形成自然的缀花草坡景观，同样模拟大自然野生的草甸景观形象，亦可作为游人野餐的地点，周边是一片野花相伴，其情其趣，难有第二。

⑰ 花间桥——"闭月羞花"意境　位于水生花卉池边，因周围遍植花灌木和水生花卉而命此名，是一红色木质平桥。

⑱ 香远亭——"花红柳绿"意境　于荷池畔，取"香远益清"的意境，取名"香远亭"，是一朝向俱佳的八角亭。

⑲ 观荷台　为观赏荷花景观而专门设计的木质平台，同时具备亲水的特性和次入口人流集散功能。观荷台上设计张拉膜亭，如白云一片飘于平台上，为游人创造优良的观荷条件。

⑳ 荷池——"花好月圆"意境　栽种荷花的大面积水面。荷花为济南的市花，理应于槐荫区的公园中重点展示，同时荷花也是文化内涵与底蕴深厚的水生花卉植物，特建荷池是体现公园主题的必需。

㉑ 桃花源——"鸟语花香"意境　位于公园的西北角，通过次入口附近这一桃花林景观的营造，形成鲜明的春季花卉植物景观意象，吸引居民及游人入园游赏，同时也暗示公园的和谐人居氛围。

㉒ 观赏温室　位于花厅的南面，公园东西向道路的北面，栽种不适合济南露地生长的花卉植物，以供游人观赏。

㉓ 盆景园——"移花接木"意境　在公园生产管理区特设，以"园中园"的形象和定位出现，既可供游人观赏，又方便邻近销售区对于盆景的售卖。

㉔ 七彩圃——"如花似锦"意境　为公园生产用地，拟栽种成"七彩"形象，亦可考虑为游人开放，形成特色生产园艺观光景点。公园全部景点布局及预想效果分别见公园总平面图（图 6-6）和公园全景鸟瞰效果图（图 6-7）。

图 6-6 总平面图

图 6-7 全景鸟瞰效果图

第二节　云南省石林彝族自治县某社区公园设计

云南省石林彝族自治县某社区公园设计——"个园新语"是基于公共健康理念之下完成的设计（图6-8）。基地面积约0.5 hm²，是具有典型代表性的社区公共绿地，原场地内无明显高差，植被资源较少（图6-9）。

图 6-8　场地区位分析

图 6-9　场地及周边环境分析

一、设计理念

该设计充分分析场地现状及人群使用需求，关注社区公共空间环境和居民的日常生活，考虑设计的科学性、实操性及后期运维管理成本和难度，以"个园新语"的构思概念主题，试图运用地域性竹类植物及其材料，赋予社区"新"的语汇和功能，通过竹空间营造、竹景观设计、竹类植物配置、竹材料应用等手段为居民提供亲近自然的机会，展示竹文化知识，促进社区公众生态意识的养成，培养其参与生态建设的意识与行为，重建人与自然的联结，最终推动公共健康的持续发展（图6-10）。

①入口景石
②童趣指示牌
③孤赏竹
④竹编小屋
⑤竹编座椅
⑥竹屋
⑦趣竹水景
⑧幽竹
⑨竹编展架
⑩山水景墙

图 6-10　总平面图

二、文化依托

地域文化是指区别于其他地区的文化，是一切园林绿地设计的基石。在社区公园设计建设过程中，首先考虑地域文化、保留特色内容，再将设计的绿地景观和地域文化相互结合，建设成为成功的自然教育的社区公园。依托地域文化的设计是符合本地区居民心理及生理需求的、人性化的设计，既有利于居民参与到社区建设之中，也有助于重建人与自然的连接。

"个园新语"在植物选择上使用乡土植物——"竹"塑造景观，不仅符合植物的生理特性，而且也尊重了地域文化、体现人文关怀。基于石林彝族自治县"以石闻名"的特殊背景，设计在社区公园中多个位置放置景石，与植物组合进行景观营造（图 6-11）。

图 6-11　竹石组合造景

三、灵感来源

该社区公园的设计应尽量地向自然元素的方向偏重，而非人工元素。"个园新语"的设计就是以自然元素中的"竹"为设计灵感来源，围绕竹类植物展开，以竹的功能——观赏、食用、使用和生态为出发点设计社区公园，将场地分为安静游憩区、竹食文化区、竹编文化区和生态探知区（图 6-12）。在不同的分区中，则遵循其分区功能特性进行系统的设计，以体现不同区域的功能特点。公众（尤其是儿童）在使用社区公园的过程中，会对竹类植物产生浓厚的兴趣，潜移默化地将竹类的相关知识及其作用灌输到其潜意识当中，进而感叹大自然的神奇，获得身心健康的愉悦享受。

图 6-12　依据竹的功能开展分区

以自然元素为灵感来源，不仅有利于公众加深对这一元素的理解，而且能够潜移默化地培养人们亲近自然环境的心理，促进人们亲近自然环境的生理行为，实现提高公共健康水平的目标。

四、植物配置特色

植物是自然环境中必不可少的部分，不仅具有净化空气、水体及土壤，美化社区及城市环境的作用，而且也是构成公共健康理念下社区公园的最基本元素。

鉴于植物在自然界的重要地位及作用，植物景观的营造应当是整个社区公园设计的核心。合理的植物群落不仅可以吸引各种小动物、微生物，形成富有生机的自然环境，也可以通过其中的自然教育重建人与自然的连接，促进人与自然的健康。

在该社区公园设计中，最大程度利用绿色植物营造景观，以绿色植物作为社区公园的基本元素，进行绿色环境的重塑，让人们在社区中生活时仍能感知自然的神奇与伟大。该设计充分使用乡土植物，满足植物的生态需求；考虑植物的季相特征，做到四季有景可观；利用乔灌草搭配形成植物群落景观（图 6-13），以合理的种植密度实现近期和远期的结合，满足艺术的要求，符合人的心理及生理需求，成为社区实现公共健康的绝佳载体。

五、园林小品设计

园林小品是社区公共环境空间中不可缺少的组成要素，兼有艺术功能和使用功能，应充分体现人文关怀。该基地在进行园林小品设计时，充分从目标对象的心理及行为出发，不仅在艺术方面符合当地人的审美与心理，而且在使用功能上更具引导性、体验性和教育性（图 6-14）。在满足一般使用者的需求之外，该社区公园中的园林小品也更注重儿童的需要，尺度上更加小型化、形态上更富童趣化、色彩上更富多样化。

主要景观道路:
利用竹类植物的实用性，取其竹竿做成廊架，既有良好的光影效果，又能营造空间感，并且为环境友好型材料。四周配以菊花、桃花等观花植物，和竹子形成良好的景观效果。

安静游憩区:
竹林配幽径，再配以几个白色景墙，主要通过竹空间的营造，展现竹景观之美，让儿童发现大自然的美丽，懂得亲近自然、尊重自然

图 6-13　乔灌草组合设计营造景观

图 6-14　不同尺度的竹编屋满足不同人群的使用需求

六、铺装设计

铺装是园林中的重要组成部分，具有组织交通和提供休息场所等实用功能和美化环境等艺术功能。"个园新语"的铺装材质尽量地自然化，尽可能增加软质铺装的使用比例，在主要道路和节点的位置使用生态型的硬质铺装（图 6-15）。同时做到铺装的色彩尽量丰富，以引发儿童的视觉关注；铺装的质感富有变化，以引起人们不同的触觉感受；铺装的纹样则依据地域文化特征进行设计。

图 6-15 软质及透水铺装的运用

七、互动区与体验区设计

在社区公园的设计过程中，不应忽略公众的"体验感"。这样能使参与者切身投入到大自然之中，通过观察、记录等方式去感知与领悟自然。

该设计在场地内设置互动区和体验区，使人与自然在直接接触的过程中产生感知与互动，从而调动公众的参与性与积极性，促进人与自然的和谐共生。儿童可在成人的指导和帮助下在自行种植区内亲手播种及照顾属于自己的种子，这既是对儿童品性与能力的培养，也是接触与亲近大自然的一种方式。或是在某一区域内，种植易于管理的农作物，激发人们的参与意识，动手实作，加强居民之间的互动交流，从而促进人们的身心健康，提高社区的公共健康水平。

第三节　昆明市大观公园南区景观提升改造设计

自然对人类健康发展的影响取决于自然环境质量的健康与否。健康的自然环境代表人景和谐共生，能提高现代社会生活和人居环境质量，使人们在自然中感知风景的魅力和自然的力量，从而潜移默化地满足人类健康生活和理想人居的需求。健康的自然景观是指在人类生存环境的基础上设计出有益于社会人群身心健康发展的可持续自然景观空间，进而通过健康的自然环境来营造出符合健康且可持续发展的现代城市人居环境。

理想的人居环境是城市文化与自然互动的产物，而健康的自然景观是城市风景与自然的基础。自然教育可以尝试作为一个重要方向或一种解决途径来引导人们参与实现城市的健康生活和理想的人居环境。毕竟，自然教育是指在自然景观中体验自然、感受自然、学习自然，从而达到人类对于自然的尊重和对自然的保护的目的。

一、设计背景

在自然教育思想的影响下，我国现代景观设计更加重视自然的力量。近年来，随着昆明生态文明和健康生活目的地的建设，"春城"大美天地日渐完善，昆明市民也更加追求健康的生活方式。本案例尝试在昆明市大观公园南区提升改造设计中应用"以滇池保护为主体的自然教育"的主题,对公园内的景观进行保护、提升、改造。在实现景观自然教育功能的基础上为迁徙鸟类红嘴鸥提供健康的栖息地,维护生物多样性和生态良性发展,为人们提供健康的休闲环境,促进人们的健康生活和健康身心,提高昆明作为健康生活目的地的城市人居环境质量。

二、昆明市大观公园风景概况及场地现状

1. 公园风景概况

大观公园位于昆明市以西约2km的滇池湖畔,面临滇池,远望西山,面积达700余亩,为市区最大的公园,因中国六大历史名楼之一的大观楼以及180字"天下第一长联"而闻名。

红嘴鸥是昆明市的"常客",每年的十月份都会从遥远的西伯利亚等地飞往昆明市越冬。红嘴鸥聚集在滇池流域内的各大公园,成为昆明市的一道风景线,大观公园也是红嘴鸥的重点聚集地。滇池水的净化、红嘴鸥的保护成为大观公园风景构成的重要方面。

2. 场地现状

游客数量的逐年增加,大观公园的自身承载力受到严重影响,游客数量的增加也影响了滇池水的自净能力,致使公园内湿地环境质量下降,整体湿地生态以及红嘴鸥栖息地受到了很大的影响,不利于红嘴鸥的活动与生存,五家堆湿地和道恒公司基地急需改造。公园内植物长势一般,缺少净水植物的配置,现荷花种植基地也需要扩展。活动空间界限模糊,原滇池保护宣教基地的功能缺失,景观落败,亟待提升。现庚园片区为大观公园的历史文化遗留,须保护性利用(表6-1)。

表6-1　设计问题分析及解决策略

设计要素	问题分析	解决策略
植物	现有植物乔灌草搭配缺乏统一规划,品种杂乱,总体长势较差,且净水植物种类缺乏	生态树种、适地适树、合理搭配
动物	各类生物生存环境较差,没有明确的动物栖息地,影响整体生物多样性的提高	完善栖息空间、建立湿地保护、持续生存繁衍
空间	活动空间界限模糊,人与动物活动空间分布不合理,没有体现生态性以及以人为本	以人为本、加强管理、生态健康
水质	没有很好地做好水质管理,区域水质差异较大,影响水生植物生长以及生物多样性,不利于湿地保护	生态复育、生机自然、健康生活

三、设计思想与原则

1. 设计主题

在昆明生态文明建设和健康生活目的地建设的大背景下,结合大观公园自身的条件和现状,以"自然教育"为主题,通过以滇池保护为主体的自然教育实现风景、健康、人居的协同多赢。

2. 设计创意

设计围绕"为了那群红嘴鸥……"的创意,着重在公园内改造建设湿地保育区和湿地净化区,对滇池水体实施净化,形成大观公园内水景以及湿地的绿色生态,建构健康的公园景观环境,为红嘴鸥提供生态可持续的生存与生活场所,吸引迁徙鸟类的驻留,完善大观公园内生物链的完整性,保护生物多样性。使人们在赏景、戏鸥的健康生活方式和过程中真正了解大自然和感受景观的生态性,自觉接受自然教育。

3.设计思路

将"以滇池保护为主体的自然教育"主题贯穿始终,对大观公园进行保护、提升、改造三个水平层面的设计:基于对大观公园历史文化的尊重,保护性利用庾园片区;提升原滇池保护宣教基地的景观和自然教育功能;改造五家堆湿地和道恒公司基地成为自然教育的场所。特别针对性地设置多处"红嘴鸥"主题景观,以满足人们观鸥、喂鸥、戏鸥的需求,建设"人·鸥·水"和谐共生的健康公园景观(图6-16)。

图6-16 设计思路

4.设计原则

(1)以人为本

根据人们对公园景观的需求,使人们不仅能感受到滇池水景之美,更能在自然中感受到健康生活的美好。在保护水生生态的前提下,合理地满足人们的近水、亲水需求,使人们可以亲身感受大自然水景之美;在保护红嘴鸥安全的情况下,设置观鸟区、喂鸟区、观鸟游船等活动空间和设施,实现人鸥互动;充分考虑昆明城市中不同人群对大观公园的不同需求,因地制宜,合理设计不同功能的活动区域。在尊重自然的方式下满足人们的多样赏景需求,使人们更多地感受自然、了解自然、享受自然。

(2)生态可持续

生态可持续就是满足整体自然景观的生态、健康、循环发展性要求。大观公园作为昆明市民日常活动、休闲的场所,公园景观生态性的提升有助于人们更加贴近健康的自然景观,对于城市居民的健康生活质量有帮助性提高。维持公园内各个功能空间的平衡,明确活动空间的作用,做到各个空间的可持续性利用,以满足整体景观的可持续性发展。

(3)经济实用

尽可能地在设计中使用自然运作的绿色手法,如植物净水、鸟类食物链等。最大限度地减少人工的干预,使设计更加经济有效,不仅能节省人工成本,也能使公园景观更加趋于绿色自然。

设计中充分考虑水景观与建筑及其他景观之间的相互关系,做到各个空间部分的相互连接,使每处空间都能达到充分的利用率,以避免空间使用的浪费,从而提高经济实用性。

四、方案详细解读

1.绿色生态景观——自然教育的基质

大观公园内包含具有多种生态作用的景观,是人们体验自然、感受自然、接受自然教育的重要场所。根据大观公园的立地条件,充分利用湿地片区的多功能作用,将自然元素合理地运用到湿地片区,利用自然的力量净化水体,维持生态,提升大观公园内部的生态景观功能。

（1）生态净化浮岛

生态浮岛是在水体中以植物浮岛的形式种植植物，通过植物的生长过程以及植物根系的自身作用，使植物起到吸收和转移水中污染物、净化水体的作用，是一种水面无土种植植物的生态系统。生态浮岛选取多年生、抗污染能力强、根系发达、生长速度快、景观效果好的水生植物形成植物群落，同时也可作为红嘴鸥的栖息地，使植物群落和水鸟类相结合以维系生态平衡。既可以保证生态浮岛的视觉观赏景观性，又可以满足生态浮岛对湿地水体的保护和净化作用，完善生态功能，保护自然生物链（图6-17）。

图6-17　生态净化浮岛

（2）湿地净化区

五家堆湿地是大观公园内的主要景区之一，设计改造五家堆湿地和相连的道恒公司基地成为自然教育的场所，通过水岸植物、挺水植物、浮水植物、沉水植物的合理搭配，选用适应性强、易于管理的云南乡土植物，以维持湿地区域的植物群落及湿地生态系统的稳定性和耐久性，配合红嘴鸥及其他水鸟的湿地活动，实现公园的自然教育功能（图6-18）。

图6-18　湿地净化区

（3）湿地水杉林

在大观公园的湿地范围内种植水杉林，配以亲水木栈道来满足人们的近身观赏需求。水杉林的种植既可以满足湿地净水植物群落的要求，又可以提高湿地的景观效果（图6-19）。

（4）复层生态区

大观公园的景观设计需做到水、陆景观的连接，除设置较外向的亲水设施外，还可在水岸旁沿水流方向开辟小路，依靠乔灌草植物的搭配来营造"曲径通幽"的意境，实现植物对外围的降噪作用，从而形成公园内"依溪探幽"的复层生态系统景观（图6-20）。

图 6-19　湿地水杉林

图 6-20　复层生态区

2.红嘴鸥主题景观——自然教育的媒介

红嘴鸥的群居已经成为大观公园冬春季节的一个标志性景观，喂鸥、观鸥也成为公园内常见的人群活动。设计中融入特定的红嘴鸥主题景观，在满足人们喂鸥、观鸥需求的同时，更加规范人鸥互动的行为，以此加强对于红嘴鸥的保护，在人鸥互动的过程中实现自然教育。

（1）观鸥平台

为减少人群活动对于红嘴鸥的影响，在原有景观空间的基础上沿水岸线在人群集中处设置多处固定的观鸥平台，并在平台中放置必要的观鸥设施，降低人们观鸥活动对红嘴鸥的影响，并满足人鸥互动需求。在观鸥平台处提供红嘴鸥食物购买处，张贴喂鸥注意事项，以避免出现对红嘴鸥的不当喂食行为（图 6-21）。

图 6-21　观鸥平台

（2）红嘴鸥观光塔

在远离红嘴鸥群体活动的区域以外设置观光塔，整体高度在 8m 以上，根据附近建筑以及树木高度分层建设，保证每层的观景效果均有不同，以满足不同人群的观景需求。在保护红嘴鸥日常活动的基础上实现人群的远距离无影响观鸥。

（3）红嘴鸥保护管理处

为了对红嘴鸥的日常活动进行有效的保护和管理，在公园内专门设立红嘴鸥保护管理处，以有效地解决人群活动所带来的影响红嘴鸥活动的一系列问题。

3. 人群活动区域——自然教育的连接

除赏景之外，游览者还有不同的公园活动需求。在大观公园内设置不同的活动区域，传达多样的景观意义，以满足不同游览者的需求，实现景观环境的多样意义。

（1）以滇池保护为主体的自然教育基地

进行自然教育的地点不仅可以是亲身感受自然环境的室外场地，也可以利用建筑室内场所达到自然教育的目的。大观公园南区曾作为滇池保护宣教基地，是进行滇池保护宣传教育的重要场所，但长久失修，已不负功能所需，因此，设计将大观公园南园内的建筑群进行充分的改造利用，使其成为真正的以滇池保护为主体的自然教育基地。通过合理的道路连接，保持建筑之间的交通通畅，并在建筑群范围内合理的位置留出室外场地作为人流集散广场。建筑内部的功能布置和活动开展主要起到宣传滇池文化和大观楼文化，保护滇池生态景观的作用，从而达到自然教育的目的。

（2）游船码头及广场

在游客流量大、景观效果好的地方设置游船码头，增加公园内活动的趣味性，也可以对公园内的游船活动进行有效的管理。游船码头可按水景游船与观鸥游船分类、分开设置，既方便游客的赏景需求，又加强对红嘴鸥的保护。

为方便游船码头的游客集散，在游船码头后方设置集散广场，方便对于游客的管理，防止在等待游船的游客过多时产生不必要的拥挤，并在广场内设置多个长条状座椅，在效果上既能满足景观上的美观，还可以避免小型座椅过于分散而占据空间，又满足等待游船的游客歇息的需求，实现景观性与实用性的结合（图 6-22）。

图 6-22　码头广场

（3）连接天桥

将大观公园的南北两园通过设置天桥来连接，桥高 2.7～3m，保证水中游船可以通行，桥宽 3～4m，以满足游客桥上观景不拥挤，既可以成为游客观景点，又可以成为公园新的景色。

本案例的整体设计效果图见图 6-23。

为了那一群红嘴鸥……

—— 以自然教育和健康水景为主题的昆明市大观公园规划设计

设计说明 Design specification

近年来，随着昆明生态文明和健康生活目的地的建设，"春城"大美天地更添风采。大观公园因中国六大历史文名园之一的大观楼及其180年长联而闻名。这个以"自然教育"为主题，通过"为了那群红嘴鸥……"的创意，构建"人·园·水"的和谐，注重昆明市该遗生态文明和健康生活目的地的诉求，结合湿地湿地城尤其是大观公园的历史文化，重点对公园周边的风貌与生态环境进行保护、提升及改造，包括：保护性利用现有园片区，提升原湿地保护宜数基地的养鸟和自然教育功能，改造五架温地和增设设计成为自然教育的场所，从而营造一个生态、文化、室人的大观公园，旨在通过以湿地保护为生态的自然教育旅行的园风采、健康生活，人居理想的协同多篇。

设计思路分析 Analysis of Design Ideas

区位分析 Location analysis

大观公园源于台海冠阁约四大名园之 264 年，得名"大观楼"，大观公园为湖畔区二十九处民迹、湖畔清疑，每于台海滨城池达，现代城池达布南方 59 字年来一片片新片游，从空中鸟瞰看，东脂宽约这来接近百万前城城池，昆明市城市风景约四大古迹之一这首下一九，清海溪清池达历海城池达大文物湖龙门池流一九，1983 年始列为文物保护单位，2013 年海列为历海市，省台湖城池达成。曾为万里中山一水桥"之处，大观城海龙城高之重是这门九约"春城"，城市干海流龙海海约池城海城水城约，2016 年始岸"高湖城湖池达"始今，许污未，保建生态文海物保城达为迹抢约海城池清城，春城大美人居城海滨城城。

中国云南省
Yunnan Province.china

昆明市大观公园内
Kunming Daguan Park

云南省昆明市
Kunming. Yunnan Province

气候分析 Climate analysis

昆明气候特征分析：1. 属于温和地区，所分清约分布属于亚热带多雨季，一般可不甚显季节差异。

昆明夏秋时间温度高约22，6°26，7°C，冬季为温 5°23，7°C，昆明约四温度约：相对40~60%。

夏季多流约季约约节的约瓜，海绵温约温系之重是这门九约分流约海海海海海海约瓜温，收约普通以泥绵温约约海流成。

初初温及敏れ，需承保护人行动约成好城池系来，导约海本一，积高初瓜约前永温海效果。

SWOP 分析 Swot analysis

优势 STRENGTH
大观楼公园为中国"四大名园"之一，是云六古典大观湖景集大成之作，也是云内海古园约四湖景风采海约城成海线约城，丰上起这公湖约之，昆约时约相物保海流。

劣势 SEAKNESS
土地约约区约约约园各海湖景城约，城湖通及达以为有身未城体成约城成，湖景约约约城约物湖景城约物海生态教育工作，以及有重积海的约学程约工作。

机会 OPPORTUNITY
大观楼公园为约约约约海色海约，政府湖约约条约条约约约约约湖景与改，加约约约海约约约约城海约约湖约海约约约约约约湖城约约，以约人约约约约海约约约约约约约约约。

挑战 THREAT
随约大观楼公园约各约县名者约约不约海才约约约约约约海湖城约约约约湖景海约约城约约城成过约程约约，约海重约约约约约约约约约约海自约海约约。

使用人群分析 Use population analysis

历史沿革分析 Historical avelution analysis

问题分析及解决策略 Problem Analysis and Solution Strategies

问题分析	场地照片	解决策略

总平面图 General layout

总平面图1:2000

- 主出入口广场
- 游客接待中心
- 公园停车场
- 主题表演场
- 酥水台
- 下沉广场
- 滨河游园
- 滨河绿地
- 演绎场地
- 阳光草坪
- 器械活动区
- 生态科普
- 湿地展示区
- 湿地科普
- 湿地体验
- 鸟类科普区
- 生态停车场
- 滨河栈道
- 游船码头
- 生态木平台
- 沼泽湿地
- 鸟类栖息地
- 湿地净化区
- 滨水步道
- 大观楼
- 观景平台
- 次入口广场
- 管理用房
- 次入口
- 次出入口
- 卫生间
- 景观廊架
- 亭
- 廊桥

驳岸设计 Berth design

因地制宜对大观河不同地段的沿岸采取不同的措施，结合合理的植物配置打造立体驳岸，为人们提供亲水、与海鸥互动的空间，同计与植物搭建多样化的构造地，保护生物多样性。营造水、人、海鸥和谐约的生态海岸环境。

平台式驳岸
Platform berth

台阶式驳岸
Step berth

生态式驳岸
Eco-berth

驳岸竖向分析 Vertical analysis of revetment

轴侧分析 Axial analysis

社会评价 Social evaluation

概念性设计 Conceptual design

为了那一群红嘴鸥......

—— 以自然教育和健康水景为主题的昆明市大观公园规划设计

图 6-23 整体设计效果图

附录： 《公园设计规范》(GB 51192—2016)

1 总 则

1.0.1 为全面发挥公园的游憩功能、生态功能、景观功能、文化传承功能、科普教育功能、应急避险功能及其经济、社会、环境效益，确保公园设计质量，制定本规范。

1.0.2 本规范适用于城乡各类公园的新建、扩建、改建和修复的设计。

1.0.3 公园设计除应符合本规范外，尚应符合国家现行有关标准的规定。

2 术 语

2.0.1 公园（public park） 向公众开放，以游憩为主要功能，有较完善的设施，兼具生态、美化等作用的绿地。

2.0.2 用地比例（proportion of park land） 公园内各类用地，包括绿化用地、建筑占地、园路及铺装场地用地等，占公园陆地面积的比例。

2.0.3 绿化用地（planting area） 公园内用以栽植乔木、灌木、地被植物的用地。

2.0.4 建筑占地（building area） 公园内各种建筑基底所占面积。

2.0.5 水体（water area） 公园内河、湖、池、塘、水库、湿地等天然水域和人工水景的统称。

2.0.6 公园游憩绿地（recreation green space） 公园内可开展游憩活动的绿化用地。

2.0.7 雨水控制利用（rainwater utilization facilities） 对雨水进行强化入渗、收集回用、降低径流污染、调蓄排放处理措施的总称。

2.0.8 竖向控制（vertical planning） 对公园内建设场地地形、各种设施、植物等的控制性高程的统筹安排以及与公园外高程的相互协调。

2.0.9 郁闭度（crown density） 群植乔木树冠垂直投影面积与栽植地表面积之比。

2.0.10 自然安息角（natural angle of repose） 土壤自然堆积形成的一个稳定且坡度一致的土体表面与水平面的夹角，又叫自然倾斜角。角度的大小与土壤的土质、颗粒大小、含水量等有关系。

3 基本规定

3.1 一般规定

3.1.1 公园的用地范围和类型应以城乡总体规划、绿地系统规划等上位规划为依据。

3.1.2 公园设计应正确处理公园建设与城市建设之间、公园的近期建设与持续发展之间的关系。

3.1.3 公园设计应注重与周边城市风貌和功能相协调，并应注重地域文化和地域景观特色的保护与发展。

3.1.4 沿城市主、次干道的公园主要出入口的位置和规模，应与城市交通和游人走向、流量相适应。

3.1.5 公园与水系相邻时，应根据相关区域防洪要求，综合考虑相邻区域水位变化对公园景观和生态系统的影响，并应确保游人安全。

3.1.6 公园的雨水控制利用目标，包括径流总量控制率、超标雨水径流调蓄容量、雨水利用比例等，应根据上位规划结合公园的功能定位、地形和土质条件而确定。

3.1.7 公园应急避险功能的确定和相应场地、设施的设置，应以城市综合防灾要求、公园的安全条件和资源保护价值要求为依据。

3.2 公园的内容

3.2.1 公园设计应以创造优美的绿色自然环境为基本任务，并根据公园类型确定其特有的内容。

3.2.2 综合公园应设置游览、休闲、健身、儿童游戏、运动、科普等多种设施，面积不应小于 $5hm^2$。

3.2.3 专类公园应有特定的主题内容，并应符合下列规定：

① 动物园应有适合动物生活的环境，供游人参观、休息、科普的设施，安全、卫生隔离的设施和绿带，后勤保障设施，面积宜大于 $20hm^2$，其中专类动物园面积宜大于 $5hm^2$；

② 植物园应创造适于多种植物生长的环境条件，应有体现本园特点的科普展览区和科研实验区，面积宜大于 $40hm^2$，其中专类植物园面积宜大于 $2hm^2$；

③ 历史名园的内容应具有历史原真性，并体现传统造园艺术；

④ 其他专类公园，应根据其主题内容设置相应的游憩及科普设施。

3.2.4 社区公园应设置满足儿童及老年人日常游憩需要的设施。

3.2.5 游园应注重街景效果，应设置休憩设施。

3.3 用地比例

3.3.1 公园用地面积包括陆地面积和水体面积，其中陆地面积应分别计算绿化用地、建筑占地、园路及铺装场地用地的面积及比例，公园用地面积及用地比例应按表3.3.1的规定进行统计。

表 3.3.1 公园用地面积及用地比例表

公园总面积 /m²	用地类型		面积 /m²	比例 /%	备注
	陆地	绿化用地			
		建筑占地			
		园路及铺装场地用地			
		其他用地			
	水体				

注：如有"其他用地"，应在"备注"一栏中注明内容。

3.3.2 公园用地比例应以公园陆地面积为基数进行计算，并应符合表3.3.2的规定。

表 3.3.2　公园用地比例　　　　　　　　　　　　　　　　　　　单位:%

陆地面积 A_1 /hm²	用地类型	综合公园	专类公园 动物园	专类公园 植物园	专类公园 其他专类公园	社区公园	游园
$A_1<2$	绿化	—	—	>65	>65	>65	>65
	管理建筑	—	—	<1.0	<1.0	<0.5	—
	游憩建筑和服务建筑	—	—	<7.0	<5.0	<2.5	<1.0
	园路及铺装场地	—	—	15~25	15~25	15~30	15~30
$2\leqslant A_1<5$	绿化	—	>65	>70	>65	>65	>65
	管理建筑	—	<2.0	<1.0	<1.0	<0.5	<0.5
	游憩建筑和服务建筑	—	<12.0	<7.0	<5.0	<2.5	<1.0
	园路及铺装场地	—	10~20	10~20	10~25	15~30	15~30
$5\leqslant A_1<10$	绿化	>65	>65	>70	>65	>70	>70
	管理建筑	<1.5	<1.0	<1.0	<1.0	<0.5	<0.3
	游憩建筑和服务建筑	<5.5	<14.0	<5.0	<4.0	<2.0	<1.3
	园路及铺装场地	10~25	10~20	10~20	10~25	10~25	10~25
$10\leqslant A_1<20$	绿化	>70	>65	>75	>70	>70	—
	管理建筑	<1.5	<1.0	<1.0	<0.5	<0.5	—
	游憩建筑和服务建筑	<4.5	<14.0	<4.0	<3.5	<1.5	—
	园路及铺装场地	10~25	10~20	10~20	10~20	10~25	—
$20\leqslant A_1<50$	绿化	>70	>65	>75	>70	—	—
	管理建筑	<1.0	<1.5	<0.5	<0.5	—	—
	游憩建筑和服务建筑	<4.0	<12.5	<3.5	<2.5	—	—
	园路及铺装场地	10~22	10~20	10~20	10~20	—	—
$50\leqslant A_1<100$	绿化	>75	>70	>80	>75	—	—
	管理建筑	<1.0	<1.5	<0.5	<0.5	—	—
	游憩建筑和服务建筑	<3.0	<11.5	<2.5	<1.5	—	—
	园路及铺装场地	8~18	5~15	5~15	8~18	—	—
$100\leqslant A_1<300$	绿化	>80	>70	>80	>75	—	—
	管理建筑	<0.5	<1.0	<0.5	<0.5	—	—
	游憩建筑和服务建筑	<2.0	<10.0	<2.5	<1.5	—	—
	园路及铺装场地	5~18	5~15	5~15	5~15	—	—
$A_1\geqslant300$	绿化	>80	>75	>80	>80	—	—
	管理建筑	<0.5	<1.0	<0.5	<0.5	—	—
	游憩建筑和服务建筑	<1.0	<9.0	<2.0	<1.0	—	—
	园路及铺装场地	5~15	5~15	5~15	5~15	—	—

注:"—"表示不作规定;上表中管理建筑、游憩建筑和服务建筑的用地比例是指其建筑占地面积的比例。

3.3.3 公园内用地面积计算应符合下列规定：

① 河、湖、水池等应以常水位线范围计算水体面积，潜流湿地面积应计入水体面积；

② 没有地被植物覆盖的游人活动场地应计入公园内园路及铺装场地用地；

③ 林荫停车场、林荫铺装场地的硬化部分应计入园路及铺装场地用地；

④ 建筑物屋顶上有绿化或铺装等内容时，面积不应重复计算，可按本规范表 3.3.1 的规定在备注中说明情况；

⑤ 展览温室应按游憩建筑计入面积，生产温室应按管理建筑计入面积；

⑥ 动物笼舍应按游憩建筑计入面积，动物运动场宜计入绿化面积。

3.3.4 历史名园应设与游人量相匹配的管理建筑和厕所。

3.3.5 公园内总建筑面积（包括覆土建筑）不应超过建筑占地面积的 1.5 倍。

3.3.6 园路及铺装场地用地，在公园符合下列条件之一时，在保证公园绿化用地面积不小于陆地面积的 65% 的前提下，可按本规范表 3.3.2 的规定值增加，但增值不宜超过公园陆地面积的 3%：

① 公园平面长宽比值大于 3；

② 公园面积一半以上的地形坡度超过 50%；

③ 水体岸线总长度大于公园周边长度，或水面面积占公园总面积的 70% 以上。

3.4 容量计算

3.4.1 公园设计应确定游人容量，作为计算各种设施的规模、数量以及进行公园管理的依据。

3.4.2 公园游人容量应按下式计算：

$$C = (A_1 / A_{m1}) + C_1 \qquad\qquad (3.4.2)$$

式中 C——公园游人容量，人；

A_1——公园陆地面积，m^2；

A_{m1}——人均占有公园陆地面积，$m^2/$人；

C_1——公园开展水上活动的水域游人容量，人。

3.4.3 人均占有公园陆地面积指标应符合表 3.4.3 规定的数值。

表 3.4.3　公园游人人均占有公园陆地面积指标　　　　单位：$m^2/$人

公园类型	人均占有陆地面积
综合公园	30～60
专类公园	20～30
社区公园	20～30
游园	30～60

注：人均占有公园陆地面积指标的上下限取值应根据公园区位、周边地区人口密度等实际情况确定。

3.4.4 公园有开展游憩活动的水域时，水域游人容量宜按 150～250 $m^2/$人进行计算。

3.5 设施的设置

3.5.1 公园设施项目的设置，应符合表 3.5.1 的规定。

表 3.5.1 公园设施项目的设置

设施类型	设施项目	陆地面积 A_1/hm^2						
		$A_1<2$	$2{\leq}A_1<5$	$5{\leq}A_1<10$	$10{\leq}A_1<20$	$20{\leq}A_1<50$	$50{\leq}A_1<100$	$A_1{\geq}100$
游憩设施 （非建筑类）	棚架	○	●	●	●	●	●	●
	休息座椅	●	●	●	●	●	●	●
	游戏健身器材	○	○	○	○	○	○	○
	活动场	●	●	●	●	●	●	●
	码头	—	—	—	○	○	○	○
游憩设施 （建筑类）	亭、廊、厅、榭	○	○	●	●	●	●	●
	活动馆	—	—	—	—	○	○	○
	展馆	—	—	—	—	○	○	○
服务设施 （非建筑类）	停车场	—	○	○	●	●	●	●
	自行车存放处	●	●	●	●	●	●	●
	标识	●	●	●	●	●	●	●
	垃圾箱	●	●	●	●	●	●	●
	饮水器	○	○	○	○	○	○	○
	园灯	●	●	●	●	●	●	●
	公用电话	○	○	○	○	○	○	○
	宣传栏	○	○	○	○	○	○	○
服务设施 （建筑类）	游客服务中心	—	—	○	○	●	●	●
	厕所	○	●	●	●	●	●	●
	售票房	○	○	○	○	○	○	○
	餐厅	○	○	○	○	○	○	○
	茶座、咖啡厅	○	○	○	○	○	○	○
	小卖部	○	○	○	○	○	○	○
	医疗救助站	○	○	○	○	○	●	●
管理设施 （非建筑类）	围墙、围栏	○	○	○	○	○	○	○
	垃圾中转站	—	—	—	○	○	○	○
	绿色垃圾处理站	—	—	—	—	○	○	○
	变配电所	○	○	○	○	○	○	○
	泵房	○	○	○	○	○	○	○
	生产温室、荫棚	—	—	—	○	○	○	○
管理设施 （建筑类）	管理办公用房	○	○	○	●	●	●	●
	广播室	○	○	○	●	●	●	●
	安保监控室	○	●	●	●	●	●	●
管理设施	应急避险设施	○	○	○	○	○	○	○
	雨水控制利用设施	●	●	●	●	●	●	●

注:"●"表示应设;"○"表示可设;"—"表示不需要设置。

3.5.2 公园内不应修建与其性质无关的、单纯以盈利为目的的建筑。

3.5.3 游人使用的厕所应符合下列规定:

① 面积大于或等于 $10hm^2$ 的公园,应按游人容量的 2% 设置厕所厕位(包括小便斗位数),小于 $10hm^2$ 者按游人容量的 1.5% 设置;男女厕位比例宜为 1∶1∶5;

② 服务半径不宜超过 250m,即间距 500m;

③ 各厕所内的厕位数应与公园内的游人分布密度相适应;

④ 在儿童游戏场附近,应设置方便儿童使用的厕所;

⑤ 公园应设无障碍厕所,无障碍厕位或无障碍专用厕所的设计应符合现行国家标准

《无障碍设计规范》GB 50763 的相关规定。

3.5.4 休息座椅的设置应符合以下规定：

① 容纳量应按游人容量的 20％～30％设置；

② 应考虑游人需求合理分布；

③ 休息座椅旁应设置轮椅停留位置，其数量不应小于休息座椅的 10％。

3.5.5 垃圾箱设置应符合下列规定：

① 垃圾箱的设置应与游人分布密度相适应，并应设计在人流集中场地的边缘、主要人行道路边缘及公用休息座椅附近；

② 公园陆地面积小于 $100 hm^2$ 时，垃圾箱设置间隔距离宜在 $50～100 m$ 之间；公园陆地面积大于 $100 hm^2$ 时，垃圾箱设置间隔距离宜在 $100～200 m$ 之间；

③ 垃圾箱宜采用有明确标识的分类垃圾箱。

3.5.6 公园配建地面停车位指标可符合表 3.5.6 的规定。

表 3.5.6　公园配建地面停车位指标

陆地面积 A_1/hm^2	停车位指标/(个/hm^2)	
	机动车	自行车
$A_1 < 10$	≤2	≤50
$10 \leqslant A_1 < 50$	≤5	≤50
$50 \leqslant A_1 < 100$	≤8	≤20
$A_1 \geqslant 100$	≤12	≤20

注：不含地下停车位数；表中停车位为按小客车计算的标准停车位。

3.5.7 公园内的用火场所应设置消防设施，建筑物的消防设施应依据建筑规模进行设置。

3.5.8 标识系统的设置应符合下列规定：

① 应根据公园的内容和环境特点确定标识的类型和数量；

② 在公园的主要出入口，应设置公园平面示意图及信息板；

③ 在公园内道路主要出入口和多个道路交叉处，应设置道路导向标志，如公园内道路长距离无路口或交叉口，宜沿路设置位置标志和导向标志，最大间距不宜大于 $150 m$；

④ 在公园主要景点、游客服务中心和各类公共设施周边，宜设置位置标志；

⑤ 景点附近可设科普或文化内容解说信息板；

⑥ 在公园内无障碍设施周边，应设置无障碍标识；

⑦ 可能对人身安全造成影响的区域，应设置醒目的安全警示标志。

4　总体设计

4.1　现状处理

4.1.1 对公园范围内的现状地形、水体、建筑物、构筑物、植物、地上或地下管线和工程设施，应进行调查，作出评价，并提出处理意见。

4.1.2 现状有纪念意义、生态价值、文化价值或景观价值的风景资源，应结合到公园内景观设计中。

4.1.3 公园用地不应存在污染隐患。在可能存在污染的基址上建设公园时，应根据环境影响评估结果，采取安全、适宜的消除污染技术措施。

4.1.4 当保留公园用地内原有自然岩壁、陡峭边坡，并在其附近设置园路、游憩场地、建筑等游人聚集的场所时，应对岩壁、边坡做地质灾害评估，并应根据评估结果采取安全防护或避让措施。

4.1.5 公园设计不应填埋或侵占原有湿地、河湖水系、滞洪或泛洪区及行洪通道。

4.1.6 有文物价值的建筑物、构筑物、遗址绿地，应加以保护并结合到公园内景观之中。

4.1.7 公园内古树名木严禁砍伐或移植，并应采取保护措施。

4.1.8 古树名木的保护应符合下列规定：

（1）古树名木保护范围的划定应符合下列规定：

① 成林地带为外缘树树冠垂直投影以外 5m 所围合的范围；

② 单株树应同时满足树冠垂直投影以外 5m 宽和距树干基部外缘水平距离为胸径 20 倍以内。

（2）保护范围内，不应损坏表土层和改变地表高程，除树木保护及加固设施外，不应设置建筑物、构筑物及架（埋）设各种过境管线，不应栽植缠绕古树名木的藤本植物。

4.1.9 原有健壮的乔木、灌木、藤本和多年生草本植物宜保留利用。

4.1.10 在保留的地下管线和工程设施附近进行设计时，应提出对原有物的保护措施和施工要求。

4.2 总体布局

Ⅰ 一般规定

4.2.1 总体布局应对功能区和景区划分、地形布局、园路系统、植物布局、建筑物布局、设施布局及工程管线系统等作出综合设计。

4.2.2 总体布局应结合现状条件和竖向控制，协调公园功能、设施及景观之间的关系。

Ⅱ 功能区及景区划分

4.2.3 功能区应根据公园性质、规模和功能需要划分，并确定各功能区的规模、布局。

4.2.4 景区应根据公园内资源特点和设计立意划分。

Ⅲ 地形布局

4.2.5 地形布局应在满足景观塑造、空间组织、雨水控制利用等各项功能要求的条件下，合理确定场地的起伏变化、水系的功能和形态，并宜园内平衡土方。

4.2.6 水系设计应根据水源和现状地形等条件，确定各类水体的形状和使用要求。使用要求应包括下列内容：

① 游船码头的位置和航道水深要求；

② 水生植物种植区的种植范围和水深要求；

③ 水体的水量、水位和水流流向；

④ 水闸、进出水口、溢流口及泵房的位置。

Ⅳ 园路系统与铺装场地布局

4.2.7 园路系统布局应根据公园的规模、各分区内容、管理需要以及公园周围的市政道路条件，确定公园出入口位置与规模、园路的路线和分类分级、铺装场地的位置和形式。

4.2.8 公园出入口布局应符合下列规定：

① 应根据城市规划和公园内部布局的要求，确定主、次和专用出入口的设置、位置和数量；

② 需要设置出入口内外集散广场、停车场、自行车存车处时，应确定其规模要求；

③ 售票的公园游人出入口外应设集散场地，外集散场地的面积下限指标应以公园游人容量为依据，宜按 500m^2/万人计算。

4.2.9 停车场的布置应符合下列规定：

① 机动车停车场的出入口应有良好的视野，位置应设于公园出入口附近，但不应占用出入口内外游人集散广场；

② 地下停车场应在地上建筑及出入口广场用地范围下设置；

③ 机动车停车场的出入口距离人行过街天桥、地道和桥梁、隧道引道应大于 50m，距离交叉路口应大于 80m；

④ 机动车停车场的停车位少于 50 个时，可设一个出入口，其宽度宜采用双车道，50～300 个时，出入口不应少于 2 个，大于 300 个时，出口和入口应分开设置，两个出入口之间的距离应大于 20m；

⑤ 停车场在满足停车要求的条件下，应种植乔木或采取立体绿化的方式，遮阴面积不宜小于停车场面积的 30%。

4.2.10 园路的路网密度宜为 150～380m/hm^2；动物园的路网密度宜为 160～300m/hm^2。

4.2.11 园路布局应符合下列规定：

① 主要园路应具有引导游览和方便游人集散的功能；

② 通行养护管理机械或消防车的园路宽度应与机具、车辆相适应；

③ 供消防车取水的天然水源和消防水池周边应设置消防车道；

④ 生产管理专用路宜与主要游览路分别设置。

4.2.12 游憩设施场地的布置应符合下列规定：

① 不同功能、不同人群使用的游憩设施场地应分别设置；

② 游人大量集中的场地应与主园路顺畅连接，并便于集散；

③ 安静休息区与喧闹区之间应利用地形或植物进行隔离；

④ 儿童游戏场与游人密集区、主园路及城市干道之间，宜用植物或地形等构成隔离地带。

V 建筑布局

4.2.13 建筑的风格、位置、高度和空间关系，以及与园路、铺装场地的联系，应根据功能、景观要求和市政设施条件确定。

4.2.14 地下建筑的范围宜限于出入广场或公园建筑物的轮廓范围内。

4.2.15 管理用房和厕所的位置，应隐蔽又方便使用。

4.2.16 公园内建筑物与穿越公园架空电力线路的安全距离应符合下列规定：

① 建筑物与架空电力线路导线之间的最小垂直距离（在导线最大计算弧垂情况下）应符合表 4.2.16-1 规定的数值。

表 4.2.16-1 建筑物与架空电力线路导线之间的最小垂直距离

线路电压/kV	1～10	35	110(66)	220	330	500	750	1000
垂直距离/m	3.0	4.0	5.0	6.0	7.0	9.0	11.5	15.5

② 建筑物与架空电力线路导线之间的最小水平距离（在最大计算风偏情况下）应符合表 4.2.16-2 规定的数值。

表 4.2.16-2　建筑物与架空电力线路导线之间的最小水平距离

线路电压/kV	<3	3～10	35	110(66)	220	330	500	750	1000
水平距离/m	1.0	1.5	3.0	4.0	5.0	6.0	10.0	12.0	14.0

Ⅵ　植物布局

4.2.17 全园的植物组群类型及分布，应根据当地的气候状况、园外的环境特征、园内的立地条件，结合景观构想、功能要求和当地居民游赏习惯等确定。

4.2.18 植物组群应丰富类型，增加植物多样性，并具备生态稳定性。

4.2.19 公园内连续植被面积大于 100hm² 时，应对防火安全作出设计。

Ⅶ　工程管线及设施布局

4.2.20 公园内水、电、燃气等线路宜沿主路布置，不应破坏景观，同时应符合安全、卫生、节约和便于维修的要求。

4.2.21 电气、给水排水、通信工程的配套设施、垃圾中转站及绿色垃圾处理站等应设在隐蔽地带。

4.3　竖向控制

4.3.1 竖向控制应根据公园周围城市竖向规划标高和排水规划，提出公园内地形的控制高程和主要景物的高程，并应符合下列要求：

① 应满足景观和空间塑造的要求；
② 应适应拟保留的现状物；
③ 应考虑地表水的汇集、调蓄利用与安全排放；
④ 应保证重要建筑物、动物笼舍、配电设施、游人集中场所等不被水淹，并便于安全管理。

4.3.2 竖向控制应对下列内容作出规定：

① 山顶或坡顶、坡底标高；
② 主要挡土墙标高；
③ 最高水位、常水位、最低水位标高；
④ 水底、驳岸顶部标高；
⑤ 园路主要转折点、交叉点和变坡点标高，桥面标高；
⑥ 公园各出入口内、外地面标高；
⑦ 主要建筑的屋顶、室内和室外地坪标高；
⑧ 地下工程管线及地下构筑物的埋深；
⑨ 重要景观点的地面标高。

4.3.3 公园地面与架空电力线路导线的最小垂直距离应符合表 4.3.3 规定的数值。

表 4.3.3　公园地面与架空电力线路导线的最小垂直距离（在最大计算导线弧垂情况下）

线路电压/kV	<1	1～10	35～110	220	330	500	750	1000
最小垂直距离/m	6.0	6.5	7.5	7.5	8.5	14.0	19.5	27.0

5 地形设计

5.1 高程和坡度设计

5.1.1 地形高程设计应以总体设计所确定的各控制点的高程为依据。

5.1.2 绿化用地宜做微地形起伏，应有利于雨水收集，以增加雨水的滞蓄和渗透。

5.1.3 公园地形应按照自然安息角设计坡度，当超过土壤的自然安息角时，应采取护坡、固土或防冲刷的措施。

5.1.4 构筑地形应同时考虑园林景观和地表水排放，各类地表排水坡度宜符合表5.1.4的规定。

表 5.1.4　各类地表排水坡度

地表类型	最小坡度/%
草地	1.0
运动草地	0.5
栽植地表	0.5
铺装场地	0.3

5.1.5 游憩绿地适宜坡度宜为5.0%～20.0%。

5.2 土方工程

5.2.1 土方工程设计应进行土方量计算。

5.2.2 人工堆土改造地形应保证山体稳定和周围设施的安全，安全措施应符合下列规定：

① 应对种植土层下的填充土提出土粒径和压实系数要求。填充土应分层夯填或碾压密实，压实系数为0.90～0.93。地形上设计有建筑物时，局部填充土指标应符合建筑基础要求。

② 视堆土高度进行地基滑动稳定、承载力和变形验算。

③ 应验算堆土对周边已有的建（构）筑物的影响，必要时应采取地基加固等有效措施，确保不产生安全隐患。

5.2.3 土方工程设计应采取利用原表层栽植土的措施，同时提出区域内原土的保护、保育以及恢复改良的措施。

5.2.4 地形填充土不应含有对环境、人和动植物安全有害的污染物或放射性物质。

5.3 水体外缘

5.3.1 水体的进水口、排水口、溢水口及闸门的标高，应保证适宜的水位，并满足调蓄雨水和泄洪、清淤的需要。

5.3.2 水体驳岸顶与常水位的高差以及驳岸的坡度，应兼顾景观、安全、游人亲水心理等因素，并应避免岸体冲刷。

5.3.3 非淤泥底人工水体的岸高及近岸水深应符合下列规定：

① 无防护设施的人工驳岸，近岸2.0m范围内的常水位水深不得大于0.7m；

② 无防护设施的园桥、汀步及临水平台附近2.0m范围以内的常水位水深不得大于0.5m；

③ 无防护设施的驳岸顶与常水位的垂直距离不得大于 0.5m。

5.3.4 淤泥底水体近岸应有防护措施。

5.3.5 以雨水作为补给水的水体，在滨水区应设置水质净化及消能设施，防止径流冲刷和污染。

6 园路及铺装场地设计

6.1 园路

6.1.1 园路应根据公园总体设计确定的路网及等级，进行园路宽度、平面和纵断面的线形以及结构设计。

6.1.2 园路宜分为主路、次路、支路、小路四级。公园面积小于 $10hm^2$ 时，可只设三级园路。

6.1.3 园路宽度应根据通行要求确定，并应符合表 6.1.3 的规定。

表 6.1.3　园路宽度

园路级别	公园总面积 A/hm^2			
	$A<2$	$2 \leqslant A<10$	$10 \leqslant A<50$	$A \geqslant 50$
主路/m	2.0～4.0	2.5～4.5	4.0～5.0	4.0～7.0
次路/m	—	—	3.0～4.0	3.0～4.0
支路/m	1.2～2.0	2.0～2.5	2.0～3.0	2.0～3.0
小路/m	0.9～1.2	0.9～2.0	1.2～2.0	1.2～2.0

6.1.4 园路平面线形设计应符合下列规定：

① 园路应与地形、水体、植物、建筑物、铺装场地及其他设施结合，满足交通和游览需要并形成完整的风景构图；

② 园路应创造有序展示园林景观空间的路线或欣赏前方景物的透视线；

③ 园路的转折、衔接应通顺；

④ 通行机动车的主路，其最小平曲线半径应大于 12m。

6.1.5 园路纵断面设计应符合下列规定：

① 主路不应设台阶；

② 主路、次路纵坡宜小于 8%，同一纵坡坡长不宜大于 200m，山地区域的主路、次路纵坡应小于 12%，超过 12% 应作防滑处理，积雪或冰冻地区道路纵坡不应大于 6%；

③ 支路和小路，纵坡宜小于 18%，纵坡超过 15% 路段，路面应作防滑处理，纵坡超过 18%，宜设计为梯道；

④ 与广场相连接的纵坡较大的道路，连接处应设置纵坡小于或等于 2.0% 的缓坡段；

⑤ 自行车专用道的坡度宜小于 2.5%，当大于或等于 2.5% 时，纵坡最大坡长应符合现行行业标准《城市道路工程设计规范》CJJ 37 的有关规定。

6.1.6 园路横坡以 1.0%～2.0% 为宜，最大不应超过 4.0%。降雨量大的地区，宜采用 1.5%～2.0%。积雪或冰冻地区园路、透水路面横坡以 1.0%～1.5% 为宜。纵、横坡坡度不应同时为零。

6.1.7 梯道设计应符合下列规定：

① 台阶踏步数不应少于 2 级；

② 纵坡大于50%的梯道应作防滑处理，并设置护栏设施；

③ 梯道的净宽不宜小于1.5m；

④ 梯道每升高1.2~1.5m，宜设置休息平台，平台进深应大于1.2m，条件为特陡山地时，宜根据具体情况增加台阶数，但不宜超过18级；

⑤ 梯道连续升高超过5.0m时，宜设置转折平台，且转折平台的进深不宜小于梯道宽度。

6.1.8 园路在地形险要的地段应设置安全防护设施。

6.1.9 通往孤岛、山顶等卡口的路段，应设通行复线；条件不具备时，应加宽会车段路面。应根据路段行程及通行难易程度，适当设置供游人短暂休憩的场所及护栏设施。

6.1.10 园路面层材料应与公园风格和使用功能相协调，不应采用抛光面材，并宜与城市车行路有所区别。

6.1.11 园路的路基设计应根据使用功能提出填料选择、压实系数、强度要求、边坡要求等，还应考虑路基排水、路基防护等内容。遇软弱及特殊路基，应作特殊处理。

6.1.12 公园主要园路及出入口应便于轮椅通过，其宽度、坡度及面层材料的设计应符合现行国家标准《无障碍设计规范》GB 50763 的有关规定。

6.1.13 公园游人出入口宽度应符合下列规定：

① 单个出入口的宽度不应小于1.8m；

② 举行大规模活动的公园应另设紧急疏散通道。

6.2 铺装场地

6.2.1 铺装场地面积应根据公园总体设计的布局要求进行确定。

6.2.2 铺装场地宜根据集散、活动、演出、赏景、休憩等功能要求作出不同的设计。

6.2.3 游憩场地宜有遮阴措施，夏季庇荫面积宜大于游憩活动范围的50%。

6.2.4 铺装场地内树木成年期根系伸展范围内的地面，应采用透水、透气性铺装。

6.2.5 人行道、广场、停车场及车流量较少的道路宜采用透水铺装，铺装材料应保证其透水性、抗变形及承压能力。

6.2.6 儿童活动场地宜选择柔性、耐磨的地面材料，不应采用锐利的路缘石。

6.2.7 铺装场地的坡度应符合本规范第5.1.4条的规定。

6.2.8 演出场地应有方便观赏的适宜坡度和观众席位。

6.3 园桥

6.3.1 园桥应根据公园总体设计确定通行、通航所需尺度，并提出造景、观景等项具体要求。

6.3.2 园桥桥下净空应考虑桥下通车、通船及排洪需求。

6.3.3 管线通过园桥时应考虑管道的隐蔽、安全和维修等问题。

6.3.4 通行车辆的园桥的设计应符合现行行业标准《城市桥梁设计规范》CJJ 11 的有关规定。

6.3.5 非通行车辆的园桥，活荷载标准值取值应符合下列规定：

① 桥面均布荷载应按 $4.5kN/m^2$ 取值；

② 计算单块人行桥板时应按 $5.0kN/m^2$ 的均布荷载或 $1.5kN$ 的竖向集中力分别验算并取其不利者。

6.3.6 非通行车辆的园桥应有阻止车辆通过的设施。

7　种植设计

7.1　植物配置

Ⅰ　一般规定

7.1.1　植物配置应以总体设计确定的植物组群类型及效果要求为依据。

7.1.2　植物配置应采取乔灌草结合的方式，并应避免生态习性相克植物搭配。

7.1.3　植物配置应注重植物景观和空间的塑造，并应符合下列规定：

①　植物组群的营造宜采用常绿树种与落叶树种搭配，速生树种与慢生树种相结合，以发挥良好的生态效益，形成优美的景观效果；

②　孤植树、树丛或树群至少应有一处欣赏点，视距宜为观赏面宽度的 1.5 倍或高度的 2 倍；

③　树林的林缘线观赏视距宜为林高的 2 倍以上；

④　树林林缘与草地的交接地段，宜配植孤植树、树丛等；

⑤　草坪的面积及轮廓形状，应考虑观赏角度和视距要求。

7.1.4　植物配置应考虑管理及使用功能的需求，并应符合下列要求：

①　应合理预留养护通道；

②　公园游憩绿地宜设计为疏林或疏林草地。

7.1.5　植物配置应确定合理的种植密度，为植物生长预留空间。种植密度应符合下列规定：

①　树林郁闭度应符合表 7.1.5 的规定；

②　观赏树丛、树群近期郁闭度应大于 0.50。

表 7.1.5　树林郁闭度

类型	种植当年标准	成年期标准
密林	0.30～0.70	0.70～1.00
疏林	0.10～0.40	0.40～0.60
疏林草地	0.07～0.20	0.10～0.30

7.1.6　植物与架空电力线路导线之间最小垂直距离（考虑树木自然生长高度）应符合表 7.1.6 的规定。

表 7.1.6　植物与架空电力线路导线之间最小垂直距离

线路电压/kV	<1	1～10	35～110	220	330	500	750	1000
最小垂直距离/m	1.0	1.5	3.0	3.5	4.5	7.0	8.5	16.0

7.1.7　植物与地下管线之间的安全距离应符合下列规定：

①　植物与地下管线的最小水平距离应符合表 7.1.7-1 的规定；

表 7.1.7-1　植物与地下管线最小水平距离　　　　　单位：m

名称	新植乔木	现状乔木	灌木或绿篱
电力电缆	1.5	3.5	0.5
通信电缆	1.5	3.5	0.5
给水管	1.5	2.0	—
排水管	1.5	3.0	—
排水盲沟	1.0	3.0	—

名称	新植乔木	现状乔木	灌木或绿篱
消防龙头	1.2	2.0	1.2
燃气管道(低中压)	1.2	3.0	1.0
热力管	2.0	5.0	2.0

注:乔木与地下管线的距离是指乔木树干基部的外缘与管线外缘的净距离。灌木或绿篱与地下管线的距离是指地表处分蘖枝干中最外的枝干基部外缘与管线外缘的净距离。

② 植物与地下管线的最小垂直距离应符合表 7.1.7-2 的规定。

表 7.1.7-2　植物与地下管线最小垂直距离　　　　单位：m

名称	新植乔木	现状乔木	灌木或绿篱
各类市政管线	1.5	3.0	1.5

7.1.8　植物与建筑物、构筑物外缘的最小水平距离应符合表 7.1.8 的规定。

表 7.1.8　植物与建筑物、构筑物外缘的最小水平距离　　　　单位：m

名称	新植乔木	现状乔木	灌木或绿篱外缘
测量水准点	2.00	2.00	1.00
地上杆柱	2.00	2.00	—
挡土墙	1.00	3.00	0.50
楼房	5.00	5.00	1.50
平房	2.00	5.00	—
围墙(高度小于2m)	1.00	2.00	0.75
排水明沟	1.00	1.00	0.50

注:乔木与建筑物、构筑物的距离是指乔木树干基部外缘与建筑物、构筑物的净距离。灌木或绿篱与建筑物、构筑物的距离是指地表处分蘖枝干中最外的枝干基部外缘与建筑物、构筑物的净距离。

7.1.9　对具有地下横走茎的植物应设隔挡设施。

7.1.10　种植土厚度应符合现行行业标准《绿化种植土壤》CJ/T 340 的规定。

7.1.11　种植土理化性质应符合现行行业标准《绿化种植土壤》CJ/T 340 的规定。

Ⅱ　游人集中场所

7.1.12　游憩场地宜选用冠形优美、形体高大的乔木进行遮阴。

7.1.13　游人通行及活动范围内的树木,其枝下净空应大于 2.2m。

7.1.14　儿童活动场内宜种植萌发力强、直立生长的中高型灌木或乔木,并宜采用通透式种植,便于成人对儿童进行看护。

7.1.15　露天演出场观众席范围内不应种植阻碍视线的植物。

7.1.16　临水平台等游人活动相对集中的区域,宜保持视线开阔。

7.1.17　园路两侧的种植应符合下列规定:

(1) 乔木种植点距路缘应大于 0.75m。

(2) 植物不应遮挡路旁标识。

(3) 通行机动车辆的园路,两侧的植物应符合下列规定:

① 车辆通行范围内不应有低于 4.0m 高度的枝条;

② 车道的弯道内侧及交叉口视距三角形范围内,不应种植高于车道中线处路面标高 1.2m 的植物,弯道外侧宜加密种植以引导视线;

③ 交叉路口处应保证行车视线通透，并对视线起引导作用。

7.1.18 停车场的种植应符合下列规定：

（1）树木间距应满足车位、通道、转弯、回车半径的要求。

（2）庇荫乔木枝下净空应符合下列规定：

① 大、中型客车停车场：大于 4.0m；

② 小汽车停车场：大于 2.5m；

③ 自行车停车场：大于 2.2m。

（3）场内种植池宽度应大于 1.5m。

Ⅲ 滨水植物区

7.1.19 滨水植物种植区应避开进、出水口。

7.1.20 应根据水生植物生长特性对水下种植槽与常水位的距离提出具体要求。

7.2 苗木控制

7.2.1 苗木控制应包括下列内容：

① 应规定苗木的种名、规格和质量，包括胸径或地径、分枝点高度、分枝数、冠幅、植株高度等；

② 应根据苗木生长速度提出近、远期不同的景观要求和过渡措施，或预测疏伐、间移的时期；

③ 对整形植物应提出修整后的植株高度要求；

④ 对特殊造型植物应提出造型要求。

7.2.2 苗木种类的选择应考虑区域立地条件和养护管理条件，以适生为原则，并符合下列规定：

① 应以乡土植物为主，慎用外来物种；

② 应调查区域环境特点，选择抗逆性强的植物。

7.2.3 苗木种类的选择应考虑栽植场地的特点，并符合下列规定：

① 游憩场地及停车场不宜选用有浆果或分泌物坠地的植物；

② 林下的植物应具有耐阴性，其根系不应影响主体乔木根系的生长；

③ 攀缘植物种类应根据墙体等附着物情况确定；

④ 树池种植宜选深根性植物；

⑤ 有雨水滞蓄净化功能的绿地，应根据雨水滞留时间，选择耐短期水淹的植物或者湿生、水生植物；

⑥ 滨水区应根据水流速度、水体深度、水体水质控制目标确定植物种类。

7.2.4 游人正常活动范围内不应选用危及游人生命安全的有毒植物。

7.2.5 游人正常活动范围内不应选用枝叶有硬刺和枝叶形状呈尖硬剑状或刺状的植物。

8 建筑物、构筑物设计

8.1 建筑物

8.1.1 建筑物的位置、规模、造型、材料、色彩及其使用功能，应符合公园总体设计的要求。

8.1.2 建筑物应与地形、地貌、山石、水体、植物等其他造园要素统一协调，有机融合。

8.1.3 建筑设计应优化建筑形体和空间布局，促进天然采光、自然通风，合理优化维护结构保温、隔热等性能，降低建筑的供暖、空调和照明系统的负荷。

8.1.4 在建筑设计的同时，应考虑对建筑物使用过程中产生的垃圾、废气、废水等废弃物的处理，防止污染和破坏环境。

8.1.5 建筑物的层数与高度应符合下列规定：

① 游憩和服务建筑层数以 1 层或 2 层为宜，起主题或点景作用的建筑物或构筑物的高度和层数应服从功能和景观的需要；

② 管理建筑层数不宜超过 3 层，其体量应按不破坏景观和环境的原则严格控制；

③ 室内净高不应小于 2.4m，亭、廊、敞厅等的楣子高度应满足游人通过或赏景的要求。

8.1.6 游人通行量较多的建筑室外台阶宽度不宜小于 1.5m；踏步宽度不宜小于 30cm，踏步高度不宜大于 15cm 且不宜小于 10cm；台阶踏步数不应少于 2 级。

8.1.7 亭、廊、敞厅等的吊顶应采用防潮材料。

8.1.8 建筑物供游人坐憩之处，不应采用粗糙饰面材料，也不应采用易刮伤肌肤和衣物的构造。

8.1.9 游憩和服务建筑应设无障碍设施。无障碍设施应符合现行国家标准《无障碍设计规范》GB 50763 的规定。

8.1.10 严寒和寒冷地区经常有人员长期停留的建筑物内，应设置供暖设施。

8.1.11 供暖通风设备所产生的气体污染物和噪声对环境的影响应符合下列规定：

① 餐饮建筑厨房油烟的最高允许排放浓度为 $2.0mg/m^3$；

② 锅炉烟气最高允许浓度应按照现行国家标准《环境空气质量标准》GB 3095 对一类区的要求执行；

③ 环境噪声的限值应按照现行国家标准《声环境质量标准》GB 3096 对 0 类声环境功能区的要求执行。

8.2 护栏

8.2.1 各种安全防护性、装饰性和示意性护栏不应采用带有尖角、利刺等构造形式。

8.2.2 防护护栏其高度不应低于 1.05m；设置在临空高度 24m 及以上时，护栏高度不应低于 1.10m。护栏应从可踩踏面起计算高度。

8.2.3 儿童专用活动场所的防护护栏必须采用防止儿童攀登的构造，当采用垂直杆件作栏杆时，其杆间净距不应大于 0.11m。

8.2.4 球场、电力设施、猛兽类动物展区以及公园围墙等其他专用防范性护栏，应根据实际需要另行设计和制作。

8.2.5 防护护栏扶手上的活荷载取值应符合下列规定：

① 竖向荷载按 1.2kN/m 计算，水平向外荷载按 1.0kN/m 计算，其中竖向荷载和水平荷载不同时计算；

② 作用在栏杆立柱柱顶的水平推力应为 1.0kN/m。

8.2.6 防撞栏杆应符合现行行业标准《城市桥梁设计规范》CJJ 11 的有关规定。

8.3 驳岸

8.3.1 公园内水体外缘宜建造生态驳岸。

8.3.2 驳岸应根据公园总体设计中规定的平面线形、竖向控制点、水位和流速进行设计。

8.3.3 素土驳岸应符合下列规定：

① 岸顶至水底坡度小于 45° 时应采用植被覆盖，坡度大于 45° 时应有固土和防冲刷的技术措施；

② 地表径流的排放口应采取工程措施防止径流冲刷。

8.3.4 人工砌筑或混凝土浇筑的驳岸应符合下列规定：

① 季节性冻土地区的驳岸基础宜大于场地冻结深度，并考虑水体及驳岸外侧土体结冻后产生的冻胀对驳岸的影响，需要采取的管理措施应在设计文件中注明；

② 消防车取水点处的驳岸设计应考虑消防车满载时产生的附加荷载；

③ 驳岸地基基础设计应符合现行国家标准《建筑地基基础设计规范》GB 50007 的有关规定。

8.3.5 采取工程措施加固驳岸，其外形和所用材料的质地、色彩均应与环境协调。

8.4 山 石

8.4.1 假山和置石的体量、形式和高度应与周围环境协调。

8.4.2 假山和置石设计应对石料提出大小、色彩、质地、纹理等要求，对置石的石料还应提出形状要求。

8.4.3 叠山和利用山石的各种造景，应统一考虑安全、护坡、登高、隔离等各种功能要求。

8.4.4 叠山应与已有建（构）筑物保持一定的距离，如紧邻建（构）筑物时应保证不影响其地基基础及上部结构的安全。

8.4.5 假山、置石的地基基础设计应符合现行国家标准《建筑地基基础设计规范》GB 50007 的有关规定。

8.4.6 置石应保持重心垂直，注重整体性和稳定性。

8.4.7 游人进出的山洞，应有采光、通风、排水的措施，并应保证通行安全。

8.4.8 衔接或悬挑的山石，相接部分结构应牢固。

8.4.9 假山的钢构架或钢构件应作防腐处理。

8.5 挡 土 墙

8.5.1 挡土墙的材料、形式应根据公园用地的实际情况经过结构设计确定。

8.5.2 挡土墙的饰面材料及色彩应与环境协调。

8.5.3 挡土墙墙后填料表面应设置排水良好的地表排水措施，墙体应设置排水孔，排水孔的直径不应小于 50mm，孔眼间距不宜大于 3.0m。

8.5.4 挡土墙应设置变形缝，设置间距不应大于 20m；当墙身高度不一、墙后荷载变化较大或地基条件较差时，应采用较小的变形缝间距。

8.5.5 挡土墙与建筑物、构筑物连接处应设置沉降缝。

8.5.6 当挡土墙上方布置有水池等可能造成渗水的设施时，挡土墙的排水措施应加强。

8.5.7 可能发生滑坡或泥石流的区域的挡土墙应特殊处理。

8.6 游戏健身设施

8.6.1 室内外的各种游戏健身设施应坚固、耐用，并避免构造上的棱角。

8.6.2 游戏健身设施的尺度应与使用人群的人体尺度相适应。

8.6.3 幼儿和学龄儿童使用的游戏设施，应分别设置。

8.6.4 儿童游憩设施的造型、色彩宜符合儿童的心理特点。

8.6.5 室外游戏健身场所，宜设置休息座椅、洗手池及避雨、庇荫等设施。

8.6.6 游乐设施应符合现行国家标准《游乐设施安全规范》GB 8408 的规定。

8.6.7 戏水池的设计应符合下列规定：

① 戏水池及其他游人可亲水的水池不宜采用内防水，老旧水池修补堵漏时不应采用有毒、有害的防水和装饰材料；

② 儿童戏水池最深处的水深不应超过 0.35m；

③ 池壁装饰材料应平整、光滑且不易脱落；

④ 池底应有防滑措施。

8.6.8 未采用安全低电压供电的水景水池应设计阻挡设施，防止游人进入。

8.6.9 游戏沙坑选用沙材应安全、卫生，沙坑内不应积水。

9 给水排水设计

9.1 给 水

9.1.1 公园给水管网布置和配套工程设计，应满足公园内灌溉、人工水体喷泉水景、生活、消防等用水需要。

9.1.2 给水系统应采用节水型器具，并配置必要的计量设备。

9.1.3 灌溉水源水质应符合下列规定：

① 当以河湖、水库、池塘、雨水等天然水作为灌溉水源时，水质应符合现行国家标准《农业灌溉水质标准》GB 5084 的有关规定；

② 利用再生水作为灌溉水源时，水质应符合现行国家标准《城市污水再生利用 绿地灌溉水质》GB/T 25499 的有关规定。

9.1.4 在灌溉用水的管线及设施上，应设置防止误饮、误接的明显标志。

9.1.5 绿化灌溉用水定额应根据气候条件、植物种类、土壤理化性状、灌溉方式和管理制度等因素综合确定。

9.1.6 灌溉设施应根据气候特点、地形、土质、植物配置和管理条件设置，并应采取防止杂草、藻类、鱼虫、大粒径泥沙等进入灌溉系统的措施。

9.1.7 人工水体和喷泉水景水源宜优先采用天然河湖、雨水、再生水等作为水源，并应采取有效的水质控制措施。

9.1.8 人工水体和喷泉水景的水源水质应符合下列规定：

① 人体非全身性接触的娱乐性景观用水水质，不应低于现行国家标准《地表水环境质量标准》GB 3838 中规定的Ⅲ类标准；

② 人体非直接接触的观赏性景观用水水质，不应低于现行国家标准《地表水环境质量标准》GB 3838 中规定的Ⅳ类标准；

③ 高压人工造雾系统水源及出水水质，应符合现行国家标准《生活饮用水卫生标准》GB 5749 的要求；

④ 游人可接触的喷泉初次充水和使用过程中补充水水质应满足现行国家标准《生活饮用水卫生标准》GB 5749 的要求；

⑤ 采用再生水作为水源时，其水质应符合现行国家标准《城市污水再生利用 景观环境用水水质》GB/T 18921 的有关规定。

9.1.9 人工水体和喷泉水景的水应循环重复利用。

9.1.10 生活给水水质应符合下列规定：

① 生活饮用水质应符合现行国家标准《生活饮用水卫生标准》GB 5749 的有关规定；

② 生活杂用水如采用再生水作为水源时，其水质应符合现行国家标准《城市污水再生利用 城市杂用水水质》GB/T 18920 的有关规定。

9.1.11 直饮水水质应符合现行行业标准《饮用净水水质标准》CJ 94 的有关规定。

9.1.12 消防用水宜由城市给水管网、天然水源或消防水池供给。无结冰期及无市政条件地区，消防水源可选取景观水体。利用天然水源时，其保证率不应低于 97%，且应设置可靠的取水设施。

9.2 排水

9.2.1 新建公园排水系统应采用雨污分流制排水。

9.2.2 排水设施的设计应考虑景观效果，并与公园景观相结合。

9.2.3 公园建设后，不应增加用地范围内现状雨水径流量和外排雨水总量，并应优先采用植被浅沟、下沉式绿地、雨水塘等地表生态设施，在充分渗透、滞蓄雨水的基础上，减少外排雨水量，实现方案确定的径流总量控制率。

9.2.4 当公园用地外围有较大汇水汇入或穿越公园用地时，宜设计调蓄设施、超标径流排放通道，组织用地外围的地面雨水的调蓄和排除。

9.2.5 截水沟及雨水疏导设施的设置及规模，应根据汇水面积、土壤质地、山体坡度，经过水文计算进行设计。

9.2.6 公园门区、游人集中场所、重要景观点和主要道路，应做有组织排水。

9.2.7 土壤盐碱含量较高地区宜设排盐碱设施。

9.2.8 生活污水的排放应符合下列规定：

① 不应直接地表排放、排入河湖水体或渗入地下；

② 生活污水经化粪池处理后排入城市污水系统，水质应符合现行行业标准《污水排入城镇下水道水质标准》GB/T 31962 的有关规定；

③ 当公园外围无市政管网时，应自建污水处理设施，并应达标排放。

10 电气设计

10.1 供配电系统

10.1.1 公园用电负荷，应根据对供电可靠性的要求及中断供电对人身安全和经济损失所造成的影响程度进行分级。公园用电负荷等级划分应符合下列规定：

① 大型游园活动场所、电动游乐设施、开放性地下岩洞、应急照明等用电不应低于二级负荷；

② 除上述场所外，其余用电均为三级负荷。

10.1.2 照明灯具端供电电压不宜高于其额定电压值的 105%，也不宜低于其额定电压值的 90%。正常使用时的电压损失应在允许范围之内，并应考虑光源启动引起的电压损失。

10.2 照明设计

10.2.1 公园照明应以功能照明为主，景观及装饰性照明应考虑对植物及周边环境的影响。灯具应选用高效率节能型产品，有条件的地区宜采用太阳能灯具。

10.2.2 灯具的造型及安装位置应与景观相结合。

10.2.3 公园照明宜采用分回路、分区域、分使用功能集中控制。

10.2.4 公园照明应根据使用性质，设置不同的开灯模式，宜采用智能控制方式，并具备手动控制功能。

10.3 安全防护与接地

10.3.1 公园配电系统接地形式应采用 TT 系统或 TN-S 系统。室外线路宜采用 TT 系统并采用剩余电流保护器（RCD）作接地故障保护，动作电流不宜小于正常运行时最大泄漏电流的 2.0～2.5 倍，且不宜大于 100mA，动作时间不应大于 0.3s。

10.3.2 戏水池和喷水池的安全防护应符合现行国家标准《建筑物电气装置 第 7 部分：特殊装置或场所的要求 第 702 节：游泳池和其他水池》GB 16895.19 的相关规定。

10.3.3 戏水池和喷水池按其使用性质，水池旁用电设备应装设具有检修隔离功能的开关及控制按钮。

10.3.4 建筑和配电设施的防雷装置应符合现行国家标准《建筑物防雷设计规范》GB 50057 的有关规定。

10.3.5 树冠高于文物建筑的古树名木或树冠离建筑物距离小于 2m 的高大树木，应采取防雷措施。

10.3.6 建筑物旁高大树木的防雷装置接地极应与建筑物防雷装置接地极可靠连通。

10.4 设备安装及线路敷设

10.4.1 有人滞留的场地装设地埋灯时，宜采用 LED 或紧凑型荧光灯等光源，不应装设大功率高强度气体放电灯光源；当必须装设时，应采取隔热措施。

10.4.2 安装在室外的灯具外壳防护等级不应低于 IP54；埋地灯具外壳防护等级不应低于 IP67；水下灯具外壳防护等级不应低于 IP68；室外灯具的接线盒防护等级不应低于 IP54。

10.4.3 室外灯具、镇流器箱分线盒（箱）之间的电线（缆）应采用配件齐全的防水防腐型可绕金属软管，两端锁母应与导管配套，安装后不应脱落。

10.4.4 公园内的室外配电箱应选用防雨型并加锁，配电箱不宜设在低洼易积水处，箱底距地不宜小于 200mm，并应设在非游览地段。

10.4.5 公园内电气线路应采用电缆埋地敷设方式。

10.5 智能化系统

10.5.1 公园内宜设置通信系统、公共广播系统和安全防范系统。

10.5.2 公共广播系统宜兼顾背景音乐系统；安全防范系统宜包括视频监控系统、周界防范系统、紧急求助报警系统。

10.5.3 公园停车场宜设置停车场管理系统。

参 考 文 献

[1] 孟刚，李岚，李瑞冬，等.城市公园设计 [M].2版.上海：同济大学出版社，2005.

[2] 李铮生.城市园林绿地规划与设计 [M].北京：中国建筑工业出版社，2006.

[3] 艾伦·泰特.城市公园设计 [M] 周玉鹏，肖季川，朱青模，译.北京：中国建筑工业出版社，2005.

[4] 麦华.西方城市公园发展演变 [J].南方建筑，2006 (8)：11-13.

[5] 严伟.北京东便门明城墙遗址公园 [J].中国园林，2005，21 (2)：14-15.

[6] 张青云.以古城墙为依托的城市带状公园设计研究 [D].武汉：华中农业大学，2007

[7] 徐东岳，王小军.滨河带状绿地景观规划设计探索 [J].技术与市场：园林工程，2005 (12)：36-38.

[8] 马娱，于宗顺.城市带状公园设计探讨 [J].黑龙江农业科学，2009 (2)：100-102.

[9] 黄帼虹，黄昭强.带状公园的布局设计特点探讨 [J].广东园林，2007，29 (B09)：52-55.

[10] 奥斯君事务所，章建玲.第一名重释格里芬的堪培拉规划澳大利亚景观的新方向 [J].风景园林，2007 (5)：22-24.

[11] 秦铭键.北京旧城墙遗址公园的规划——以两个中奖方案为例 [J].北京规划建设，2002 (1)：28-31.

[12] 叶枫.动物园规划设计概述 [J].风景园林，2007 (4)：117-119.

[13] 陈瑾，黄哲，沈守云.浅论城市专类公园发展历程与研究趋势 [J].广东园林，2008，30 (3)：27-29.

[14] 孟宪民.国外植物园发展现状及对我国植物园建设的启示 [J].世界林业研究，2004，17 (5)：4-8.

[15] 黎靓.自然的召唤——浅谈大连市森林动物园规划 [J].建筑创作，2002 (2)：74-76.

[16] 杨一力，王旭，王威.邯郸植物园规划设计分析 [J].中国园林，2003，19 (6)：27-28.

[17] 王绍增.城市绿地规划 [M].北京：中国农业出版社，2005.

[18] 尹安石.现代城市景观设计 [M].北京：中国林业出版社，2006.

[19] 陈圣泓.工业遗址公园 [J].中国园林，2008，24 (2)：1-8.

[20] 王晓俊.西方现代公园设计 [M].南京：东南大学出版社，2000.

[21] 俞孔坚.足下的文化与野草之美：中山岐江公园设计 [J].新建筑，2001 (5)：17-20.

[22] 张朝君，李薇等.从造园三要素看中国古典园林 [J].贵州农业科学，2008，36 (2)：148-150.

[23] 吴晓.解读中国古典园林的山水美 [J].怀化学院学报，2008，27 (4)：86-87.

[24] 王兆东.苏州古典园林造园艺术浅析 [J].安徽农业科学，2008，36 (25)：10842-10844，10877.

[25] 朱建宁，杨云峰.中国古典园林的现代意义 [J].中国园林，2005，21 (11)：1-7.

[26] 刘福智.景园规划与设计 [M].北京：机械工业出版社，2003.

[27] 金煜主.园林植物景观设计 [M].沈阳：辽宁科学技术出版社，2008.

[28] 封云，林磊.公园绿地规划设计 [M].2版.北京：中国林业出版社，2004.

[29] 李建盛.在传统文化和生态文明视野中探索健康景观设计问题——读潘锋教授《健康景观设计研究》[J].湖北大学学报（哲学社会科学版），2019，46 (3)：173-174.

[30] 闫淑君，曹辉.城市公园的自然教育功能及其实现途径 [J].中国园林，2018，34 (5)：48-51.

[31] 温志滔.自然保护区开展自然教育探析——以广东罗浮山为例 [J].农村科学实验，2019 (25)：3.

[32] 李双跃，叶郁.生态主义视野下的城市水景设计研究 [J].北方园艺，2013 (9)：96-98.

[33] 张莹琦，贺菊花，程刚.生态浮岛技术用于河湖污染修复进展研究 [J].环境科学与管理，2015，40 (6)：138-142.

[34] 赵晶.社区花园在城市更新设计中的价值与作用 [J].现代园艺，2020 (2)：138-139.

[35] 李德心.园林景观的疗愈功能——以德国布里隆景观疗愈公园为例 [J].美与时代（城市版），2019 (10)：83-85.

[36] 康宁，李树华，李法红.园林景观对人体心理影响的研究 [J].中国园林，2008，24 (7)：69-72.

[37] 高凡.园林景观设计中的地域文化解析 [J].建材与装饰，2019 (33)：73-74.

[38] 蔡文婷，王钰，陈艳，等.团体标准《公园城市评价标准》的编制思考 [J].中国园林，2021，37 (8)：29-33.

[39] 李景卓.基于空间句法的上海迪士尼乐园空间研究 [D].厦门大学，2017.